"十一五"高等院校规划教材

单片机基础
（第 3 版）

李广弟　朱月秀　冷祖祁　编著

北京航空航天大学出版社

内容简介

本书内容在前两版的基础上做了适度增删。删去了第2版中有关16位单片机的介绍，而对8位单片机的内容进行了扩充，特别是扩充了有关串行扩展的知识。本书着重讲述8位单片机的典型代表80C51系列，介绍其基本原理和应用。主要包括：80C51单片机的硬件结构及串并行扩展、指令系统和汇编语言程序设计以及单片机的发展和应用等。

本书内容系统全面，通俗易懂，适于初学者。可作为本科、专科、函授或培训班的教材，同样也可作为工程技术人员或业余智能产品开发爱好者的自学用书。

本书配套教学课件。

图书在版编目(CIP)数据

单片机基础/李广弟，朱月秀，冷祖祁编著．—3版．
北京：北京航空航天大学出版社，2007.6
ISBN 978-7-81077-837-4

Ⅰ.单⋯ Ⅱ.①李⋯②朱⋯③冷⋯ Ⅲ.单片微型计算机
Ⅳ.TP368.1

中国版本图书馆 CIP 数据核字(2007)第 054860 号

© 2007，北京航空航天大学出版社，版权所有。
未经本书出版者书面许可，任何单位和个人不得以任何形式或手段复制或传播本书内容。侵权必究。

单片机基础(第3版)

李广弟　朱月秀　冷祖祁　编著
责任编辑　崔肖娜　王艳花

*

北京航空航天大学出版社出版发行

北京市海淀区学院路37号(100083)　发行部电话:010-82317024　传真:010-82328026
http://www.buaapress.com.cn　E-mail:bhpress@263.net
艺堂印刷(天津)有限公司印装　各地书店经销

*

开本:787×960　1/16　印张:17　字数:381千字
2007年6月第1版　2018年9月第25次印刷
ISBN 978-7-81077-837-4　　定价:46.00元

第 3 版前言

单片机是计算机技术、大规模集成电路技术和控制技术的综合产物。经过 30 多年的发展历程,单片机应用已十分广泛和深入。据 Motorola 公司统计,1990 年,平均每辆汽车使用 12 个单片机,而到了 2000 年就增加到 35 个。所以可以毫不夸张地说,任何设备和产品的自动化、数字化和智能化都离不开单片机。现在,凡是电脑控制的设备和产品,必有单片机嵌入其中。这一切表明,单片机已成为人类生活中不可或缺的助手。

单片机应用系统设计不但要熟练掌握单片机程序设计语言和编程技术,而且还要具备扎实的单片机硬件方面的理论和实践知识。另外,考虑到当今使用最多的是 8 位单片机,所以在本次修订中着重突出以 80C51 为代表的 8 位单片机的基础地位。遵循软硬件并重和串并行并重的原则,详细讲述单片机的原理、应用和发展。

本次修订涉及的内容较多。修订后的第 1 章计算机基础知识,主要是针对那些没有系统学习过计算机知识的读者而准备的,这部分内容对后面的学习十分有用。第 2、3、4、5 章主要讲述 80C51 单片机的硬件和软件知识。第 6、7、8、9、10 章主要介绍单片机的系统扩展。第 11、12 章则主要介绍单片机的发展与应用。为帮助读者深入学习,各章后都配有适量练习题。

本次修订由李广弟、朱月秀和冷祖祁共同完成,并得到清华大学陆延丰老师的热情帮助。此外,在本书编写和修订过程中,李禹成、李铁庸、张金环、王玉民、李琳、史立红、黄堃、杜文仪、郭昊、任丽华、张蕴颖、吴友等同志也做了大量具体工作,在此对他们表示深深的谢意。在本书编写和修订过程中,我们还学习和参考了许多单片机方面的教材和资料,受益匪浅,在此向各位作者表示谢意。

鉴于作者水平有限,加之时间仓促,因此对书中错误和疏漏之处,敬请各位新老读者批评指正。

本教材配有教学课件。需要用于教学的老师,请与北京航空航天大学出版社联系。
联系方式如下:
电话:010 - 82317027
传真:010 - 82327026
E - mail:bhkejian@126.com

作　者

2007 年 1 月

目 录

第1章 计算机基础知识
1.1 二进制数及其在计算机中的使用 ………………………………………………… 1
　1.1.1 二进制数的进位计数特性 …………………………………………………… 1
　1.1.2 机器数与机器数表示形式 …………………………………………………… 2
　1.1.3 计算机中二进制数的单位 …………………………………………………… 4
　1.1.4 计算机使用二进制数的原因 ………………………………………………… 4
1.2 二进制数的算术运算和逻辑运算 ………………………………………………… 5
　1.2.1 二进制算术运算 ……………………………………………………………… 5
　1.2.2 二进制逻辑运算 ……………………………………………………………… 7
1.3 供程序设计使用的其他进制数 …………………………………………………… 9
　1.3.1 十进制数与十六进制数 ……………………………………………………… 9
　1.3.2 不同进制数之间的转换 ……………………………………………………… 10
1.4 计算机中使用的编码 ……………………………………………………………… 12
1.5 微型计算机概述 …………………………………………………………………… 14
　1.5.1 微型计算机硬件系统 ………………………………………………………… 14
　1.5.2 微型计算机软件系统 ………………………………………………………… 15
　1.5.3 微型计算机的工作过程 ……………………………………………………… 16
练习题 …………………………………………………………………………………… 16

第2章 80C51单片机的硬件结构
2.1 单片机的概念 ……………………………………………………………………… 18
2.2 80C51单片机的逻辑结构及信号引脚 …………………………………………… 18
　2.2.1 80C51单片机的内部逻辑结构 ……………………………………………… 19
　2.2.2 80C51单片机的封装与信号引脚 …………………………………………… 21
2.3 80C51单片机的内部存储器 ……………………………………………………… 23
　2.3.1 内部数据存储器低128单元区 ……………………………………………… 23
　2.3.2 内部数据存储器高128单元区 ……………………………………………… 25
　2.3.3 堆栈操作 ……………………………………………………………………… 30
　2.3.4 内部程序存储器 ……………………………………………………………… 32

2.4 80C51单片机的并行I/O口 32
　　2.4.1 P0口逻辑结构 33
　　2.4.2 P1口逻辑结构 33
　　2.4.3 P2口逻辑结构 34
　　2.4.4 P3口逻辑结构 34
2.5 80C51单片机的时钟与定时 35
　　2.5.1 时钟电路 35
　　2.5.2 定时单位 37
2.6 80C51单片机的系统复位 37
　　2.6.1 复位方式与初始化状态 37
　　2.6.2 复位电路 38
2.7 单片机低功耗工作模式 40
　　2.7.1 单片机低功耗的意义 40
　　2.7.2 两种低功耗工作模式 41
　　2.7.3 低功耗模式的应用 42
练习题 43

第3章 80C51单片机指令系统

3.1 单片机指令系统概述 45
3.2 80C51单片机指令寻址方式 46
3.3 80C51单片机指令分类介绍 49
　　3.3.1 数据传送类指令 50
　　3.3.2 算术运算类指令 55
　　3.3.3 逻辑运算及移位类指令 60
　　3.3.4 控制转移类指令 64
　　3.3.5 位操作类指令 70
练习题 74

第4章 80C51单片机汇编语言程序设计

4.1 单片机程序设计语言概述 76
　　4.1.1 机器语言和汇编语言 76
　　4.1.2 单片机使用的高级语言 76
　　4.1.3 80C51单片机汇编语言的语句格式 77
4.2 汇编语言程序的基本结构形式 78
　　4.2.1 顺序程序结构 79
　　4.2.2 分支程序结构 79
　　4.2.3 循环程序结构 83
4.3 80C51单片机汇编语言程序设计举例 83

4.3.1 算术运算程序	84
4.3.2 定时程序	88
4.3.3 查表程序	90
4.4 单片机汇编语言源程序的编辑和汇编	91
4.4.1 手工编程与汇编	92
4.4.2 机器编辑与交叉汇编	92
4.5 80C51 单片机汇编语言伪指令	93
练习题	96

第 5 章 80C51 单片机的中断与定时

5.1 中断概述	99
5.2 80C51 单片机的中断系统	100
5.2.1 中断源与中断向量	100
5.2.2 中断控制	101
5.2.3 中断优先级控制	103
5.2.4 中断响应过程	105
5.2.5 中断服务程序	106
5.3 80C51 单片机的定时器/计数器	108
5.3.1 定时器/计数器的计数和定时功能	108
5.3.2 用于定时器/计数器控制的寄存器	109
5.3.3 定时器工作方式 0	110
5.3.4 定时器工作方式 1	113
5.3.5 定时器工作方式 2	113
5.3.6 定时器工作方式 3	115
练习题	117

第 6 章 单片机并行存储器扩展

6.1 单片机并行外扩展系统	119
6.1.1 单片机并行扩展总线	119
6.1.2 并行扩展系统的 I/O 编址和芯片选取	121
6.2 存储器分类	123
6.2.1 只读存储器	123
6.2.2 读/写存储器	125
6.3 存储器并行扩展	125
6.3.1 程序存储器并行扩展	125
6.3.2 数据存储器并行扩展	127
6.3.3 使用 RAM 芯片扩展可读/写的程序存储器	128
6.4 80C51 单片机存储器系统的特点和使用方法	129

  6.4.1 单片机存储器系统的特点 ············ 129
  6.4.2 80C51 单片机存储器的使用 ············ 130
 练习题 ············ 131

第 7 章 单片机并行 I/O 扩展

 7.1 单片机 I/O 扩展基础知识 ············ 133
  7.1.1 I/O 接口电路的功能 ············ 133
  7.1.2 关于接口电路的更多说明 ············ 134
  7.1.3 I/O 编址技术 ············ 135
  7.1.4 单片机 I/O 控制方式 ············ 136
 7.2 可编程并行接口芯片 8255 ············ 137
  7.2.1 8255 硬件逻辑结构 ············ 137
  7.2.2 8255 工作方式 ············ 139
  7.2.3 8255 的编程内容 ············ 139
  7.2.4 8255 接口应用 ············ 141
 7.3 键盘接口技术 ············ 142
  7.3.1 键扫描和键码生成 ············ 142
  7.3.2 用 8255 实现键盘接口 ············ 145
 7.4 LED 显示器接口技术 ············ 148
  7.4.1 LED 显示器概述 ············ 148
  7.4.2 LED 显示器显示原理 ············ 149
  7.4.3 LED 显示器接口 ············ 150
 7.5 打印机接口技术 ············ 152
  7.5.1 微型打印机概述 ············ 152
  7.5.2 打印机接口 ············ 152
 练习题 ············ 155

第 8 章 80C51 单片机串行通信

 8.1 串行通信基础知识 ············ 157
  8.1.1 异步通信和同步通信 ············ 157
  8.1.2 串行通信线路形式 ············ 159
 8.2 80C51 串行口 ············ 160
  8.2.1 80C51 串行口硬件结构 ············ 160
  8.2.2 串行口控制机制 ············ 161
 8.3 80C51 串行口工作方式 ············ 162
  8.3.1 串行工作方式 0 ············ 162
  8.3.2 串行工作方式 1 ············ 163
  8.3.3 串行工作方式 2 和 3 ············ 164

8.4 串行通信数据传输速率 …………………………………………………… 164
  8.4.1 传输速率的表示方法 ………………………………………………… 164
  8.4.2 80C51的波特率设置 ………………………………………………… 165
8.5 串行通信应用 ……………………………………………………………… 166
  8.5.1 近程串行通信 ………………………………………………………… 166
  8.5.2 调制解调器的使用 …………………………………………………… 167
  8.5.3 双机通信 ……………………………………………………………… 168
  8.5.4 多机通信 ……………………………………………………………… 172
练习题 …………………………………………………………………………… 174

第9章 单片机串行扩展

9.1 单片机串行扩展概述 ……………………………………………………… 176
  9.1.1 单片机需要串行扩展的原因 ………………………………………… 176
  9.1.2 单片机串行扩展实现方法 …………………………………………… 176
9.2 I^2C 总线 …………………………………………………………………… 178
  9.2.1 I^2C 总线结构和信号 ………………………………………………… 178
  9.2.2 I^2C 总线数据传输方式 ……………………………………………… 181
  9.2.3 器件与器件寻址 ……………………………………………………… 183
9.3 单片机 8×C552 的 I^2C 总线 …………………………………………… 185
  9.3.1 8×C552 的 I^2C 总线接口电路 ……………………………………… 185
  9.3.2 8×C552 的 I^2C 总线控制机制 ……………………………………… 188
  9.3.3 由 8×C552 构成的单主 I^2C 总线系统 ……………………………… 192
9.4 单片机 8×C552 的串行扩展 ……………………………………………… 195
  9.4.1 通过 I^2C 总线扩展串行数据存储器 ………………………………… 196
  9.4.2 I^2C 总线的发展 ……………………………………………………… 199
  9.4.3 通过 I^2C 总线扩展 LED 显示器 …………………………………… 200
9.5 单片机 80C51 的串行扩展 ………………………………………………… 202
  9.5.1 通过 UART 进行串行程序存储器扩展 ……………………………… 202
  9.5.2 串行接口的软件模拟 ………………………………………………… 203
  9.5.3 I^2C 总线接口芯片 PCF8584 ………………………………………… 205
练习题 …………………………………………………………………………… 207

第10章 单片机 A/D 及 D/A 转换接口

10.1 单片机测控系统与模拟输入通道 ………………………………………… 209
  10.1.1 单片机测控系统概述 ………………………………………………… 209
  10.1.2 模拟输入通道 ………………………………………………………… 209
10.2 A/D 转换器接口 …………………………………………………………… 212
  10.2.1 8位 A/D 转换芯片与 80C51 接口 …………………………………… 212

- 10.2.2 12位A/D转换芯片与80C51接口 …………………………………… 215
- 10.2.3 A/D转换芯片应用说明 ……………………………………………… 215
- 10.3 D/A转换器接口 …………………………………………………………… 218
  - 10.3.1 D/A转换芯片 …………………………………………………………… 218
  - 10.3.2 DAC0832单缓冲连接方式 ………………………………………… 220
  - 10.3.3 DAC0832双缓冲连接方式 ………………………………………… 224
- 10.4 A/D与D/A转换器芯片的串行接口 ……………………………………… 226
  - 10.4.1 通过I^2C总线的串行接口 …………………………………………… 226
  - 10.4.2 通过软件模拟的串行接口 …………………………………………… 228
- 练习题 …………………………………………………………………………… 229

第11章 8位单片机的发展

- 11.1 80C51单片机的发展 ……………………………………………………… 230
  - 11.1.1 在MCS-51基础上发展起来的80C51 ……………………………… 230
  - 11.1.2 80C51的衍生芯片 …………………………………………………… 231
- 11.2 从8×C552看8位单片机功能的增强 …………………………………… 232
  - 11.2.1 8×C552的硬件结构 ………………………………………………… 233
  - 11.2.2 事件捕捉与事件定时输出 …………………………………………… 237
  - 11.2.3 监视定时器WDT ……………………………………………………… 238
  - 11.2.4 脉宽调制器PWM …………………………………………………… 240
- 11.3 闪速存储器及其在单片机中的应用 ……………………………………… 242
  - 11.3.1 闪速存储器概述 ……………………………………………………… 242
  - 11.3.2 闪速存储芯片 ………………………………………………………… 242
  - 11.3.3 闪存单片机芯片 ……………………………………………………… 245
  - 11.3.4 闪速存储器编程 ……………………………………………………… 247
- 练习题 …………………………………………………………………………… 249

第12章 单片机应用

- 12.1 单片机简单控制应用 ……………………………………………………… 250
  - 12.1.1 时钟计时 ……………………………………………………………… 250
  - 12.1.2 数字式热敏电阻温度计 ……………………………………………… 254
- 12.2 单片机应用的发展 ………………………………………………………… 258
  - 12.2.1 微控制技术与嵌入式系统 …………………………………………… 258
  - 12.2.2 单片机的Internet技术 ……………………………………………… 258
- 12.3 单片机开发系统 …………………………………………………………… 259

参考文献

第 1 章
计算机基础知识

1.1 二进制数及其在计算机中的使用

二进制数是计算机工作的基础,在计算机中只能使用二进制数。所有指令、数据、字符和地址的表示,以及它们的存储、处理和传送,都是以二进制的形式进行的,因此计算机的电路逻辑和处理方法也都是按二进制的原则实现的。正因为计算机是建立在二进制基础之上的,所以有人说,没有二进制也就没有电子计算机。

1.1.1 二进制数的进位计数特性

1. 进位计数制

进位计数制的最大特点是:同样的数字符号,由于在数字序列中所处的位置不同,因而它所代表的数值就不同。先以十进制数为例进行说明。例如,十进制数

$$555.55$$

同样的数字符号 5,但从左向右第 1 个 5 的值是 500,第 2 个 5 的值是 50,以下依次为 5、0.5 和 0.05。因此,可把这个数的值写成如下计算式:

$$555.55 = 5 \times 10^2 + 5 \times 10^1 + 5 \times 10^0 + 5 \times 10^{-1} + 5 \times 10^{-2}$$

在该式中,各位数的值即为该位数字乘以一个系数,通常把这个系数称作该位数的权。数的位置不同,权的大小也不同,但它们都是 10 的幂的形式。其中整数位的权,从低位向高位依次为 10^0、10^1、10^2…;而小数位的权,从高位向低位依次为 10^{-1}、10^{-2}、10^{-3}…。进位计数制具有如下特点:

- 数字符号的个数等于计数制的基数;
- 逢基数进位;
- 数字的权与其位置有关,且为基数的幂的形式。

对于十进制数,共有 10 个数字符号,即 0、1、2、3、4、5、6、7、8、9,基数为 10,逢 10 进位,各

位数的权是 10 的幂。

2. 二进制数

二进制数只有两个数字符号 0 和 1，基数为 2，逢 2 进位，各位数的权是 2 的幂。例如，二进制数 1101，其值为十进制数 13。该值是由下式计算出来的：

$$1\times 2^3+1\times 2^2+0\times 2^1+1\times 2^0=8+4+0+1=13$$

下面列出的是几个对应的二进制数与十进制数。从中可以看到，在表示同一个数值时，十进制的位数少，二进制的位数多。因为二进制的基数小。

二进制数	1011	10000	101101	1010101	1111111
十进制数	11	16	45	85	127

1.1.2 机器数与机器数表示形式

计算机中使用的二进制数称为机器数，对于机器数，需要了解它的多种表示形式。

1. 机器数

由于计算机中的二进制数称为机器数，反之，可以说机器数都是二进制数，因为在计算机中只能使用二进制数。机器数的值称为真值。机器数有多种表示形式，下面作详细介绍。

2. 符号数和无符号数

符号数和无符号数是针对符号出现的两种机器数表示方法。同一个二进制数，对符号数和无符号数具有不同的含义。首先我们讨论符号及符号数值化的问题，然后再说明符号数和无符号数。

符号数具有正负的概念，其值可正、可负。书写中，为表示数的正负，需在数的前面加一个正负号，例如：

+75 的二进制表示为 +1001011

−75 的二进制表示为 −1001011

由于计算机无法在二进制数前直接"写"上一个正号或负号，因此，采用符号数值化的方法表示机器数。所谓符号数值化，就是用二进制数"0"代表正号，用二进制数"1"代表负号，并放在数码序列的前面。例如：

+75 的机器数表示为　01001011

−75 的机器数表示为　11001011

即符号数的最高位为符号位，其余位为数值位。8 位二进制数是计算机的基本数据单位，称为字节。这样，对于一字节的符号数，由 1 位符号位（最高位）和 7 位数值位（剩余位）组成。

无符号数是逻辑数，没有正负的概念，就是一串二进制代码。无符号数用于表示没有正负概念的数和代码等，例如，存储器地址就是一串无符号的二进制数，表示字符的 ASCII 码就是一组无符号的二进制数。

3. 定点数与浮点数

定点数和浮点数是针对小数点出现的两种机器数表示方法。计算机中数的表示不但有正负之分，而且还要考虑整数和小数的问题。因为在数值计算中，小数的存在是不可避免的，定点数和浮点数就是用于解决这个问题的。定点和浮点中的"点"是指小数点。

定点数中小数点的位置固定。按小数点在计算机中的位置，定点数又分为定点小数和定点整数两种表示方法。而浮点数的小数点位置是不固定的。

4. 原码、反码和补码

机器数有原码、反码和补码共 3 种表示方法。一种数有多种表示方法是简化运算电路和提高运算速度的需要。

(1) 原　码

原码是二进制数符号数值化以后的表示形式，是机器数的原始表示，是对应于反码和补码的称呼。

(2) 反　码

正数的反码与原码相同。负数的反码是由原码转换得到的，转换方法为：符号位不变，数值位按位取反。例如：

十进制数 +87 的原码表示为　　$[+87]_{原}=01010111$

十进制数 +87 的反码表示为　　$[+87]_{反}=01010111$

十进制数 -87 的原码表示为　　$[-87]_{原}=11010111$

十进制数 -87 的反码表示为　　$[-87]_{反}=10101000$

(3) 补　码

正数的补码与原码相同。负数的补码是把反码的最低位加 1。例如：

十进制数 +4 的原码表示为　　$[+4]_{原}=00000100$

十进制数 +4 的反码表示为　　$[+4]_{反}=00000100$

十进制数 +4 的补码表示为　　$[+4]_{补}=00000100$

十进制数 -4 的原码表示为　　$[-4]_{原}=10000100$

十进制数 -4 的反码表示为　　$[-4]_{反}=11111011$

十进制数 -4 的补码表示为　　$[-4]_{补}=11111100$

原码、反码和补码都是二进制符号数的表示方法，其共同特点是：最高位为符号位，正数的原码、反码和补码相同。此外，还应注意以下两点：

- 负数补码的转换过程是：原码→反码→补码。
- 负数的补码再取补就得到原码，以十进制数−95为例进行说明：

[−95]原＝11011111

[−95]反＝10100000

[−95]补＝10100001

[(−95)补]反＝11011110

[(−95)补]补＝11011111(原码)

讲解原码和反码是为了引出补码的概念，因为补码在计算机中被广泛采用。补码运算可以将符号位当成数据位对待，因此可以把有符号数与无符号数统一起来，并将二进制减法运算变为加法运算，从而给符号数的运算提供了方便；同时也有利于简化运算电路，提高运算速度。

1.1.3 计算机中二进制数的单位

在计算机中使用的二进制数共有3个单位，从小到大依次为：位、字节和字。

1. 位(Bit)

这里所说的位是指二进制数的位。位是数的最小单位，Bit是位的英文名称，读作"比特"。在计算机中位仅有0和1两个数值，表示两种状态。

2. 字节(Byte)

8位二进制数称为一个字节，其英文名称是Byte，读作"拜特"，在使用时常用大写字母B表示。字节是最基本的数据单位，计算机中的数据、代码、指令、地址多以字节为单位。

3. 字(Word)

字是一台计算机上所能并行处理的二进制数，字的位数(或长度)称之为字长。字长必须是字节的整数倍。例如，MCS-51单片机字长为8位，MCS-96单片机字长为16位，在微型机中还有32位、64位字长的计算机。

1.1.4 计算机使用二进制数的原因

为什么在计算机中要使用人们不熟悉的二进制数呢？其原因主要有以下几点：

1. 易于实现

在计算机中，数是用不同的物理状态来表示的。因为二进制数只有两个数字0和1，用两种物理状态就可以表示出来。而两种相反的物理状态在技术上极易实现。例如，开关的接通与断开，晶体管的导通与截止，电平的高低，脉冲的有无，磁性物质的不同磁化方向等。对于这样两种截然相反的物理状态，不但易于实现，而且状态稳定可靠。而两种以上的物理状态，不但难以实现，而且稳定性也差。

2. 运算简单

因为二进制数只有两个数字,所以对二进制数的运算比我们熟悉的十进制数的运算要简单得多,而运算简单将有利于简化计算机的电路结构。

3. 具有逻辑属性

由于二进制数的 0 和 1 正好与逻辑值的"假(F)"和"真(T)"相对应,因此可以使用二进制数实现逻辑运算,从而使逻辑代数运算成为可能。

4. 可靠性高

由于二进制数用两种截然相反的物理状态表示,十分稳定。因此二进制数的处理、存储和传送都最为可靠。

5. 节省硬件设备

根据理论计算,构成计算机硬件系统设备最省的是 e 进制($e=2.72\cdots$)。但 e 不是整数,无法作为进制的基数。与 e 最接近的数是 3,但使用三进制不具备上述优点。而继三进制之后,设备最省的就是二进制了。

1.2 二进制数的算术运算和逻辑运算

尽管计算机功能十分强大,但计算机的运算基础却很简单。因为它只能进行二进制数的算术运算和逻辑运算,一切复杂的运算和操作都是建立在这些最基本的算术和逻辑运算之上的。

1.2.1 二进制算术运算

与十进制相同,二进制算术运算也包括加、减、乘、除运算。

1. 二进制加法运算

二进制加法运算的规则为:

$$0+0=0$$
$$1+0=1$$
$$0+1=1$$
$$1+1=0 \quad \text{向上位进位 1}$$
$$1+1+1=1 \quad \text{向上位进位 1}$$

例如,对二进制数 1101 和 1011 进行加法运算,即

$$\begin{array}{r}1101\quad(被加数)\\+)1011\quad(加数)\\\hline 111\quad(进位)\\1\leftarrow 1000\quad(和)\end{array}$$

2. 二进制减法运算

二进制减法运算的规则为：

$$0-0=0$$
$$1-1=0$$
$$1-0=1$$
$$0-1=1 \quad 向上位借位1$$

例如，对二进制数1101和1011进行减法运算，即

$$\begin{array}{r}1101\quad(被减数)\\-)1011\quad(减数)\\\hline 1\quad(借位)\\0010\quad(差)\end{array}$$

3. 二进制乘法运算

二进制乘法运算的规则为：

$$0\times 0=0$$
$$1\times 0=0$$
$$0\times 1=0$$
$$1\times 1=1$$

可见，1位二进制数的乘法运算比加减法运算还简单，除 $1\times 1=1$ 外，其他各种情况都等于0。

4. 二进制除法运算

二进制除法运算的规则为：

$$0\div 0 \quad 无意义$$
$$0\div 1=0$$
$$1\div 1=1$$
$$1\div 0 \quad 无意义$$

1.2.2 二进制逻辑运算

逻辑运算是对逻辑数据进行的运算。由于二进制数具有逻辑属性,因此,可以使用二进制数实现逻辑运算。常用的逻辑运算共有 4 种,即逻辑"或"运算、逻辑"与"运算、逻辑"非"运算和逻辑"异或"运算。逻辑运算的结果数据也是逻辑型的。

1. 逻辑"或"运算

逻辑"或"运算也称为逻辑加法运算,运算符号为"+"或"∨"。假定有逻辑变量 A 和 B,逻辑"或"运算的结果为 C,则逻辑"或"运算可表示为:

$$C = A + B \quad 或 \quad C = A \vee B$$

对于 A 和 B 的不同状态组合,逻辑"或"运算如表 1.1 所列。

从表 1.1 中可以看到,在两个逻辑变量中只要有一个为"真",则逻辑"或"运算的结果即为"真"。能说明逻辑"或"关系的例子很多,例如照明电路上的并联开关,如图 1.1 所示。

表 1.1 逻辑"或"运算

A	B	$A \vee B$
0	0	0
0	1	1
1	0	1
1	1	1

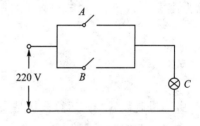

图 1.1 具有逻辑"或"关系的并联开关

A 和 B 两个开关中只要有一个闭合或两个都闭合,都能使电灯 C 点亮。这种开关并联的关系就是典型的逻辑"或"关系。

在计算机的数据处理应用中,有时需要使用二进制数的逻辑"或"运算来实现,因此逻辑"或"运算也是二进制数的一种基本运算。例如,二进制数 1010 和 1011 的"或"运算可表示为:

$$\begin{array}{r} 1010 \\ \vee)\ 1011 \\ \hline 1011 \end{array}$$

可见,二进制数"或"运算的最重要特点是按位进行,不同位之间不发生任何联系。

2. 逻辑"与"运算

逻辑"与"运算也称为逻辑乘法运算,运算符号为"×"、"∧"或"·"。假定有逻辑变量 A 和 B,逻辑"与"运算的结果为 C,则逻辑"与"运算可表示为:

$$C = A \times B \quad 或 \quad C = A \wedge B \quad 或 \quad C = A \cdot B$$

对于 A 和 B 的不同状态组合,逻辑"与"运算如表 1.2 所列。

从表 1.2 中可以看到,只有两个逻辑变量都为"真"时,逻辑"与"的运算结果才为"真"。能说明逻辑"与"关系的最典型实例是照明电路上的串联开关,如图 1.2 所示。只有 A 和 B 两个开关都闭合时,电灯 C 才能点亮。

表 1.2 逻辑"与"运算

A	B	$A \wedge B$
0	0	0
0	1	0
1	0	0
1	1	1

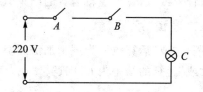

图 1.2 具有逻辑"与"关系的串联开关

逻辑"与"运算也是二进制数的一种基本运算。例如,二进制数 1110 和 1011 的"与"运算可表示为:

$$\begin{array}{r} 1110 \\ \wedge)\,1011 \\ \hline 1010 \end{array}$$

可见,二进制数的"与"运算同样是按位进行,不同位之间不发生任何联系。

3. 逻辑"非"运算

逻辑"非"运算也称为逻辑否定,运算符号是"¯"。假定有逻辑变量 A,它的逻辑"非"运算结果为 C,则逻辑"非"运算可表示为:

$$C = \overline{A}$$

逻辑"非"运算就是求反运算,因此,逻辑"非"运算只有两种情况,如表 1.3 所列。

4. 逻辑"异或"运算

逻辑"异或"运算符为"⊕"。假定有逻辑变量 A 和 B,其逻辑"异或"运算结果为 C,则逻辑"异或"运算可表示为:

$$C = A \oplus B$$

对于 A 和 B 的不同状态组合,逻辑"异或"运算如表 1.4 所列。

表 1.3 逻辑"非"运算

A	$\bar{A}$
0	1
1	0

表 1.4 逻辑"异或"运算

A	B	$A \oplus B$
0	0	0
0	1	1
1	0	1
1	1	0

从表 1.4 中可以看到,逻辑"异或"运算的特点是,当两个变量的逻辑状态相同时,结果为"假";当两个变量的逻辑状态不同时,结果为"真"。例如,二进制数 1100 和 1010 的"异或"运算可表示为:

$$\begin{array}{r} 1100 \\ \oplus\ 1010 \\ \hline 0110 \end{array}$$

1.3 供程序设计使用的其他进制数

计算机中使用二进制数,但二进制却给使用者带来许多不便,例如,位数太多,不便书写和阅读等。所以程序设计人员在程序中表示数据时很少直接使用二进制,而多使用人们熟悉且与二进制转换方便的其他进制数,其中包括十进制数和十六进制数等。

使用这些进制数只是为了人们读写方便、直观,没有其他意义。这些数据输入计算机后,还要把它们转换为二进制数。但这一项工作是由程序去完成。

1.3.1 十进制数与十六进制数

1. 十进制数

十进制数是我们最熟悉的数制,是一种最典型的进位计数制。它具有 0~9 共 10 个数字符号,其基数为 10,逢 10 进位,各数位的权为 10 的幂。

2. 十六进制数

十六进制数有 16 个数字符号,即 0~9、A、B、C、D、E、F,逢 16 进位,各数位的权为 16 的幂。已讲过的 3 种进制数中 0~16 的对应关系如表 1.5 所列。

在程序中使用不同进制数要注意区别,具体做法是:在二进制数后面加标志字符 B(Binary),例如,二进制数 10101100,应写为 10101100B;在十六进制数后面加标志字符 H(Hex),例如,3AFH 或 0CAH,如果十六进制数以字母开头,应在前面加一个 0,以表明是十六进制数而不是字符组合;而十进制数后面什么也不用加,因为它是常用进制。

在非正规情况下,也可把数用括号括起来,然后写明进制。例如,$(10101100)_2$、$(108)_{10}$、$(3AF)_{16}$等。

表 1.5 3 种进制数的对应关系

十进制数	二进制数	十六进制数	十进制数	二进制数	十六进制数
0	0000	0	9	1001	9
1	0001	1	10	1010	A
2	0010	2	11	1011	B
3	0011	3	12	1100	C
4	0100	4	13	1101	D
5	0101	5	14	1110	E
6	0110	6	15	1111	F
7	0111	7	16	10000	10
8	1000	8			

1.3.2 不同进制数之间的转换

由于在编写程序时可以使用多种进制数,所以有必要知道它们之间的相互转换关系。根据单片机的需要,我们只讨论其中部分进制的整数转换。

1. 各种进制整数转换为十进制数

各种进制整数转换为十进制数采用"位权展开法"。所谓位权展开法,就是把要转换的数按位展开,各位数乘以相应的权值,然后进行相加运算,其和即为转换所得的十进制数。

以二进制数和十六进制数为例,其整数各位的权如表 1.6 所列。

表 1.6 不同进制数各数位的权

各进制数	…	小数点前 4 位	小数点前 3 位	小数点前 2 位	小数点前 1 位
二进制数	…	$8(2^3)$	$4(2^2)$	$2(2^1)$	$1(2^0)$
十六进制数	…	$4\,096(16^3)$	$256(16^2)$	$16(16^1)$	$1(16^0)$

【例 1.1】 二进制数 1011 转换为十进制数。

$$(1011)_2 = 1 \times 2^3 + 0 \times 2^2 + 1 \times 2^1 + 1 \times 2^0$$
$$= 8 + 0 + 2 + 1$$
$$= (11)_{10}$$

【例 1.2】 十六进制数 3FCH 转换为十进制数。

$$(3FC)_{16} = 3 \times 16^2 + 15 \times 16^1 + 12 \times 16^0$$
$$= 768 + 240 + 12$$
$$= (1020)_{10}$$

2. 十进制整数转换为二进制数

十进制整数转换为二进制数采用"除 2 取余法",即把十进制整数连续除以 2,直到其商为 0,然后把各次相除的余数逆序排列,即为转换所得结果。例如,把十进制数 11 转换为二进制数,其运算方法为:

```
2 | 11  → 1  ↑
2 |  5  → 1  |
2 |  2  → 0  |
2 |  1  → 1  |
     0
```

结果是:$(11)_{10} = (1011)_2$。

3. 十进制整数转换为十六进制数

十进制整数转换为十六进制数与十进制整数转换为二进制数的方法类似,使用的是"除 16 取余法"。例如,十进制数 765 转换为十六进制数,其运算方法为:

```
16 | 765  → D  ↑
16 |  47  → F  |
16 |   2  → 2  |
      0
```

结果是:$(765)_{10} = (2FD)_{16}$。

4. 二进制整数与十六进制整数之间的相互转换

因为 $16 = 2^4$,所以 1 位十六进制数须用 4 位二进制数表示,因此二进制数与十六进制数之间的相互转换应按"4 位二进制数对应 1 位十六进制数"的原则进行。

(1) 二进制整数转换为十六进制数

二进制整数转换为十六进制数的方法是:从后向前按 4 位一组的原则把二进制数分组,再将各组的 4 位二进制数分别以等值的十六进制数代替,所得的十六进制数即为转换结果。分组时若高位部分不足 4 位,则应在其前面补 0。

例如,把二进制数 1011100101 转换为十六进制数,应当先把二进制数进行 4 位一组的分组,并以对应的十六进制数表示,即

```
0010    1110    0101
 ↓       ↓       ↓
 2       E       5
```

结果是：$(1011100101)_2 = (2E5)_{16}$。

(2) 十六进制整数转换为二进制数

十六进制整数转换为二进制数的方法是：把每一位十六进制数转换为 4 位二进制数即可。例如，把十六进制数 7A 转换为二进制数，其运算方法为：

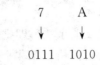

结果是：$(7A)_{16} = (1111010)_2$。

1.4 计算机中使用的编码

计算机中除了使用数以外，还使用编码。可以把编码分为两类，一类是数的编码，另一类是文字符号的编码。因为是在计算机中使用，所以编码必须是二进制数。

1. 二—十进制编码

在计算机中最常用的是用二进制数给十进制数编码，即通常所说的二—十进制编码。若要给一位十进制数编码，则须用 4 位二进制数。在二—十进制编码中最常用的是 BCD 码。

BCD 码共有 10 个编码，即二进制数 0000～1001，分别对应十进制数 0～9。例如，十进制数 3 的 BCD 码是 0011；9 的 BCD 码是 1001；39 的 BCD 码是把 3 和 9 的 BCD 码连在一起，即 00111001，正好为一字节。BCD 码的特点是：4 位之内为二进制关系，每 4 位之间为十进制关系。

定义 BCD 码是为了便于在计算机中使用我们最熟悉的十进制数，特别是在输入与输出操作中，例如，从键盘输入的十进制数到计算机中就变为 BCD 码形式。当然这需要有相应的转换程序。有了十进制数的输入和输出，在计算机中就会存在十进制数的存储和计算。但十进制数计算存在调整问题，即所谓的十进制调整，以解决 BCD 码运算时因进位和借位产生的偏差。

2. ASCII 码

文字符号代码用于在计算机中表示西文字符、汉字以及各种符号，最常用的文字符号代码是 ASCII(American Standard Code for Information Interchange)码和汉字国标码。这里只介绍 ASCII 码。

ASCII 码是"美国信息交换标准代码"的简称。它原是美国的字符代码标准，于 1968 年发表，由于使用广泛，早已被国际标准化组织确定为国际标准，成为计算机领域中最重要的代码。ASCII 码表如表 1.6 所列。

表 1.6 ASCII 码表

$b_6b_5b_4$ / $b_3b_2b_1b_0$	000	001	010	011	100	101	110	111
0000	NUL	DLE	SP	0	@	P	`	p
0001	SOH	DC1	!	1	A	Q	a	q
0010	STX	DC2	"	2	B	R	b	r
0011	ETX	DC3	#	3	C	S	c	s
0100	EOT	DC4	$	4	D	T	d	t
0101	ENQ	NAK	%	5	E	U	e	u
0110	ACK	SYN	&	6	F	V	f	v
0111	BEL	ETB	'	7	G	W	g	w
1000	BS	CAN	(	8	H	X	h	x
1001	HT	EM	)	9	I	Y	i	y
1010	LF	SUB	*	:	J	Z	j	z
1011	VT	ESC	+	;	K	[	k	{
1100	FF	FS	,	<	L	\	l	|
1101	CR	GS	-	=	M	]	m	}
1110	SO	RS	.	>	N	^	n	~
1111	SI	US	/	?	O	_	o	DEL

ASCII 码中字符和功能符号共计 128 个:其中字符 94 个,包括十进制数字 10 个,英文小写字母 26 个,英文大写字母 26 个,标点符号及专用符号 32 个,功能符 34 个(字符区首尾两个符号 SP 和 DEL 一般归入功能符)。由于 $2^7=128$,因此 128 个字符和功能符使用 7 位二进制数就可以进行编码,此编码即为 ASCII 码。

ASCII 码表是一个 16 行×8 列的矩阵,其中行为编码中的后 4 位二进制数($b_3b_2b_1b_0$),列为编码中的前 3 位二进制数($b_6b_5b_4$),合在一起为 7 位二进制编码。例如,字符 A 的编码为 1000001。

为了方便,常用十进制数或十六进制数来表示 ASCII 码。例如,字符 A 的 ASCII 码用十进制数表示为 65,用十六进制数表示为 41H。

7 位 ASCII 码结构是基本 ASCII 码,由于在计算机中常用字节(8 位)来表示数据。因此,为凑成一个字节,应在 ASCII 码的最高位补 1 个 0。

1.5 微型计算机概述

单片机和微型计算机都是大规模集成电路技术的产物,其原理是相同的,技术是相通的,所以了解微型计算机对单片机的学习很有帮助。微型计算机系统包括硬件系统和软件系统,其组成框图如图1.3所示。

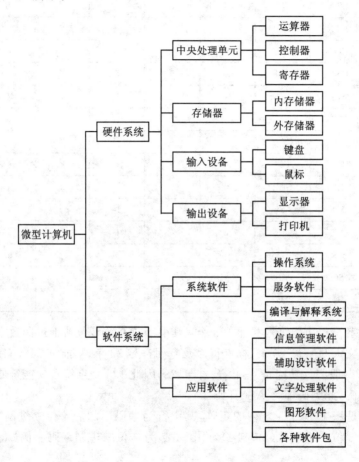

图1.3 微型计算机系统组成框图

1.5.1 微型计算机硬件系统

按照冯·诺依曼提出的以程序存储原理为基础的计算机理论,计算机硬件体系结构由运算器、控制器、存储器、输入设备和输出设备5大部件组成。计算机硬件系统以运算器为核心,输入、输出设备与存储器之间的数据传送都要经过运算器。运算器、存储器、输入、输出设备的操作以及它们之间的联系都由控制器集中控制。以运算器为中心的计算机系统组成框图如图 1.4 所示。

通常把输入设备和输出设备统称为外部设备,把运算器、控制器、存储器以及连接外部设备的接口电路合在一起称为计算机的主机。此外,现代计算机还配备有外存储器,相对于外存储器,把主机内的存储器称之为内存储器。

经过 40 多年的发展,计算机结构发生了很多变化,其中之一是现代计算机都是以存储器为中心。以存储器为中心的计算机框图如图 1.5 所示。

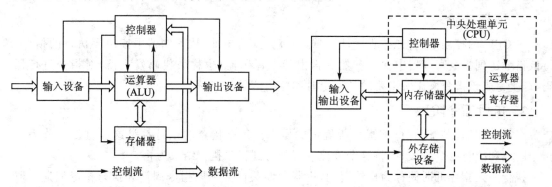

图 1.4　以运算器为中心的计算机框图　　　图 1.5　以存储器为中心的计算机框图

图中除画出了各部件之间的信号联系外,还表示了数据的传递关系。这就是通常所说的计算机的两类信息流:数据流和控制流。

数据流表明计算机数据信息的流动情况。数据的传送是以内存储器为中心,输入设备、输出设备、外存储器以及中央处理单元之间的数据传送,都是通过内存储器进行的。

控制流表明计算机控制信号的传送情况。计算机的主要控制信号都是由控制器发出的,控制计算机各部件之间协调有序地工作。

1.5.2　微型计算机软件系统

软件是相对于硬件而言的。仅有硬件的计算机无法工作,要使计算机完成计算和控制等任务,必须有程序的配合。常常把这些程序称之为软件,但又不能把软件狭义地理解为仅仅是程序。其实计算机软件应当包括各类程序、数据以及相关的文档资料等。

计算机的发展以软件最为迅速,在计算机领域里软件的地位最为重要。软件已从 20 世纪五六十年代的单纯编程技艺逐渐发展为一门科学,并成为对国民经济起着举足轻重作用的新兴产业。

随着计算机的发展,计算机软件日益丰富,各类新软件不断出现。但按其功能,可把软件划分为两大类:系统软件和应用软件。系统软件包括:操作系统、各种程序设计语言、数据库管理系统和工具软件等；而应用软件则是为解决计算机应用问题而编写的具有专门用途的程序，例如，计算机科学计算、计算机辅助设计、计算机辅助制造、计算机辅助教学、文字处理等应用软件。

1.5.3　微型计算机的工作过程

微型计算机的工作流程，就是在 CPU 的控制下对程序中指令逐条执行的过程。指令的执行一般分为两个阶段：取指令阶段和执行指令阶段。

1．取指令阶段

在 CPU 的控制下，首先按程序计数器(PC)提供的地址，从存储器中读出要执行的指令，将该指令送到指令寄存器中保存。然后再由指令译码器(也称微代码发生器)对指令进行译码，产生完成该指令操作所需要的各种定时和控制信号。

2．执行指令阶段

在 CPU 的控制下，执行该指令所规定的操作。每条指令的执行都是这样重复地分为取指令阶段和执行指令阶段，并将这个过程一直进行到程序执行结束为止。

执行一条指令的时间称为机器周期，机器周期又可分为取指令周期和执行指令周期。取指令周期对任何一条指令都是相同的，但执行指令周期不同。由于指令的性质不同，完成的操作内容有很大差别，所以不同指令的执行周期是不一样的。

练习题

（一）填空题

1. 十进制数 14 对应的二进制数表示为（　　），十六进制数表示为（　　）。十进制数 −100 的补码为（　　），+100 的补码为（　　）。
2. 在一个非零的无符号二进制整数的末尾加两个 0 后，形成一个新的无符号二进制整数，则新数是原数的（　　）倍。
3. 8 位无符号二进制数能表示的最大十进制数是（　　）。带符号二进制数 11001101 转换成十进制数是（　　）。
4. 可以将各种不同类型数据转换为计算机能处理的形式并输送到计算机中去的设备统称为（　　）。
5. 已知字符 D 的 ASCII 码是十六进制数 44，则字符 T 的 ASCII 码是十进制数（　　）。
6. 若某存储器容量为 640 KB，则表示该存储器共有（　　）个存储单元。
7. 在计算机中，二进制数的单位从小到大依次为（　　）、（　　）和（　　），对应的英文名称分别是（　　）、（　　）和（　　）。
8. 设二进制数 $A=10101101$，$B=01110110$。则逻辑运算 $A \vee B=$（　　），$A \wedge B=$（　　），$A \oplus B=$（　　）。

9. 机器数 01101110 的真值是( )，机器数 01011001 的真值是( )，机器数 10001101 的真值是( )，机器数 11001110 的真值是( )。

（二）单项选择题

1. 用 8 位二进制补码数所能表示的十进制数范围是( )
   (A) −127～+127　　　　　(B) −128～+128
   (C) −127～+128　　　　　(D) −128～+127

2. 下列等式中，正确的是( )
   (A) 1 KB=1024×1024 B　　(B) 1 MB=1024×1024 B
   (C) 1 KB=1024 MB　　　　(D) 1 MB=1024 B

3. 程序与软件的区别是( )
   (A) 程序小而软件大　　　　(B) 程序便宜而软件昂贵
   (C) 软件包括程序　　　　　(D) 程序包括软件

4. 存储器中，每个存储单元都被赋予惟一的编号，这个编号称为( )
   (A) 地址　　(B) 字节　　(C) 列号　　(D) 容量

5. 8 位二进制数所能表示的最大无符号数是( )
   (A) 256　　(B) 255　　(C) 128　　(D) 127

6. 下列 4 个无符号数中，最小的数是( )
   (A) 11011001(二进制)　　　(B) 37(八进制)
   (C) 75(十进制)　　　　　　(D) 24(十六进制)

7. 下列字符中，ASCII 码最小的是( )
   (A) a　　(B) A　　(C) x　　(D) Y

8. 下列字符中，ASCII 码最大的是( )
   (A) a　　(B) A　　(C) x　　(D) Y

9. 有一个数 152，它与十六进制数 6A 相等，那么该数是( )
   (A) 二进制数　　(B) 八进制数　　(C) 十进制数　　(D) 四进制数

第 2 章

80C51 单片机的硬件结构

2.1 单片机的概念

单片机是集成在一个芯片上的计算机,全称单片微型计算机 SCMC(Single Chip Micro-Computer)。单片机是计算机、自动控制和大规模集成电路技术相结合的产物,融计算机结构和控制功能于一体,因此除单片机外它还有其他名称。

微控制器(MCU) 随着单片机控制功能的增强和控制应用的普及,越来越多的人从控制的角度来看待单片机。为了强调其控制特点,把它称为微控制器 MCU(MicroController Unit)或单片微控制器 SMCU(Single MicroController Unit)。无论是在国际还是国内,"微控制器"的称呼已十分普遍。

嵌入式微控制器(EMCU) 由于单片机在应用时通常是以嵌入的方式融入被控系统之中,为强调其小而嵌入的特点,所以就有嵌入式微控制器 EMCU(Embedded MicroController Unit)的称呼。

嵌入式微处理器(EMP) 近年来出现了 32 位单片机,由于元器件数增加较多,所以在 32 位单片机中只把运算器和控制器单独集成在一个芯片上,而把其余部分集成在另外的芯片上。鉴于运算器与控制器合在一起称为中央处理单元或微处理器,于是就有嵌入式微处理器 EMP(Embedded MicroProccessor)的称呼。

单片机自 20 世纪 70 年代末问世以来,已走过了 30 多年的发展历程。虽然曾出现过多种字长的单片机,但目前使用最多的仍是 8 位单片机。而在 8 位单片机中,具有基础和典型意义的是 8051 及其改进型 80C51,特别是 80C51 的使用更为广泛,所以本教材的内容以 80C51 为基础。

2.2 80C51 单片机的逻辑结构及信号引脚

单片机的硬件结构比较复杂。然而作为单片机的使用者,只须从应用的需要出发,了解那些与系统扩展和程序设计有关的内容。本教材将遵循这一原则。

2.2.1 80C51 单片机的内部逻辑结构

80C51 是 8 位单片机中一个最基本、最典型的芯片型号,其逻辑结构如图 2.1 所示。

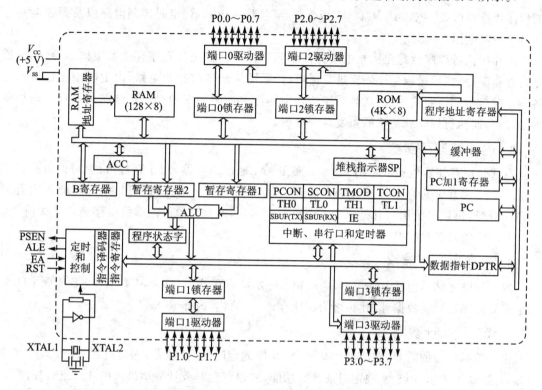

图 2.1 80C51 芯片逻辑结构图

单片机仍保持着经典计算机的体系结构,由 5 大基本部分所组成。下面结合 80C51 的具体结构做说明。

1. 中央处理器 CPU

中央处理器简称 CPU(Central Processing Unit),是单片机的核心,用于完成运算和控制操作。中央处理器包括运算器和控制器两部分电路。

(1) 运算电路

运算电路是单片机的运算部件,用于实现算术和逻辑运算。图 2.1 中的算术逻辑单元 ALU(Arithmetic Logic Unit)、累加器(ACC)、B 寄存器、程序状态字和两个暂存寄存器等都属于运算器电路。

运算电路以 ALU 为核心,基本的算术运算和逻辑运算均在其中进行,包括加、减、乘、除、增量、减量、十进制调整、比较等算术运算,"与"、"或"、"异或"等逻辑运算,左、右移位和半字节交换等操作。操作结果的状态由程序状态字(PSW)保存。

(2) 控制电路

控制电路是单片机的指挥控制部件,保证单片机各部分能自动而协调地工作。图2.1中的程序计数器(PC)、PC加1寄存器、指令寄存器、指令译码器、定时控制电路以及振荡电路等均属于控制电路。

单片机执行程序就是在控制电路的控制下进行的。首先从程序存储器中读出指令,送指令寄存器保存;然后送指令译码器进行译码,译码结果送定时控制电路,由定时控制逻辑产生各种定时信号和控制信号;再送到系统的各个部件去控制相应的操作。这就是执行一条指令的全过程,而执行程序就是不断重复这一过程。

2. 内部数据存储器

内部数据存储器包括RAM(128×8)和RAM地址寄存器,用于存放可读/写的数据。实际上80C51芯片中共有256个RAM单元,但其中后128个单元为专用寄存器,能作为普通RAM存储器供用户使用的只是前128个单元。因此,通常所说的内部数据存储器是指前128个单元,简称"内部RAM"。

3. 内部程序存储器

内部程序存储器包括ROM(4K×8)和程序地址寄存器等。80C51共有4 KB掩膜ROM,用于存放程序和原始数据,因此称之为程序存储器,简称"内部ROM"。

4. 定时器/计数器

由于控制应用的需要,80C51共有两个16位的定时器/计数器,用定时器/计数器0和定时器/计数器1表示,用于实现定时或计数功能,并以其定时或计数结果对单片机进行控制。

5. 并行I/O口

80C51共有4个8位并行I/O口(P0、P1、P2、P3),以实现数据的并行输入/输出。

6. 串行口

80C51单片机有一个全双工串行口,以实现单片机和其他数据设备之间的串行数据传送。该串行口功能较强,既可作为全双工异步通信收发器使用,也可作为同步移位器使用。

7. 中断控制电路

80C51单片机的中断功能较强,以满足控制应用的需要。它共有5个中断源,即外中断2个,定时/计数中断2个,串行中断1个。全部中断分为高级和低级共两个优先级别。

8. 时钟电路

80C51芯片内部有时钟电路,但石英晶体和微调电容需外接。时钟电路为单片机产生时钟脉冲序列。

9. 位处理器

单片机主要用于控制,需要有较强的位处理功能,因此,位处理器是它的必要组成部分,有些书中也把位处理器称为布尔处理器。

10. 内部总线

上述这些部件通过总线连接起来,才能构成一个完整的计算机系统。芯片内的地址信号、数据信号和控制信号都是通过总线传送的。总线结构减少了单片机的连线和引脚,提高了集成度和可靠性。

2.2.2 80C51 单片机的封装与信号引脚

1. 芯片封装形式

80C51 有 40 引脚双列直插式 DIP(Dual In line Package)和 44 引脚方形扁平式 QFP(Quad Flat Package)共两种封装形式。其中双列直插式封装芯片的引脚排列及芯片逻辑符号参见图 2.2。

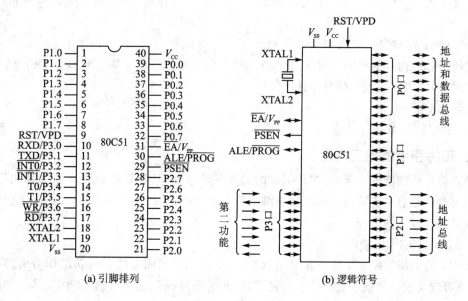

图 2.2 80C51 单片机芯片引脚及芯片逻辑符号

2. 芯片引脚介绍

> 输入/输出口线

P0.0~P0.7　　P0 口 8 位双向口线

P1.0~P1.7　　P1 口 8 位双向口线

P2.0~P2.7   P2口8位双向口线
P3.0~P3.7   P3口8位双向口线

➢ 地址锁存控制信号ALE

在系统扩展时,ALE用于控制把P0口输出的低8位地址送入锁存器锁存起来,以实现低位地址和数据的分时传送。此外由于ALE是以1/6晶振频率的固定频率输出的正脉冲,因此,可作为外部时钟或外部定时脉冲使用。

➢ 外部程序存储器读选通信号$\overline{PSEN}$

在读外部ROM时$\overline{PSEN}$有效(低电平),以实现外部ROM单元的读操作。

➢ 访问程序存储器控制信号$\overline{EA}$

当$\overline{EA}$(External Access)信号为低电平时,对ROM的读操作是针对外部程序存储器的;而当$\overline{EA}$信号为高电平时,对ROM的读操作是从内部程序存储器开始,并可延续至外部程序存储器。

➢ 复位信号RST

当输入的复位信号延续2个机器周期以上高电平时即为有效,用于完成单片机的复位操作。

➢ 外接晶体引线端XTAL1和XTAL2

当使用芯片内部时钟时,XTAL1和XTAL2用于外接石英晶体谐振器和微调电容;当使用外部时钟时,用于接入外部时钟脉冲信号。

➢ 地线V_{SS}

➢ +5V电源V_{CC}

3. 芯片引脚的第二功能

随着单片机功能的增强,对芯片引脚的需求不断增加,但由于简化、工艺或标准化等原因,芯片引脚的数目总是有限的。因此,"引脚复用"现象在单片机中十分常见,即给一个引脚赋予两种甚至两种以上的功能。

(1) 80C51的引脚复用

80C51的引脚复用主要集中在P3口线上。如果把口线固有的I/O功能作为引脚第一功能,那么再定义的信号就是它的第二功能。P3的8条口线都定义有第二功能,其详细介绍见表2.1。

对于有内部EPROM的单片机芯片(例如87C51),为写入程序须提供专门的编程脉冲和编程电源。它们也由引脚以第二功能的形式提供:

编程脉冲   30脚(第一功能为ALE/$\overline{PROG}$)
编程电压(25 V) 31脚(第一功能为$\overline{EA}$/V_{PP})

表 2.1 P3 口线的第二功能

口线	第二功能信号	第二功能信号名称
P3.0	RXD	串行数据接收
P3.1	TXD	串行数据发送
P3.2	$\overline{INT0}$	外部中断 0 申请
P3.3	$\overline{INT1}$	外部中断 1 申请
P3.4	T0	定时器/计数器 0 计数输入
P3.5	T1	定时器/计数器 1 计数输入
P3.6	$\overline{WR}$	外部 RAM 写选通
P3.7	$\overline{RD}$	外部 RAM 读选通

(2) 引脚复用不会引起混乱

一个引脚有多种功能,会不会在使用时引起混乱和造成错误呢?不会的。因为第一功能信号与第二功能信号是不同工作方式下的信号,因此不会发生使用上的矛盾。例如 30 和 31 引脚。另外,P3 口线的第二功能信号都是重要的控制信号,在实际使用时总是先按需要优先选用第二功能,剩下不用的才作为口线使用。

引脚表现出单片机的外部特性或硬件特性。硬件设计时用户只能使用引脚,即通过引脚连接组建系统。因此熟悉引脚的使用是十分必要的。

2.3 80C51 单片机的内部存储器

一般来说,单片机芯片的内部存储器包括数据存储器和程序存储器。我们首先介绍数据存储器。

80C51 单片机的数据存储器共有 256 个单元,按照功能又把 256 个单元的数据存储器划分为两部分:低 128 单元区和高 128 单元区,如图 2.3 所示。

2.3.1 内部数据存储器低 128 单元区

80C51 的内部数据存储器低 128 单元区,称为内部 RAM,地址为 00H~7FH。它们是单片机中供用户使用的数据存储器单元,按用途可划分为如下 3 个区域。

1. 寄存器区

内部 RAM 的前 32 个单元是作为寄存器使用的,共分为 4 组,组号依次为 0、1、2、3。每组有 8 个寄存器,在组中按 R7~R0 编号。这些寄存器用于存放操作数及中间结果等,因此,称为通用寄存器,有时也叫工作寄存器。4 组通用寄存器占据内部 RAM 的 00H~1FH 单元

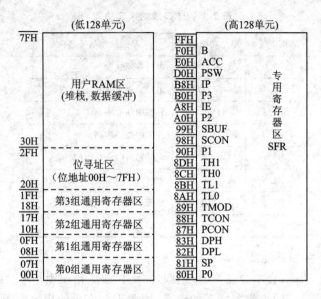

图 2.3 80C51 内部数据存储器配置图

地址。

在任一时刻，CPU 只能使用其中的一组寄存器，并且把正在使用的那组寄存器称为当前寄存器组。至于到底是哪一组，则由程序状态字寄存器 PSW 中 RS1、RS0 位的状态组合来决定。

在单片机中，凡是能称为寄存器的（包括现在讲的通用寄存器和后面将要讲到的专用寄存器），都有两个特点：一是可用 8 位地址直接寻址，使寄存器的读/写操作十分快捷，有利于提高单片机的运行速度；二是在指令中使用寄存器时，既可用其名称表示，也可用其单元地址表示，为使用带来方便。此外，通用寄存器还能提高程序编制的灵活性，因此，在单片机的应用编程中应充分利用这些寄存器，以简化程序设计，提高程序运行速度。

2. 位寻址区

内部 RAM 的 20H～2FH 单元，既可作为一般 RAM 单元使用，进行字节操作，也可对单元中的每一位进行位操作，因此，把该区称为位寻址区。位寻址区共有 16 个 RAM 单元，总计 128 个可直接寻址位，位地址为 00H～7FH。位寻址区是为位操作而准备的，是 80C51 位处理器的位数据存储区。表 2.2 为位寻址区的位地址表。

在通常的使用中，"位"有两种表示方式。一种是以位地址的形式，例如，位寻址区的最后一位是 7FH。另一种是以存储单元地址加位的形式表示，例如，同样的最后位表示为 27H.7，即 27H 单元的第 7 位。

表 2.2　内部 RAM 位寻址区的位地址

单元地址	位　地　址							
2FH	7FH	7EH	7DH	7CH	7BH	7AH	79H	78H
2EH	77H	76H	75H	74H	73H	72H	71H	70H
2DH	6FH	6EH	6DH	6CH	6BH	6AH	69H	68H
2CH	67H	66H	65H	64H	63H	62H	61H	60H
2BH	5FH	5EH	5DH	5CH	5BH	5AH	59H	58H
2AH	57H	56H	55H	54H	53H	52H	51H	50H
29H	4FH	4EH	4DH	4CH	4BH	4AH	49H	48H
28H	47H	46H	45H	44H	43H	42H	41H	40H
27H	3FH	3EH	3DH	3CH	3BH	3AH	39H	38H
26H	37H	36H	35H	34H	33H	32H	31H	30H
25H	2FH	2EH	2DH	2CH	2BH	2AH	29H	28H
24H	27H	26H	25H	24H	23H	22H	21H	20H
23H	1FH	1EH	1DH	1CH	1BH	1AH	19H	18H
22H	17H	16H	15H	14H	13H	12H	11H	10H
21H	0FH	0EH	0DH	0CH	0BH	0AH	09H	08H
20H	07H	06H	05H	04H	03H	02H	01H	00H

3. 用户 RAM 区

在内部 RAM 低 128 单元中,通用寄存器占去 32 个单元,位寻址区占去 16 个单元,剩余的 80 个单元就是供用户使用的一般 RAM 区,其单元地址为 30H～7FH。对于用户 RAM 区,只能以存储单元的形式来使用,此处再没有任何其他规定或限制。但应当提及的是,在一般应用中常把堆栈开辟在此区中。

2.3.2　内部数据存储器高 128 单元区

内部数据存储器的高 128 单元区供专用寄存器使用,单元地址为 80H～FFH,用于存放相应功能部件的控制命令、状态或数据等。因这些寄存器的功能已作专门规定,故而称为专用寄存器 SFR(Special Function Register)或特殊功能寄存器,为此也可以把高 128 单元区称为专用寄存器区。80C51 的专用寄存器共有 21 个,下面介绍其中的 5 个。

1. 专用寄存器简介

(1) 累加器 A（或 ACC——Accumulator）

累加器为 8 位寄存器,是程序中最常用的专用寄存器,功能较多,地位重要。概括起来累加器有以下几项功能:

- 累加器用于存放操作数,是 ALU 数据的一个来源。单片机中大部分单操作数指令的操作数都取自累加器,许多双操作数指令中的一个操作数也取自累加器。即累加器中所保存的一个操作数,经暂存寄存器 2 进入 ALU 后,与从暂存寄存器 1 进入的另一个操作数在 ALU 中进行运算。
- 累加器是 ALU 运算结果的暂存单元,用于存放运算的中间结果。
- 累加器是数据传送的中转站,单片机中的大部分数据传送都通过累加器进行。
- 在变址寻址方式中把累加器作为变址寄存器使用。

其实,累加器并不是理想的 ALU 结构形式,其原因就在于数据操作中对累加器的依赖太多。其结果使繁忙的累加器变成了制约单片机速度提高的"瓶颈"。面对"瓶颈"问题,人们曾采用过双累加器结构,但双累加器只能缓解拥堵而不能消除拥堵。消除拥堵的最根本解决办法是不用累加器,而代之以寄存器阵列(Register File)。寄存器阵列结构的实质就是给数目众多的阵列单元都赋予累加器的功能,让数据操作面向整个寄存器阵列,拥堵自然消除,速度也随之提高。

(2) B 寄存器(B Register)

B 寄存器是一个 8 位寄存器,主要用于乘除运算。乘法运算时,B 为乘数。乘法操作完成后,乘积的高 8 位存于 B 中。除法运算时,B 为除数。除法操作完成后,余数存于 B 中。在其他情况下,B 寄存器也可作为一般的数据寄存器使用,地址为 F0H。

(3) 程序状态字(PSW——Program Status Word)

程序状态字是一个 8 位寄存器,用于寄存指令执行的状态信息。其中有些位状态是根据指令执行结果由硬件自动设置的,而有些位状态则是使用软件方法设定的。PSW 的位状态可以用专门指令进行测试,也可以用指令读出。一些条件转移指令将根据 PSW 中有关位的状态进行程序转移。PSW 的各位定义如下:

位 序	PSW.7	PSW.6	PSW.5	PSW.4	PSW.3	PSW.2	PSW.1	PSW.0
位标志	CY	AC	F0	RS1	RS0	OV	/	P

除 PSW.1 位保留未用外,对其余各位的定义及使用介绍如下:

▶ CY(PWS.7)——进位标志位

CY 是进位标志位,是 PSW 中最为常用的标志位,共有 4 项基本功能:一是在加法运算中存放进位标志,有进位时 CY 置 1,无进位时 CY 清 0;二是在减法运算中存放借位标志,有借位时 CY 置 1,无借位时 CY 清 0;三是在位操作中作累加位使用,在位传送和位运算中都要用到 CY;四是在移位操作中用于构成循环移位通路。对于加减运算,不管参与运算的数是符号数还是无符号数,都按无符号数的原则来设置进位标志位。

➢ AC(PSW.6)——半进位标志位

在加减运算中,当有低 4 位向高 4 位进位或借位时,AC 由硬件置位,否则 AC 位被清 0。在进行十进制数运算时需要十进制调整,此时要用到 AC 位的状态进行判断。

➢ F0(PSW.5)——用户标志位

这是一个由用户定义使用的标志位,用户根据需要用软件方法置位或复位。例如,用它来控制程序的转向。

➢ RS1 和 RS0(PSW.4 和 PSW.3)——寄存器组选择位

用于设定当前通用寄存器的组号。通用寄存器共有 4 组,其对应关系如表 2.3 所列。这两个选择位的状态由软件设置,被选中的寄存器组即为当前通用寄存器组。

➢ OV(PSW.2)——溢出标志位

在加减运算中,如果 OV=1,则表示运算结果超出了累加器 A 所能表示的符号数有效范围(-128~+127),运算结果是错误的,即产生了溢出;否则,OV=0 表示运算结果正确,即无溢出产生。对于加减运算,不管参与运算的数是符号数还是无符号数,都按符号数的原则来设置溢出标志位。在乘法运算中,OV=1 表示乘积超过 255,即乘积分别在 B 与 A 中;否则,OV=0,表示乘积只在 A 中。在除法运算中,OV=1 表示除数为 0,除法不能进行;否则,OV=0,除数不为 0,除法可正常进行。

表 2.3 寄存器组选择

RS1	RS0	寄存器组	R0~R7 地址
0	0	组 0	00~07H
0	1	组 1	08~0FH
1	0	组 2	10~17H
1	1	组 3	18~1FH

➢ P(PSW.0)——奇偶标志位

表明累加器 A 中 1 的个数的奇偶性,在每个指令周期由硬件根据 A 的内容对 P 位进行置位或复位。若 1 的个数为偶数,则 P=0;若 1 的个数为奇数,则 P=1。

(4) 数据指针 DPTR

数据指针为 16 位寄存器(双字节寄存器),它是 80C51 中惟一一个供用户使用的 16 位寄存器。DPTR 的使用比较灵活,既可以按 16 位寄存器使用,也可以分作两个 8 位寄存器使用,即

  DPH DPTR 高位字节

  DPL DPTR 低位字节

DPTR 在访问外部数据存储器时作地址指针使用,由于外部数据存储器的寻址范围为 64 KB,故把 DPTR 设计为 16 位。此外,在变址寻址方式中,用 DPTR 作基址寄存器,用于对程序存储器的访问。

2. 专用寄存器的单元寻址

80C51 中 21 个专用寄存器的名称、符号及地址列于表 2.4 中。

表 2.4 80C51 专用寄存器一览表

寄存器符号	寄存器地址	寄存器名称
A*	E0H	累加器(Accumulator)
B*	F0H	B 寄存器(B Register)
PSW*	D0H	程序状态字寄存器(Program Status Word Register)
SP	81H	堆栈指示器(Stack Pointer)
DPL	82H	数据指针(Data Pointer)低 8 位
DPH	83H	数据指针(Data Pointer)高 8 位
IE*	A8H	中断允许控制寄存器(IE Control Register)
IP*	B8H	中断优先级控制寄存器(IP Control Register)
P0*	80H	I/O 口 0
P1*	90H	I/O 口 1
P2*	A0H	I/O 口 2
P3*	B0H	I/O 口 3
PCON	87H	电源控制寄存器(Power Control Register)
SCON*	98H	串行口控制寄存器(Serial Control Register)
SBUF	99H	串行数据缓冲器(Serial Data Buffer)
TCON*	88H	定时器控制寄存器(Timer Control Register)
TMOD	89H	定时器方式选择寄存器(Timer Mode Control Register)
TL0	8AH	定时器 0(Timer0)低 8 位
TL1	8BH	定时器 1(Timer1)低 8 位
TH0	8CH	定时器 0(Timer0)高 8 位
TH1	8DH	定时器 1(Timer1)高 8 位

注：带 * 的寄存器为可位寻址寄存器。

对专用寄存器的字节寻址问题作如下几点说明：

- 这 21 个可寻址的专用寄存器不连续地分散在内部 RAM 高 128 单元中。尽管还剩余许多空闲单元，但用户并不能使用。如果访问了这些没有定义的单元，读出为不定数，而写入的数被舍弃。
- 对专用寄存器只能使用直接寻址方式，在指令中既可使用寄存器符号表示，也可使用寄存器地址表示。
- 在 P3~P0 口中,作为专用寄存器的是它们的锁存器,由各位口线的锁存位组成。

3. 专用寄存器的位寻址

在 21 个专用寄存器中,有 11 个寄存器是可以位寻址的,即表 2.4 中带"*"的寄存器。80C51 专用寄存器中可寻址位共有 83 个,其中许多位还有其专用名称,寻址时既可使用位地址,也可使用位名称。下面把各寄存器的位地址与位名称列于表 2.5 中。

表 2.5 专用寄存器的位地址与位名称

寄存器符号	位地址与位名称							
B	F7H	F6H	F5H	F4H	F3H	F2H	F1H	F0H
A	E7H	E6H	E5H	E4H	E3H	E2H	E1H	E0H
PSW	D7H	D6H	D5H	D4H	D3H	D2H	D1H	D0H
	CY	AC	F0	RS1	RS0	OV	—	P
IP	BFH	BEH	BDH	BCH	BBH	BAH	B9H	B8H
	—	—	—	PS	PT1	PX1	PT0	PX0
P3	B7H	B6H	B5H	B4H	B3H	B2H	B1H	B0H
	P3.7	P3.6	P3.5	P3.4	P3.3	P3.2	P3.1	P3.0
IE	AFH	AEH	ADH	ACH	ABH	AAH	A9H	A8H
	EA	—	—	ES	ET1	EX1	ET0	EX0
P2	A7H	A6H	A5H	A4H	A3H	A2H	A1H	A0H
	P2.7	P2.6	P2.5	P2.4	P2.3	P2.2	P2.1	P2.0
SCON	9FH	9EH	9DH	9CH	9BH	9AH	99H	98H
	SM0	SM1	SM2	REN	TB8	RB8	TI	RI
P1	97H	96H	95H	94H	93H	92H	91H	90H
	P1.7	P1.6	P1.5	P1.4	P1.3	P1.2	P1.1	P1.0
TCON	8FH	8EH	8DH	8CH	8BH	8AH	89H	88H
	TF1	TR1	TF0	TR0	IE1	IT1	IE0	IT0
P0	87H	86H	85H	84H	83H	82H	81H	80H
	P0.7	P0.6	P0.5	P0.4	P0.3	P0.2	P0.1	P0.0

专用寄存器的可寻址位加上位寻址区的 128 个通用位,构成了位处理器的整个数据位存储空间。

4. 程序计数器 PC(Program Counter)

程序计数器 PC 是一个 16 位寄存器，PC 在物理上是独立的，不在内部 RAM 之列，因此，也就没有地址。它本不在专用寄存器之列，但考虑到以后使用的需要，就在这里顺便提出并作简单介绍。

PC 的内容为将要执行的下一条指令地址，16 位地址的寻址范围达 64 KB。用户不需要也无法对程序计数器进行读/写，其内容是通过执行指令改变的。在指令执行过程中，PC 具有自动加 1 功能，以实现程序的顺序执行；而在执行转移、调用、返回等指令时，把目标地址送入其中，从而也就改变了程序的执行顺序。

2.3.3 堆栈操作

堆栈是一种数据结构。所谓堆栈，就是只允许在其一端进行数据插入和数据删除操作的线性表。因为堆栈是在内部 RAM 中开辟的，所以把堆栈放在此处介绍。

数据写入堆栈称为插入运算(PUSH)，通常叫入栈。数据从堆栈中读出称为删除运算(POP)，通常叫出栈。堆栈的最大特点就是"后进先出"的数据操作规则，常把后进先出写为 LIFO(Last In First Out)。这里所说的进和出就是数据的入栈和出栈，即先入栈的数据由于存放在栈的底部，因此后出栈；而后入栈的数据存放在栈的顶部，因此先出栈。这跟往枪支的弹仓压入子弹和从弹仓中弹出子弹的情形非常类似。

1. 堆栈的功用

堆栈主要是为子程序调用和中断操作而设立的，因此对应有两项功能：保护断点和保护现场。因为在计算机中无论是执行子程序调用操作还是执行中断操作，最终都要返回主程序。因此，在计算机转去执行子程序或中断服务之前，必须考虑其返回问题。为此应预先把主程序的断点保护起来，为程序的正确返回作准备。

计算机在转去执行子程序或中断服务程序之后，很可能要使用单片机中的一些寄存器单元，这样就会破坏这些寄存器单元中的原有内容。为了既能在子程序或中断服务程序中使用这些寄存器单元，又能保证在返回主程序之后恢复这些寄存器单元的原有内容，所以在转中断服务程序之前，要把单片机中各有关寄存器单元的内容保存起来，这就是所谓的现场保护。

那么，把断点和现场中的内容保存在哪儿呢？保存在堆栈中。可见堆栈主要是为中断服务操作和子程序调用而设立的。为了使计算机能进行多级中断嵌套及多重子程序嵌套，所以要求堆栈具有足够的容量(或者说足够的堆栈深度)。此外，堆栈也可用于数据的临时存放，这在程序设计中时常用到，并因此产生一些编程技巧。

2. 堆栈的开辟

鉴于单片机单片的特点，堆栈只能开辟在芯片的内部数据存储器中，即所谓的内堆栈形式。80C51 当然也不例外。内堆栈的主要优点是操作速度快，但堆栈容量有限。

3. 堆栈指针

如前所述,堆栈共有两种操作:进栈和出栈。但不论是数据进栈还是数据出栈,都是对堆栈的栈顶单元进行的,即对栈顶单元的写/读操作。为了指示栈顶地址,所以要设置堆栈指针 SP(Stack Pointer)。SP 的内容就是堆栈栈顶的存储单元地址。

80C51 单片机的 SP 是一个 8 位寄存器,实际上 SP 就是专用寄存器的一员。系统复位后,SP 的内容为 07H,如果不作改动,则堆栈从 08H 单元开始。但由于堆栈最好在内部 RAM 的 30H~7FH 单元中开辟,所以在程序设计时应注意把 SP 值初始化为 30H 之后,以免占用经常使用的宝贵的寄存器区和位寻址区。SP 的内容一经确定,堆栈的位置也就跟着确定下来。由于 SP 可初始化为不同值,因此堆栈位置是浮动的。

4. 堆栈类型

堆栈结构可以有两种类型:向上生长型和向下生长型,如图 2.4 所示。

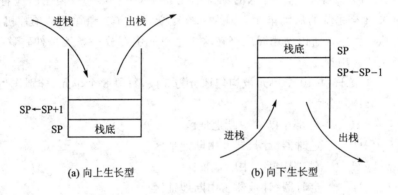

图 2.4 两种不同类型的堆栈结构

向上生长型堆栈,栈底在低地址单元。随着数据进栈,地址递增,SP 的内容越来越大,指针上移;反之,随着数据的出栈,地址递减,SP 的内容越来越小,指针下移。80C51 使用向上生长型堆栈,向上生长型堆栈的操作规则如下:

进栈操作:先 SP 加 1,后写入数据;
出栈操作:先读出数据,后 SP 减 1。

5. 堆栈使用方式

堆栈的使用有两种方式。一种是自动方式,即在调用子程序或中断时,返回地址(断点)自动进栈。程序返回时,断点再自动弹回 PC。这种堆栈操作无须用户干预,因此称为自动方式。另一种是指令方式,即使用专用的堆栈操作指令,进行进出栈操作。其进栈指令为 PUSH,出栈指令为 POP。例如,现场保护就是指令方式的进栈操作;而现场恢复则是指令方式的出栈操作。

2.3.4 内部程序存储器

在 8 位单片机芯片中,有的有内部程序存储器(或简称"内部 ROM"),有的没有内部程序存储器。片内有没有程序存储器对指令操作是有影响的,因此,80C51 系列芯片设置了一个信号引脚$\overline{EA}$,以其电平状态来区分程序存储器的有无。

对于 80C31 芯片,由于没有片内程序存储器,因此,要在芯片外扩展程序存储器。这时$\overline{EA}$信号引脚应接地,程序执行时应从外部扩展程序存储器开始。

对于 80C51 芯片,因有片内程序存储器,$\overline{EA}$信号引脚应接高电平(接到 V_{CC} 引脚上即可),程序执行时应从内部程序存储器开始,再延续到外部扩展程序存储器。也就是说,当 PC 值在 0000H~0FFFH 时,访问的是片内程序存储器;当 PC 值大于 0FFFH 时,接着访问片外扩展程序存储器。

此外,在程序存储器中有一组特殊的保留单元 0000H~002AH,使用时应特别注意。其中 0000H~0002H 是系统的启动单元。因为系统复位后,(PC)=0000H,单片机从 0000H 单元开始取指令执行程序。所以使用时应当在这 3 个单元中存放一条无条件转移指令,以便直接转去执行指定的应用程序。

而 0003H~002AH 共 40 个单元被均匀地分为 5 段,每段 8 个单元,分别作为 5 个中断源的中断地址区。具体划分为:

  0003H~000AH   外部中断 0 中断地址区
  000BH~0012H   定时器/计数器 0 中断地址区
  0013H~001AH   外部中断 1 中断地址区
  001BH~0022H   定时器/计数器 1 中断地址区
  0023H~002AH   串行中断地址区

中断响应后,系统能按中断种类自动转到各中断区的首地址执行程序。理论上讲,在中断地址区中应存放中断服务程序,但通常情况下,8 个单元难以放下一个完整的中断服务程序。因此,一般的做法是在中断地址区首地址处存放一条无条件转移指令,以便中断响应后能通过中断地址区这个"跳板",转到中断服务程序的实际入口地址中。

2.4 80C51 单片机的并行 I/O 口

80C51 共有 4 个 8 位的并行双向 I/O 口,分别记作 P0、P1、P2、P3。这 4 个口除可按字节寻址之外,还可按位寻址。80C51 的这 4 个口虽然在电路结构上基本相同,但它们又各具特点,因此,在功能和使用上也存在一些差异。

2.4.1 P0 口逻辑结构

P0 口地址为 80H,位地址为 80H~87H。各位口线具有完全相同但又相互独立的逻辑电路,如图 2.5 所示。

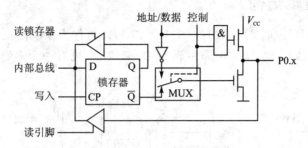

图 2.5 P0 口电路逻辑

P0 口线逻辑电路主要包括:由 D 触发器构成的锁存器,由两个场效应管(FET)构成的输出驱动电路,用于引脚数据输入缓冲的缓冲器,以及一个多路转接开关 MUX。

8 位口线的锁存位构成一个口的锁存器,所谓口地址就是锁存器的地址。锁存器用于锁存输出的数据,使数据在口中保留一段时间。

多路转接开关 MUX 的一个输入来自锁存器,另一个输入为"地址/数据"。输入转接由"控制"信号控制。设置多路转接开关,是因为 P0 口既可以作为通用 I/O 口进行数据输入/输出,又可以作为单片机系统的地址/数据线使用。即在控制信号作用下,由 MUX 实现锁存器输出和地址/数据线之间的接通转接。

2.4.2 P1 口逻辑结构

P1 口地址为 90H,位地址为 90H~97H。P1 口只能作为通用数据 I/O 使用,所以在电路结构上与 P0 口有些不同。其电路逻辑如图 2.6 所示。

首先,因为它只传送数据,所以不再需要多路转接开关 MUX;其次,输出驱动电路中有上拉电阻,使用时外电路无须再接上拉电阻。虽然在图中把上拉电阻画成了一般线性电阻的形式,但实际上 P1 口(还有后面的 P2 口和 P3 口)的上拉电阻并不是真正的电阻,而是一个能起到上拉电阻作用的由两个场效应管构成的电路。

另外,当 P1 口作为输出口使用时,能对外提供一定的电流负载,所以不用外接上拉电阻;而当 P1 口作为输入口使用时,应先向其锁存器

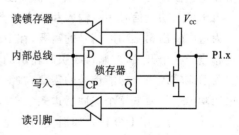

图 2.6 P1 口电路逻辑

写入 1,把输出驱动电路的 FET 截止,使口线引脚被内部的上拉电阻上拉为高电平。其后,若输入的是 1,则引脚维持高电平;若输入的是 0,则引脚被下拉为低电平。引脚状态送到输入缓冲器,当接到来自 CPU 的读命令后,三态门打开,引脚状态传送到内部数据总线上。

2.4.3 P2 口逻辑结构

P2 口地址为 A0H,位地址为 A0H～A7H。P2 口既可作为系统高位地址线使用,也可作为通用 I/O 口使用,所以 P2 口的电路逻辑与 P0 口类似,也有一个多路转接开关 MUX,如图 2.7 所示。

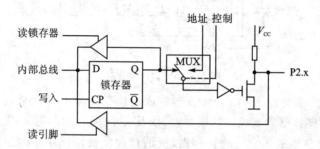

图 2.7 P2 口电路逻辑

但 MUX 的一个输入端不再是"地址/数据",而是单一的"地址",因为在构造系统总线时,P2 口只能作为高位地址线而不能作为数据线使用。当 P2 作为高位地址线使用时,多路开关倒向"地址"端;而当作为通用 I/O 口使用时,多路开关倒向锁存器的 Q 端。

2.4.4 P3 口逻辑结构

P3 口地址为 B0H,位地址为 B0H～B7H。虽然 P3 口可以作为通用 I/O 口使用,但在实际应用中它的第二功能信号更为重要。为适应口线第二功能的转换需要,在口线电路中增加了第二功能控制逻辑。P3 口电路逻辑如图 2.8 所示。

由于第二功能信号中有输入和输出两类信号,因此,要分两种情况进行介绍。

为适应输出第二功能信号的需要,在 P3 口线电路中增加了一个"与非"门,该"与非"门的作用相当于一个开关,控制口线引脚输出的是锁存器中的数据还是第二功能信号。

为适应输入第二功能信号的需要,在 P3 口线的输入通路上增加了一个缓冲器,输入方向的第二功能信号就从这个缓冲器进入。

P3 口作为通用 I/O 口是如何使用的呢?当对 P3 口进行寻址时,第二输出功能信号线被置为高电平,"与非"门打开,从锁存器到场效应管形成数据通路,此时 P3 即为数据输出口;若要把 P3 口作为输入口使用,与其他各口一样,应先由软件对口锁存器位写 1,使锁存器输出端 Q 为高电平,"与非"门输出低电平,则场效应管截止,口线引脚进入高阻抗状态。此时若

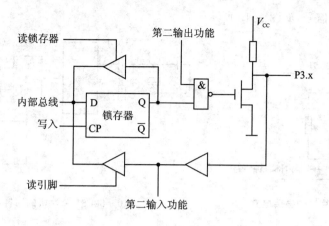

图 2.8 P3 口电路逻辑

CPU 发来读命令,左边缓冲器的"读引脚"信号有效,该缓冲器开通,而右边缓冲器又是常开的,于是引脚信号就经过两个缓冲器读入到内部数据总线上。

2.5 80C51 单片机的时钟与定时

单片机本身是一个复杂的同步时序系统,为保证同步工作方式的实现,单片机必须有时钟信号,以使其系统在时钟信号的控制下按时序协调工作。而所谓时序,则是指指令执行过程中各信号之间的相互时间关系。

2.5.1 时钟电路

单片机的时钟电路由振荡电路和分频电路组成。其中振荡电路由反相器以及并联外接的石英晶体和电容构成,用于产生振荡脉冲。而分频电路则用于把振荡脉冲分频,以得到所需要的时钟信号。

1. 振荡电路

80C51 芯片中的高增益反相放大器,其输入端为引脚 XTAL1,输出端为引脚 XTAL2。通过这两个引脚在芯片外并接石英晶体振荡器和两只电容器(电容 C_1 和 C_2 一般取 30 pF)。石英晶体为一感性元件,与电容构成振荡回路,为片内放大器提供正反馈和振荡所需的相移条件,从而构成一个稳定的自激振荡器,如图 2.9 所示。

除使用石英晶体振荡器外,若对时钟频率要求不高,还可以用电感或陶瓷振荡器,但使用陶瓷振荡器时要把电容的容量稍微提高一些。

2. 分频电路

振荡电路产生的振荡信号并不直接为单片机所用,而要进行分频,经分频后才能得到单片机各种相关的时钟信号,如图 2.10 所示。

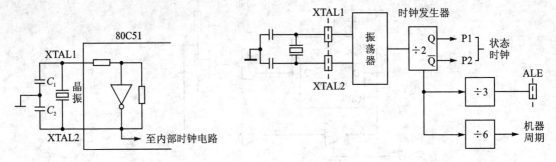

图 2.9　80C51 单片机的振荡电路　　　　图 2.10　80C51 单片机的时钟电路框图

振荡脉冲经二分频后作为系统的时钟信号(注意时钟信号与振荡脉冲之间的二分频关系,否则会造成概念上的错误),在二分频的基础上再三分频产生 ALE 信号(这就是前面介绍 ALE 时所述"ALE 是以晶振 1/6 固定频率输出的正脉冲"),在二分频的基础上再进行六分频得到机器周期信号。

3. 晶振频率

晶振频率是指晶体振荡器的振荡频率,也就是振荡电路的脉冲频率,所以也称振荡频率。80C51 的晶振频率范围一般为 1.2～33 MHz。随着技术的发展,单片机的晶振频率还在逐步提高,例如,现在一些高速芯片的晶振频率已达 40 MHz。

晶振频率是单片机的一项重要性能指标。因为单片机的时钟信号是通过振荡信号分频得到的,所以晶振频率直接影响着时钟信号频率。晶振频率高,系统的时钟频率就高,单片机运行速度也就快。然而晶振频率高对存储器等的速度和印刷电路板的工艺要求也高(线间寄生电容要小)。晶振频率不但影响速度,而且对单片机的工作电流也有一定的影响,所以在选择晶振频率时,要兼顾速度、功耗和线路工艺。

4. 从外部引入脉冲信号驱动时钟电路

高频振荡信号除了由振荡电路产生外,还可以从外部脉冲源直接引入。直接引入外部脉冲信号的情况多发生在由多片单片机组成的系统中,因为统一从一个外部脉冲源引入脉冲信号,可以保证各单片机之间时钟信号的同步。

对于 80C51 芯片,外部脉冲信号经 XTAL1 引脚注入,但同时要把 XTAL2 引脚悬空,其连接电路如图 2.11 所示。

实际使用时,引入的脉冲信号应为高低电平持续时间大于 20 ns 的矩形波,且脉冲频率应低于 12 MHz。

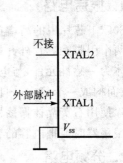

图 2.11　80C51 外部脉冲源接法

注意,尽管 80C51 与 8051 兼容,但当使用外部脉冲信号驱动芯片的时钟电路时,应注意它们之间的差别。80C51 的外部脉冲信号经 XTAL1 引脚接入,而 8051 则是经 XTAL2 引脚接入。两种芯片之所以有如此差别,是芯片内部的原因,80C51 的时钟电路是由 XTAL1 引脚信号驱动的,而 8051 则是由 XTAL2 引脚信号驱动的。

2.5.2 定时单位

单片机执行指令是在时序电路的控制下一步一步进行的,人们通常以时序图的形式来表明相关信号的波形及其出现的先后次序。为了说明信号的时间关系,需要定义几个定时单位。80C51 的定时单位共有 4 个,从小到大依次是拍节、状态、机器周期和指令周期。下面分别加以说明。

1. 拍节与状态

把振荡脉冲的周期定义为拍节(用 P 表示)。振荡脉冲经二分频后,就是单片机的时钟信号,把时钟信号的周期定义为状态(用 S 表示)。这样,一个状态包含两个拍节,其前半周期对应的拍节叫拍节 1(P1),后半周期对应的拍节叫拍节 2(P2)。

2. 机器周期

80C51 采用同步控制方式,因此,它有固定的机器周期。规定一个机器周期的宽度为 6 个状态,并依次表示为 S1~S6。由于一个状态包括两个拍节,因此,一个机器周期共有 12 个拍节,分别记作 S1P1、S1P2、…、S6P2。由于一个机器周期共有 12 个振荡脉冲周期,因此,机器周期就是振荡脉冲的十二分频。

当振荡脉冲频率为 12 MHz 时,一个机器周期为 1 μs;当振荡脉冲频率为 6 MHz 时,一个机器周期为 2 μs。

3. 指令周期

指令周期是最大的时序单位,执行一条指令所需要的时间称为指令周期。指令周期以机器周期的数目来表示。80C51 的指令周期根据指令不同,可包含 1 个、2 个或 4 个机器周期。

2.6 80C51 单片机的系统复位

复位是单片机的硬件初始化操作。经复位操作后,单片机系统才能开始正常工作。

2.6.1 复位方式与初始化状态

1. 复位方式

80C51 有复位信号引脚 RST,用于从外界引入复位信号。复位操作比较简单,只有两种复位方式,即加电复位和手动复位。

(1) 加电复位

加电复位是指通过专用的复位电路产生复位信号。它是系统的原始复位方式,发生在开机加电时,是系统自动完成的。加电复位是基本的、任何单片机系统都具有的功能。

(2) 手动复位

手动复位也应通过专用的复位电路实现。在单片机系统中,手动复位是必须具有的功能。在调试或运行程序时,若遇到死机、死循环或程序"跑飞"等情况,手动复位是摆脱这种尴尬局面的最常用方法。这时,手动复位所完成的是一次重新启动操作。

在实际系统中,总是把加电复位电路和手动复位电路结合在一起,形成一个既能加电复位,又能手动复位的公用复位电路。另外,目前已经出现了专用的复位芯片,例如,Maxim 公司推出的 MAX813L。该芯片具有 4 项基本功能:加电复位、手动复位、看门狗和掉电监视。

2. 初始化状态

复位操作有:为一些专用寄存器设置初始状态、程序状态字 PSW 清 0、程序计数器 PC 被赋值为 0000H 以及为芯片的某些引脚设置电平状态等内容。复位操作后,部分专用寄存器(SFR)的初始化状态如表 2.6 所列。

表 2.6　部分专用寄存器初始化状态

SFR 名称	初始化状态	SFR 名称	初始化状态
PC	0000H	TCON	00H
ACC	00H	TL0	00H
PSW	00H	TH0	00H
SP	07H	TL1	00H
DPTR	0000H	TH1	00H
P0～P3	FFH	SCON	00H
IP	×××00000B	SBUF	××××××××B
IE	0×000000B	PCON	0×××××××B
TMOD	00H		

完成复位操作共需 24 个状态周期。复位结束后,单片机从地址 0000H 开始执行程序。对于专用寄存器的复位状态,值得关注的是:PC 为 0000H,SP 为 07H,各 I/O 口锁存器为 FFH,SBUF 状态不定,其他寄存器大多被置为 00H。此外,复位操作还对单片机的个别引脚信号有影响,例如,把 ALE 和 $\overline{PSEN}$ 信号变为无效状态,即 ALE=0,$\overline{PSEN}$=1。

2.6.2　复位电路

复位电路用于产生复位信号,通过 RST 引脚送入单片机,进行复位操作。复位电路的好坏直接影响单片机系统工作的可靠性,因此,要重视复位电路的设计和研究。

1. 复位电路概述

目前,在单片机系统中共使用过 4 种类型的复位电路,分别为:积分电路型、微分电路型、比较器型和看门狗型。其中前 3 种是在芯片外面用分立元件或集成电路芯片搭建的,而最后一种位于芯片内部,是单片机芯片的一部分。对于片外复位电路,无论哪种类型,加电复位和手动复位都是必不可少的基本功能。下面把最常用的积分电路型和微分电路型复位电路作一简单说明。

(1) 积分电路型

积分型复位电路是在积分电路的基础上形成的,用于产生低电平复位信号。图 2.12 是最基本的积分型复位电路及其演化过程。

(2) 微分电路型

微分型复位电路是在微分电路的基础上形成的,用于产生高电平复位信号。图 2.13 是最基本的微分型复位电路。

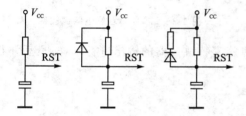

图 2.12 积分型复位电路

图 2.13 微分型复位电路

2. 80C51 基本复位电路

80C51 基本复位电路共有上电复位、按键电平复位和按键脉冲复位 3 种。其中上电自动复位是通过电容充电来实现的,比较简单的上电复位电路如图 2.14(a)所示。只要电源 V_{CC} 的

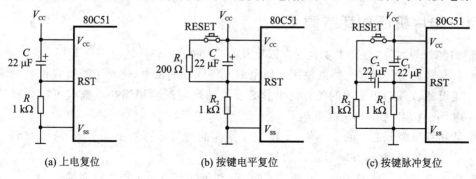

图 2.14 各种复位电路

上升时间不超过 1 ms,就可以实现自动上电复位,即接通电源即可完成系统的复位初始化。

手动复位是通过按键实现的,有电平方式和脉冲方式两种。其中按键电平复位是通过使复位端经电阻与 V_{CC} 电源接通而实现的,电路如图 2.14(b)所示。而按键脉冲复位则是利用 RC 微分电路产生的正脉冲来实现的,电路如图 2.14(c)所示。

上述电路图中的电阻、电容参数适用于 6 MHz 晶振,能保证复位信号高电平持续时间大于 2 个机器周期。

3. 80C51 芯片内复位电路

80C51 的 RST 引脚是复位信号的输入端。复位信号是高电平有效,其有效时间应持续 24 个振荡脉冲周期(即 2 个机器周期)以上。若使用频率为 6 MHz 的晶振,则复位信号持续时间应超过 4 μs 才能有效。产生芯片内复位信号的电路逻辑如图 2.15 所示。

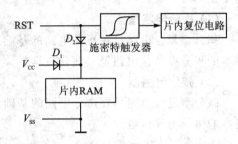

图 2.15 芯片内复位电路逻辑图

可见,整个复位电路包括芯片内、外两部分。外部电路产生的复位信号 RST 送施密特触发器;再由片内复位电路在每个机器周期的 S5P2 时刻对施密特触发器的输出进行采样;最后才得到内部复位操作所需要的信号。

2.7 单片机低功耗工作模式

低功耗对单片机具有重要意义和深远影响,因此,人们在单片机上降低功耗的努力也在多方面进行着。一是在电路和工艺上,例如,8051 芯片的功耗为 630 mW,而 80C51 只有 120 mW,是 8051 的 1/5;二是为一些单片机配备了高速和低速两套时钟,可根据需要选择,以减少不必要的功耗;三是本节所要讲的,为单片机设置低功耗工作模式。

2.7.1 单片机低功耗的意义

低功耗对单片机的意义主要表现在以下几个方面:

- 只有降低功耗才有可能既使用轻便电源又保证长期供电,这对于便携式设备和掌上智能设备(PDA)中使用的单片机十分必要。功耗可低到用纽扣电池就可以为其长期供电,5~10 年才更换一次电池。
- 低功耗可降低芯片的发热量,电路中元器件的排列才可能更加紧密,从而有利于提高芯片的集成密度,并降低芯片的封装成本。
- 由于低功耗芯片工作时发热量少,进而有利于提高芯片工作的可靠性。
- 单片机芯片的低功耗,有效地促进了单片机系统的整体低功耗化。在设计单片机系统时必须把低功耗作为一个目标,采用低功耗电路设计方法,选用低功耗的外扩展部件,例如,液晶显示器等。

在8位单片机中,降低功耗的一项重要措施是采用CMOS半导体集成工艺。此外,低工作电压也是降低功耗的有效方法,例如,现在有些单片机芯片的工作电压只有2.4 V。

2.7.2 两种低功耗工作模式

单片机除电路上的低功耗措施外,还在常规程序运行模式之外设置了低功耗工作模式。80C51有两种低功耗模式:待机模式和掉电模式。

所谓常规程序运行模式,就是单片机正在运行程序,所有外部设备均处于加电状态,此时系统功耗最高,性能最好。而低功耗模式的实质则是把暂时不用的设备关掉,使系统处于等待状态。低功耗模式是通过程序设置的。在应用程序设计时,应在不降低系统功能的前提下,尽可能地采用低功耗模式。

1. 待机模式(Idle Mode)

如果使用指令把电源控制寄存器PCON的IDL位(PCON.0)置1,80C51单片机就进入待机模式。

(1) 待机模式概述

待机模式的主要特点是关闭CPU,办法是阻断向CPU提供时钟信号的通路。CPU因得不到时钟信号而停止工作,同时,与CPU相关的SP、PC、PSW、ACC以及各寄存器等也被"冻结"在原状态。待机模式的典型例子是液晶显示器LCD处于静止不变的显示过程,此时因用不着CPU而只需外围接口电路工作,所以单片机可以进入待机模式。

待机模式下,共有两种退出待机模式返回常规程序运行模式的方法,一种是中断方法,另一种是复位方法。

为保证能采用中断方法退出待机模式,振荡器应正常工作,继续向中断逻辑、串行口和定时器/计数器等电路提供时钟信号,以维持其中断功能。因为响应中断时,电源控制寄存器的PCON.0位被自动清0,从而使单片机退出待机状态而进入程序运行方式。可使用外部中断或定时中断,中断响应后执行中断服务程序,但只需在中断服务程序中安排一条RETI指令,就可以使单片机恢复正常工作后返回断点处继续执行程序。

第二种退出待机状态的方法是复位。加在RST引脚上的有效复位信号同样也能将电源控制寄存器的PCON.0位清0,从而使单片机退出待机模式,进入程序运行模式。

(2) 待机模式的控制

如前所述,待机模式是通过专用寄存器PCON(电源控制寄存器)的IDL位进行设置和控制的。PCON寄存器的位格式表示如下:

D7	D6	D5	D4	D3	D2	D1	D0
SMOD	—	—	—	GF1	GF0	PD	IDL

SMOD：波特率倍增位，进行波特率加倍处理，在串行通信时才使用。
GF0：通用标志位。
GF1：通用标志位。
PD：掉电方式位，PD=1，则进入掉电方式。
IDL：待机模式位，IDL=1，则进入待机状态。

要想使单片机进入待机状态，只要执行一条能使 IDL 位为 1 的指令就可以。通用标志位 GF1 和 GF0 通常用于指示中断发生的时刻，即中断是在待机期间发生的还是在待机之前发生的，以便通过标志位状态的检查，使中断服务程序执行后能返回到正确的断点。

2. 掉电模式（Power Down Mode）

PCON 寄存器中 PD 位的状态控制单片机进入掉电模式，PD=1，则进入掉电模式。在掉电模式下，振荡器停振，单片机停止工作，但内部 RAM 单元的内容能被保存。使用查询设备时，当操作了触摸屏上对应用来说无效的输入区域时，就应当让单片机进入掉电状态。

退出掉电状态的惟一方法是硬件复位。复位信号应维持足够的时间（大约为 10 ms），以使振荡器能启振并稳定下来。复位操作将使系统重新初始化，并从头执行程序，但内部 RAM 中仍保持掉电前的内容。

应注意，这里所说的掉电模式只是人为设计的一种降低功耗的方法，并不是电源真的没有电压了。此时 V_{CC} 仍然存在，正因为如此内部 RAM 单元的内容才能得以保存。

2.7.3 低功耗模式的应用

这两种特殊的低功耗工作模式不但能为 80C51 的低功耗特点进一步锦上添花，而且还能满足一些特殊需要。下面举例简单说明。

1. 降低功耗

待机模式和掉电模式主要是为降低功耗而设置的。以台湾华邦公司的 80C51 衍生芯片 W78LE516 为例，对于 2.4 V 供电和 12 MHz 晶振频率下的最大工作电流，程序运行模式下为 3 mA，待机模式下为 1.5 mA，而掉电模式下仅为 0.02 mA。因此，在单片机工作过程中只要有可能就应使其处于待机或掉电状态下，这是降低功耗的一种有效途径。

例如，许多单片机系统的程序运行都是处于键盘扫描和显示的交替循环中，绝大部分机器时间花费在等待键输入上，真正用于数据处理的有用时间很短。为此，可以在键等待期间让单片机处于待机或掉电状态，当有键输入时再唤醒机器进入程序运行模式，从而使功耗大幅度降低。

2. 抗电磁干扰

把待机模式作为抗电磁干扰措施是待机模式应用的又一个典型例子。当单片机的控制对象为开关型大电流电感性负载(例如,继电器、电磁阀和开关等)时,如果单片机与控制对象的距离较近,则负载开启和关闭时产生的强电磁干扰将影响单片机工作的稳定性。这时待机模式就是避开干扰的最好办法。

在单片机发出负载开/关的指令之后,紧接着是一条把IDL(PCON.0)位置1的指令,以使单片机进入待机状态。在待机状态下,即使有电磁干扰也不会对单片机有任何影响。隔一定时间,等电磁干扰消失后,再结束待机,使单片机返回正常工作。

理论上讲,虽然结束待机可使用中断和复位两种方法,但真正实现起来还会遇到很多具体问题,主要是如何以及何时产生复位信号或中断请求信号。对此,可以通过加"看门狗"芯片实现,这时单片机由于待机而不能按时"喂狗",从而间隔一定时间后产生复位信号。此外,还可以通过定时中断以中断方法结束待机状态。

练习题

(一) 填空题

1. 通过堆栈操作实现子程序调用,首先要把( )的内容入栈,以进行断点保护。调用返回时再进行出栈操作,把保护的断点送回( )。
2. 80C51单片机的时钟电路包括两部分内容,即芯片内的( )和芯片外跨接的( )与( )。若提高单片机的晶振频率,则单片机的机器周期会变( )。
3. 通常单片机有两种复位操作,即( )和( )。复位后,PC值为( ),SP值为( ),通用寄存器的当前寄存器组为( )组,该组寄存器的地址范围是从( )到( )。
4. 80C51单片机中,一个机器周期包含( )个状态周期,一个状态周期又可划分为( )个拍节,一个拍节为( )个振荡脉冲周期。因此,一个机器周期应包含( )个振荡脉冲周期。
5. 80C51中惟一可供用户使用的16位寄存器是( ),它可拆分为两个8位寄存器使用,名称分别为( )和( )。
6. 单片机程序存储器的寻址范围由PC的位数决定。80C51的PC为16位,因此程序存储器地址空间是( )。

(二) 单项选择题

1. 下列概念叙述中正确的是( )
    (A) 80C51中共有5个中断源,因此在芯片上相应地有5个中断请求输入引脚
    (B) 特殊的存取规则使得堆栈已不是数据存储区的一部分
    (C) 可以把PC看成是数据存储空间的地址指针
    (D) CPU中反映程序运行状态和运算结果特征的寄存器是PSW
2. 取指操作后,PC的值是( )
    (A) 当前指令前一条指令的地址　　(B) 当前正在执行指令的地址
    (C) 下一条指令的地址　　(D) 控制器中指令寄存器的地址

3. 80C51单片机中,设置堆栈指针SP为37H后就发生子程序调用,这时SP的值变为( )
   (A) 37H   (B) 38H   (C) 39H   (D) 3AH
4. 设置堆栈指针SP=30H后,进行一系列的堆栈操作。当进栈数据全部弹出后,SP应指向( )
   (A) 30H单元   (B) 07H单元   (C) 31H单元   (D) 2FH单元
5. 下列关于堆栈的描述中,错误的是( )
   (A) 80C51的堆栈在内部RAM中开辟,所以SP只需8位就够了
   (B) 堆栈指针SP的内容是堆栈栈顶单元的地址
   (C) 在80C51中,堆栈操作过程与一般RAM单元的读/写操作没有区别
   (D) 在中断响应时,断点地址自动进栈
6. 在单片机芯片内设置通用寄存器的好处不应该包括( )
   (A) 提高程序运行的可靠性   (B) 提高程序运行速度
   (C) 为程序设计提供方便   (D) 减小程序长度
7. 下列叙述中正确的是( )
   (A) SP内装的是堆栈栈顶单元的内容
   (B) 在中断服务程序中没有PUSH和POP指令,说明此次中断操作与堆栈无关
   (C) 在单片机中配合实现"程序存储自动执行"的寄存器是累加器
   (D) 两数相加后,若A中数据为66H,则PSW中最低位的状态为0

第 3 章

80C51 单片机指令系统

3.1 单片机指令系统概述

指令(Instuction)是规定计算机基本操作的语句或命令。一条指令代表一项基本操作。指令通常有两个组成部分：操作码和操作数。其中操作码用于规定指令进行什么操作，而操作数则是指令操作的对象，它既可以是一个具体数据，也可以是取得数据的地址或符号。

指令是人与计算机进行交流的一种程序设计语言，原始指令用二进制代码表示。所以最初人们曾直接使用二进制代码指令编写程序，告诉计算机进行什么操作以及如何操作。因为计算机只认识二进制数，所以就把用二进制代码表示的指令称为机器语言。虽然二进制代码指令能够直接使用，但二进制代码却具有不便记忆和使用的缺点，为此人们就想出来用符号来表示指令，即以指令的英文名称或英文名称缩写来表示指令，以起到助记的作用。这种用助记符表示的指令称为汇编语言。本章讲述的指令就是这种助记符形式的汇编语言。

一个单片机所能执行的指令集合即为它的指令系统。指令系统是提供给用户使用的单片机软件资源，是汇编语言程序设计的基础和工具。指令系统由单片机生产厂商定义，所以各种单片机都有自己专用的指令系统。不同系列单片机指令系统中的指令不尽相同，其差异多表现在指令二进制代码、指令助记符、指令功能、指令条数和指令长度等方面。

由于目前单片机还在广泛使用汇编语言，因此，指令系统是学习和使用单片机的基础和工具，对单片机用户来说非常重要，是必须理解和遵循的标准，是必须掌握的重要知识。特别是对于初学者。

下面对 80C51 指令中使用的符号的意义作简要说明。

Rn   当前寄存器组的 8 个通用寄存器 R0～R7，所以 $n=0\sim 7$。
Ri   可用作间接寻址的寄存器，只能是 R0、R1 两个寄存器，所以 $i=0,1$。
direct 8 位直接地址，在指令中表示直接寻址方式，寻址范围为 256 个单元。
#data   8 位立即数。
#data16 16 位立即数。
addr16 16 位目的地址，只在 LCALL 和 LJMP 指令中使用。

addr11	11位目的地址,只在ACALL和AJMP指令中使用。
rel	相对转移指令中的偏移量,为8位带符号补码数。
DPTR	数据指针。
bit	内部RAM(包括专用寄存器)中的直接寻址位。
A	累加器。
ACC	直接寻址方式的累加器。
B	寄存器B。
C	进位标志位,是布尔处理机的累加器,也称为累加位。
@	间址寄存器的前缀标志。
/	加在位地址的前面,表示对该位状态取反。
(×)	某寄存器或某单元的内容。
((×))	由"×"间接寻址的单元中的内容。
←	箭头左边的内容被箭头右边的内容所取代。

执行指令对标志位影响的表示符号为:"√"有影响,"×"无影响。

3.2 80C51单片机指令寻址方式

大多数指令执行时都需要使用操作数,所以就存在如何取得操作数的问题,此即指令的寻址方式。80C51单片机指令系统共有7种寻址方式。

1. 寄存器寻址方式

寄存器寻址就是操作数在寄存器中,因此,只要指定了寄存器就能得到操作数。在寄存器寻址方式的指令中,以符号名称来表示寄存器。例如,下列指令的功能是把寄存器R0的内容传送到累加器A中。

MOV A,R0

由于操作数在R0中,因此,在指令中指定了R0,就能从中取得操作数,所以称为寄存器寻址方式。寄存器寻址方式的寻址范围包括:

① 寄存器寻址的主要对象是通用寄存器,有4组共32个通用寄存器,但寄存器寻址只能使用当前寄存器组。因此,指令中的寄存器名称只能是R0~R7。在使用本指令前,常须通过对PSW中RS1、RS0位的状态设置来进行当前寄存器组的选择。

② 部分专用寄存器。例如,累加器A、AB寄存器对以及数据指针DPTR等。

2. 直接寻址方式

直接寻址方式是指令中操作数直接以存储单元地址的形式给出。例如,下列指令的功能是把内部RAM 3AH单元中的数据传送给累加器A。

MOV A，3AH

3AH 就是被寻的直接地址。直接寻址的操作数在指令中以存储单元形式出现，因为直接寻址方式只能使用 8 位二进制数表示的地址，因此，这种寻址方式的寻址范围只限于内部 RAM，具体如下：

① 低 128 单元。在指令中直接以单元地址形式给出。

② 专用寄存器。但专用寄存器除以单元地址形式给出外，还可以寄存器符号形式给出。应当指出，直接寻址是访问专用寄存器的惟一方法。

3. 寄存器间接寻址方式

寄存器寻址方式中，寄存器中存放的是操作数；而寄存器间接寻址方式中，寄存器中存放的是操作数的地址，即操作数是通过寄存器间接得到的，因此，称为寄存器间接寻址。寄存器间接寻址也需以寄存器符号形式表示。为了区别寄存器寻址和寄存器间接寻址，在寄存器间接寻址方式中，应在寄存器名称前面加前缀标志@。假定 R0 寄存器的内容是 3AH，则指令：

MOV A，@R0

的功能是以 R0 寄存器内容 3AH 为地址，把该地址单元的内容送累加器 A。其功能示意如图 3.1 所示。

有关寄存器间接寻址方式寻址范围及其说明如下：

① 内部 RAM 低 128 单元。对内部 RAM 低 128 单元的间接寻址，只能使用 R0 或 R1 作间址寄存器（地址指针）。其通用形式为"@Ri"（$i=0$ 或 1）。

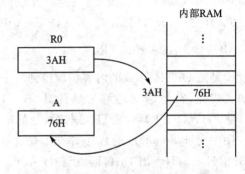

图 3.1　寄存器间接寻址示意图

② 外部 RAM 64 KB。对外部 RAM 64 KB 存储空间的间接寻址，通常使用 DPTR 作间址寄存器。其形式为"@DPTR"。下列指令的功能是把 DPTR 指定的外部 RAM 单元的内容送累加器 A。

MOVX A，@DPTR

③ 对外部 RAM 低 256 单元的间接寻址，除可使用 DPTR 做间址寄存器寻址外，还可使用 R0 或 R1 做间址寄存器。例如，下列指令的功能是把由 R0 指定低位字节地址的外部 RAM 单元的内容送累加器 A。

MOVX A，@R0

④ 堆栈操作指令（PUSH 和 POP）也应算作是寄存器间接寻址，即以堆栈指针（SP）作间

址寄存器的间接寻址方式。

4. 立即寻址方式

所谓立即寻址就是操作数在指令中直接给出。因为通常把在指令中给出的数称为立即数，所以就把这种寻址方式称为立即寻址。在指令格式中，8 位立即数用 data 表示，为了与直接寻址指令中的直接地址相区别，在立即数前面加"♯"标志。假定立即数是 3AH，则立即寻址方式的传送指令为：

MOV A,♯3AH

除 8 位立即数外，80C51 指令系统中还有一条 16 位立即寻址指令，用"♯data16"表示 16 位立即数。指令格式为：

MOV DPTR,♯data16

5. 变址寻址方式

变址寻址是为了访问程序存储器中的数据表格。80C51 的变址寻址以 DPTR 或 PC 作基址寄存器，以累加器 A 作变址寄存器，并以两者内容相加形成的 16 位地址作为操作数地址，以达到访问数据表格的目的。但应注意，A 中的数为无符号数。例如，指令：

MOVC A,@A+DPTR

其功能是把 DPTR 和 A 的内容相加得到一个程序存储器地址，再把该地址单元的内容送累加器 A。因此，符号@应理解为是针对"A+DPTR"的，而不是只针对 A。假定指令执行前 (A)=54H,(DPTR)=3F21H，则该指令的操作示意如图 3.2 所示。

图中变址寻址形成的程序存储器地址为 3F21H+54H=3F75H，而 3F75H 单元的内容为 7FH，故该指令执行结果是 A 的内容为 7FH。对 80C51 指令系统的变址寻址方式作如下说明：

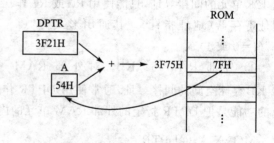

图 3.2 变址寻址示意图

① 变址寻址方式只能对程序存储器进行寻址，或者说它是专门针对程序存储器的寻址方式，寻址范围可达 64 KB。

② 变址寻址的指令只有 3 条，即"MOVC A,@A+DPTR"、"MOVC A,@A+PC"和"JMP @A+DPTR"。其中前两条是程序存储器读指令，后一条是无条件转移指令。

③ 尽管变址寻址方式较为复杂，但变址寻址指令都是一字节指令。

6. 位寻址方式

80C51具有位处理功能,可以对数据位进行操作,因此,就有供其使用的位寻址方式。位寻址指令中应直接使用位地址,例如,下列指令功能是把3AH位的状态送进位位C。

MOV C,3AH

位寻址的寻址范围包括:

① 内部RAM中的位寻址区20H～2FH。16个单元共有128位,位地址范围00H～7FH。在指令中,寻址位有两种表示方法:一种是位地址,另一种是单元地址加位数。例如,7FH单元第0位,用位地址表示为78H,用单元地址加位数表示为7FH.0。

② 专用寄存器中的可寻址位。参见表2.5。对这些专用寄存器的寻址位,在指令中有如下4种表示方法:

- 直接使用位地址。例如,PSW寄存器位5地址为D5H。
- 位名称表示方法。例如,PSW寄存器位5是F0标志位,则可使用F0表示该位。
- 单元地址加位数的表示方法。例如,D0H单元(即PSW寄存器)位5,表示为D0H.5。
- 专用寄存器符号加位数的表示方法。例如,PSW寄存器的位5,表示为PSW.5。

一个寻址位有多种表示方法,虽然看起来有些复杂,但在实际应用中可以给程序设计带来方便。

7. 相对寻址方式

在80C51的7种寻址方式中,前面讲述的6种主要用来解决操作数的给出问题,而第7种相对寻址方式则是为解决程序转移而设置的,只为转移指令所采用。

在相对寻址方式的转移指令中,若给出地址偏移量(在80C51指令系统中用rel表示),则把PC的当前值加上偏移量就构成了程序转移的目的地址。但要强调一点,这里的PC当前值是指执行完该转移指令后的PC值,即本转移指令的PC值加上它的字节数。因此转移的目的地址可用如下公式表示:

$$目的地址 = 转移指令地址 + 转移指令字节数 + rel$$

偏移量rel是一个带符号的8位二进制补码数。所能表示的数的范围是-128～+127。因此,相对转移是以转移指令所在地址为基点,向前最大可转移(127+转移指令字节数)个单元地址,向后最大可转移(128-转移指令字节数)个单元地址。

3.3 80C51单片机指令分类介绍

80C51单片机指令系统共有111条指令。为了讲解和使用方便,把这些指令按功能分为5大类:数据传送类指令(29条)、算术运算类指令(24条)、逻辑运算及移位类指令(24条)、控制转移类指令(17 条)和位操作类指令(17 条)。

3.3.1 数据传送类指令

80C51 的数据传送操作属于复制性质,而不是搬移性质。基本传送类指令的助记符为 MOV,指令格式为:

$$\text{MOV} <\text{目的操作数}>,<\text{源操作数}>$$

传送指令中有从右向左传送数据的约定,即指令右边的操作数为源操作数,表示数据的来源;而左边操作数为目的操作数,表示数据的去向。

1. 内部 RAM 数据传送指令组

单片机芯片内部的数据传送最为频繁,有关的传送指令也最多,包括寄存器、累加器、RAM 单元以及专用寄存器之间的相互数据传送。

(1) 8 位立即数传送指令

MOV A,♯data(8 位立即数送累加器)

指令代码	指令功能	字节数	周期数	对标志位影响			
74H	A←data	2	1	P(√)	OV(×)	AC(×)	CY(×)

MOV direct,♯data(8 位立即数送直接寻址单元)

指令代码	指令功能	字节数	周期数	对标志位影响			
75H	Direct←data	3	2	P(×)	OV(×)	AC(×)	CY(×)

MOV @Ri,♯data(8 位立即数送 Ri 间接寻址单元)

指令代码	指令功能	字节数	周期数	对标志位影响			
76H~77H	(Ri)←data	2	1	P(×)	OV(×)	AC(×)	CY(×)

MOV Rn,♯data(8 位立即数送寄存器)

指令代码	指令功能	字节数	周期数	对标志位影响			
78H~7FH	Rn←data	2	1	P(×)	OV(×)	AC(×)	CY(×)

(2) 16 位立即数传送指令

MOV DPTR,♯data16(16 位立即数送 DPTR)

指令代码	指令功能	字节数	周期数	对标志位影响			
90H	DPTR←data16	3	2	P(×)	OV(×)	AC(×)	CY(×)

程序中,该指令用于为 DPTR 赋值。其中立即数高 8 位送 DPH,低 8 位送 DPL。

(3) 内部 RAM 单元之间的数据传送指令

MOV direct2,direct1(直接寻址数据送直接寻址单元)

指令代码	指令功能	字节数	周期数	对标志位影响			
85H	direct2←(direct1)	3	2	P(×)	OV(×)	AC(×)	CY(×)

MOV direct,@Ri(Ri 间接寻址数据送直接寻址单元)

指令代码	指令功能	字节数	周期数	对标志位影响			
86H~87H	direct←((Ri))	2	2	P(×)	OV(×)	AC(×)	CY(×)

MOV direct,Rn(寄存器内容送直接寻址单元)

指令代码	指令功能	字节数	周期数	对标志位影响			
88H~8FH	direct←(Rn)	2	2	P(×)	OV(×)	AC(×)	CY(×)

MOV @Ri,direct(直接寻址数据送 Ri 间接寻址单元)

指令代码	指令功能	字节数	周期数	对标志位影响			
A6H~A7H	(Ri)←(direct)	2	2	P(×)	OV(×)	AC(×)	CY(×)

MOV Rn,direct(直接寻址数据送寄存器)

指令代码	指令功能	字节数	周期数	对标志位影响			
A8H~AFH	Rn←(direct)	2	2	P(×)	OV(×)	AC(×)	CY(×)

(4) 通过累加器的数据传送指令

MOV A,direct(直接寻址数据送累加器)

指令代码	指令功能	字节数	周期数	对标志位影响			
E5H	A←(direct)	2	1	P(×)	OV(×)	AC(×)	CY(×)

MOV A,@Ri(Ri 间接寻址数据送累加器)

指令代码	指令功能	字节数	周期数	对标志位影响			
E6H~E7H	A←((Ri))	1	1	P(×)	OV(×)	AC(×)	CY(×)

MOV A，Rn(寄存器内容送累加器)

指令代码	指令功能	字节数	周期数	对标志位影响			
E8H~EFH	A←(Rn)	1	1	P(×)	OV(×)	AC(×)	CY(×)

MOV direct，A(累加器内容送直接寻址单元)

指令代码	指令功能	字节数	周期数	对标志位影响			
F5H	direct←(A)	2	1	P(×)	OV(×)	AC(×)	CY(×)

MOV @Ri，A(累加器内容送 Ri 间接寻址单元)

指令代码	指令功能	字节数	周期数	对标志位影响			
F6H~F7H	(Ri)←(A)	1	1	P(×)	OV(×)	AC(×)	CY(×)

MOV Rn，A(累加器内容送寄存器)

指令代码	指令功能	字节数	周期数	对标志位影响			
F8H~FFH	Rn←(A)	1	1	P(×)	OV(×)	AC(×)	CY(×)

这 6 条指令用于实现累加器与不同寻址方式的内部 RAM 单元之间的数据传送。实际上就是内部 RAM 单元的读/写指令。

2. 外部数据存储器读/写指令

外部数据存储器读/写指令为 MOVX,其中 X 代表外部。外部数据存储器读/写只能通过累加器 A 使用间接寻址方式进行,间址寄存器可以是 Ri 或 DPTR。

(1) Ri 作间址寄存器的外部 RAM 单元读/写指令

MOVX A，@Ri(Ri 间接寻址的外部 RAM 单元读)

指令代码	指令功能	字节数	周期数	对标志位影响			
E2H~E3H	A←((Ri))	1	2	P(×)	OV(×)	AC(×)	CY(×)

MOVX @Ri，A(Ri 间接寻址的外部 RAM 单元写)

指令代码	指令功能	字节数	周期数	对标志位影响			
F2H~F3H	(Ri)←(A)	1	2	P(×)	OV(×)	AC(×)	CY(×)

注意：虽然 R0 和 R1 是 8 位地址指针，但这两条指令的寻址范围并不只限于外部 RAM 的低 256 个单元。只要预先改变 P2 口锁存器的值，就可以实现对外部数据存储器 64 KB 空间中的任意单元寻址。

(2) DPTR 作间址寄存器的外部 RAM 单元读/写指令

MOVX A，@DPTR(DPTR 间接寻址的外部 RAM 单元读)

指令代码	指令功能	字节数	周期数	对标志位影响			
E0H	A←((DPTR))	1	2	P(×)	OV(×)	AC(×)	CY(×)

MOVX @DPTR，A(DPTR 间接寻址的外部 RAM 单元写)

指令代码	指令功能	字节数	周期数	对标志位影响			
F0H	(DPTR)←(A)	1	2	P(×)	OV(×)	AC(×)	CY(×)

3. 程序存储器读指令组

对程序存储器只能读不能写，读指令为 MOVC，其中的 C 为 Code 的第一个字母，是代码的意思。这里所说的程序存储器包括内部程序存储器和外部程序存储器。程序存储器读操作同样只能通过累加器 A 进行。

MOVC A，@A+DPTR(程序存储器读)

指令代码	指令功能	字节数	周期数	对标志位影响			
93H	A←((A)+(DPTR))	1	2	P(√)	OV(×)	AC(×)	CY(×)

MOVC A，@A+PC(程序存储器读)

指令代码	指令功能	字节数	周期数	对标志位影响			
83H	A←((A)+(PC))	1	2	P(√)	OV(×)	AC(×)	CY(×)

这两条指令都是一字节指令，并且都为变址寻址方式，寻址范围为 64 KB。在前面介绍寻址方式时曾讲过，该类指令主要用于读程序存储器中的数据表格。下面是程序存储器传送指令 MOVC 的应用举例。程序功能为用查表方法把累加器中的十六进制数转换为 ASCII 码，并回送到累加器中。

```
2000        HBA: INC  A
2001             MOVC A,@A+PC
2002             RET
2003             DB   30H              ;以下是十六进制数 ASCII 码表
2004             DB   31H
```

2005	DB	32H
⋮		
200C	DB	39H
200D	DB	41H
200E	DB	42H
200F	DB	43H
2010	DB	44H
2011	DB	45H
2012	DB	46H

由于数据表紧跟在 MOVC 指令之后，因此，以 PC 作为基址寄存器比较方便。假定 A 中的十六进制数为 00H，加 1 后为 01H，取出 MOVC 指令后，(PC)＝2002H，(A)＋(PC)＝2003H，从 2003H 单元取得数据送 A，则 (A)＝30H，此即为十六进制数 0 的 ASCII 码值。查表之前 A 加 1 是因为 MOVC 指令与数据表之间有一个地址单元的间隔（RET 指令）。

4. 数据交换指令组

数据交换在内部 RAM 单元与累加器 A 之间进行，有整字节交换和半字节交换。

(1) 整字节交换指令

XCH A，Rn（寄存器寻址字节交换）

指令代码	指令功能	字节数	周期数	对标志位影响			
C8H～CFH	(A)⇔(Rn)	1	1	P(√)	OV(×)	AC(×)	CY(×)

XCH A，direct（直接寻址字节交换）

指令代码	指令功能	字节数	周期数	对标志位影响			
C5H	(A)⇔(direct)	2	1	P(√)	OV(×)	AC(×)	CY(×)

XCH A，@Ri（Ri 间接寻址字节交换）

指令代码	指令功能	字节数	周期数	对标志位影响			
C6H～C7H	(A)⇔((Ri))	1	1	P(√)	OV(×)	AC(×)	CY(×)

(2) 半字节交换指令

XCHD A，@Ri（Ri 间接寻址半字节交换）

指令代码	指令功能	字节数	周期数	对标志位影响			
D6H～D7H	$(A)_{3\sim 0}⇔((Ri))_{3\sim 0}$	1	1	P(√)	OV(×)	AC(×)	CY(×)

(3) 累加器高低半字节交换指令

SWAP A(累加器内容高低半字节交换)

指令代码	指令功能	字节数	周期数	对标志位影响			
C4H	$(A)_{7\sim4} \Leftrightarrow (A)_{3\sim0}$	1	1	P(×)	OV(×)	AC(×)	CY(×)

由于十六进制数和十进制数的 BCD 码都是用 4 位二进制数表示的,因此,XCHD 和 SWAP 指令主要用于实现十六进制数或十进制数的交换。例如,已知(R0)=20H,(A)=3FH,(20H)=75H,执行指令"XCHD A,@R0"后,(R0)=20H,(A)=35H,(20H)=7FH。

5. 堆栈操作指令组

堆栈操作有进栈和出栈两种,相应的有进栈和出栈两条指令。进栈指令功能为内部 RAM 低 128 单元或专用寄存器内容送栈顶单元,出栈指令功能为栈顶单元内容送回内部 RAM 低 128 单元或专用寄存器。堆栈操作实际上是以 SP 为间址寄存器的间接寻址方式的数据传送操作,而 SP 在系统中是惟一的,所以在指令中隐含。

PUSH direct(进栈)

指令代码	指令功能	字节数	周期数	对标志位影响			
C0H	SP←(SP)+1, (SP)←(direct)	2	2	P(×)	OV(×)	AC(×)	CY(×)

POP direct(出栈)

指令代码	指令功能	字节数	周期数	对标志位影响			
D0H	direct←((SP)), SP←(SP)-1	2	2	P(×)	OV(×)	AC(×)	CY(×)

注意:在指令中累加器有两种写法:A 和 ACC。这两种写法是有差别的,A 代表累加器,而 ACC 代表累加器地址(E0H)。因此,涉及累加器的栈操作指令只能使用 ACC 而不能使用 A。例如,进出栈指令只能写为"PUSH ACC"和"POP ACC",而不能写为"PUSH A"和"POP A"。因为堆栈操作指令只有直接寻址一种寻址方式,direct 代表 8 位直接地址,所以在指令中只能用代表累加器地址的 ACC。

3.3.2 算术运算类指令

80C51 指令系统中,算术运算指令都是按 8 位二进制无符号数执行的。若要进行符号数或多字节二进制数运算,则需要编写程序实现。

1. 加法指令组

加法指令的一个加数(目的操作数)总是累加器 A,而源操作数则有立即数、直接、间接和寄存器等4种寻址方式。

ADD A，♯data(立即数加法)

指令代码	指令功能	字节数	周期数	对标志位影响			
24H	A←(A)+data	2	1	P(√)	OV(√)	AC(√)	CY(√)

ADD A，direct(直接寻址加法)

指令代码	指令功能	字节数	周期数	对标志位影响			
25H	A←(A)+(direct)	2	1	P(√)	OV(√)	AC(√)	CY(√)

ADD A，@Ri(间接寻址加法)

指令代码	指令功能	字节数	周期数	对标志位影响			
26H～27H	A←(A)+((Ri))	1	1	P(√)	OV(√)	AC(√)	CY(√)

ADD A，Rn(寄存器寻址加法)

指令代码	指令功能	字节数	周期数	对标志位影响			
28H～2FH	A←(A)+(Rn)	1	1	P(√)	OV(√)	AC(√)	CY(√)

2. 带进位加法指令组

带进位加法运算的特点是进位标志参加运算，因此，带进位加法是3个数相加：累加器A的内容、不同寻址方式的加数以及进位标志CY的状态，运算结果送累加器A。

ADDC A，♯data(立即数带进位加法)

指令代码	指令功能	字节数	周期数	对标志位影响			
34H	A←(A)+data+(CY)	1	1	P(√)	OV(√)	AC(√)	CY(√)

ADDC A，direct(直接寻址带进位加法)

指令代码	指令功能	字节数	周期数	对标志位影响			
35H	A←(A)+(direct)+(CY)	2	1	P(√)	OV(√)	AC(√)	CY(√)

ADDC A，@Ri(间接寻址带进位加法)

指令代码	指令功能	字节数	周期数	对标志位影响			
36H～37H	A←(A)+((Ri))+(CY)	1	1	P(√)	OV(√)	AC(√)	CY(√)

ADDC A,Rn(寄存器寻址带进位加法)

指令代码	指令功能	字节数	周期数	对标志位影响			
38H~3FH	A←(A)+(Rn)+(CY)	1	1	P(√)	OV(√)	AC(√)	CY(√)

3. 带借位减法指令组

带借位减法指令的功能是从累加器 A 中减去不同寻址方式的操作数以及进位标志 CY 的状态,其差值再回送到累加器 A。

SUBB A,#data(立即数带借位减法)

指令代码	指令功能	字节数	周期数	对标志位影响			
94H	A←(A)−data−(CY)	2	1	P(√)	OV(√)	AC(√)	CY(√)

SUBB A,direct(直接寻址带借位减法)

指令代码	指令功能	字节数	周期数	对标志位影响			
95H	A←(A)−(direct)−(CY)	2	1	P(√)	OV(√)	AC(√)	CY(√)

SUBB A,@Ri(间接寻址带借位减法)

指令代码	指令功能	字节数	周期数	对标志位影响			
96H~97H	A←(A)−((Ri))−(CY)	1	1	P(√)	OV(√)	AC(√)	CY(√)

SUBB A,Rn(寄存器寻址带借位减法)

指令代码	指令功能	字节数	周期数	对标志位影响			
98H~9FH	A←(A)−(Rn)−(CY)	1	1	P(√)	OV(√)	AC(√)	CY(√)

在加法指令中,有不带进位加法指令和带进位加法指令之分。而在减法运算中只有带借位减法指令,没有不带借位的减法指令。若要进行不带借位的减法运算,可采取变通办法,在"SUBB"指令前先把进位标志位清 0 即可。

4. 加 1 指令组

INC A(累加器加 1)

指令代码	指令功能	字节数	周期数	对标志位影响			
04H	A←(A)+1	1	1	P(√)	OV(×)	AC(×)	CY(×)

INC direct(直接寻址单元加 1)

指令代码	指令功能	字节数	周期数	对标志位影响			
05H	direct←(direct)+1	2	1	P(×)	OV(×)	AC(×)	CY(×)

INC @Ri(间接寻址单元加 1)

指令代码	指令功能	字节数	周期数	对标志位影响			
06H~07H	(Ri)←((Ri))+1	1	1	P(×)	OV(×)	AC(×)	CY(×)

INC Rn(寄存器加 1)

指令代码	指令功能	字节数	周期数	对标志位影响			
08H~0FH	Rn←(Rn)+1	1	1	P(×)	OV(×)	AC(×)	CY(×)

INC DPTR(16 位数据指针加 1)

指令代码	指令功能	字节数	周期数	对标志位影响			
A3H	DPTR←(DPTR)+1	1	2	P(×)	OV(×)	AC(×)	CY(×)

加 1 指令的操作不影响标志位的状态。即使 16 位数据指针加 1"INC DPTR"指令低 8 位产生进位,也是直接进到高 8 位而不置位进位标志 CY。对于累加器内容加 1 操作,既可以使用指令"INC A",也可以使用指令"INC ACC"。但要注意这是两条不同的指令。"INC A"是寄存器寻址指令,指令代码为 04H;而"INC ACC"是直接寻址指令,指令代码为 05E0H。

5. 减 1 指令组

DEC A(累加器减 1)

指令代码	指令功能	字节数	周期数	对标志位影响			
14H	A←(A)−1	1	1	P(√)	OV(×)	AC(×)	CY(×)

DEC direct(直接寻址单元减 1)

指令代码	指令功能	字节数	周期数	对标志位影响			
15H	direct←(direct)−1	2	1	P(×)	OV(×)	AC(×)	CY(×)

DEC @Ri(间接寻址单元减 1)

指令代码	指令功能	字节数	周期数	对标志位影响			
16H~17H	(Ri)←((Ri))−1	1	1	P(×)	OV(×)	AC(×)	CY(×)

DEC Rn(寄存器减1)

指令代码	指令功能	字节数	周期数	对标志位影响			
18H~1FH	Rn←(Rn)-1	1	1	P(×)	OV(×)	AC(×)	CY(×)

注意：在指令系统中只有"(DPTR)+1"指令，而没有"(DPTR)-1"指令。若有特殊需要进行"(DPTR)-1"运算时，必须通过编程实现。此外，在进行数据块操作的程序设计时，应从数据块低端(低地址)开始处理。这样，利用"INC DPTR"指令向高端移动地址指针十分方便。反之，若从数据块高端反方向移动就比较麻烦。

6. 乘除指令组

80C51有乘除指令各一条，都是一字节指令。乘除指令是整个指令系统中执行时间最长的指令，共需要4个机器周期。对于12 MHz晶振的单片机，一次乘除运算时间为4 μs。

(1) 乘法指令

乘法指令把累加器 A 和寄存器 B 中的两个无符号8位数相乘，所得16位乘积的低位字节送 A，高位字节送 B。

MUL AB(乘法)

指令代码	指令功能	字节数	周期数	对标志位影响			
A4H	AB←(A)×(B)	1	4	P(√)	OV(√)	AC(×)	CY(√)

乘法运算影响标志位的状态，其中包括进位标志位 CY 总是被清0，溢出标志位状态与乘积有关。若 OV=1，表示乘积大于255(FFH)，分别存放在 B 与 A 中；否则，表示乘积小于或等于255，只存放在 A 中，B 的内容为0。

(2) 除法指令

除法指令进行两个8位无符号数的除法运算，其中被除数置于累加器 A 中，除数置于寄存器 B 中。指令执行后，商存于 A 中，余数存于 B 中。

DIV AB(除法)

指令代码	指令功能	字节数	周期数	对标志位影响			
84H	A←(A)/(B)的商，B←(A)/(B)的余数	1	4	P(√)	OV(√)	AC(√)	CY(√)

除法运算影响标志位的状态，包括进位标志位 CY 总是被清0，而溢出标志位 OV 状态则反映除数情况。当除数为0(B=0)时，OV 置1，表明除法无意义，不能进行；其他情况 OV 都被清0，即除数不为0，除法可正常进行。

7. 十进制调整指令

十进制调整指令用于对两个BCD码十进制数加减运算的结果进行修正。

DA A(十进制调整)

指令代码	指令功能	字节数	周期数	对标志位影响			
D4H	BCD码加减运算结果修正	1	1	P(√)	OV(×)	AC(√)	CY(√)

加减运算的结果存放在累加器中,因此,所谓调整就是对累加器A的内容进行修正,这在指令格式中可以反映出来。使用时应注意,十进制调整指令一定要紧跟在加法或减法指令之后。BCD码十进制数加减运算需要进行十进制调整的原因,请参考相关资料。

3.3.3 逻辑运算及移位类指令

逻辑运算都是按位进行的,包括"与"、"或"、"异或"以及取反等4组指令,相关概念可参见第1章的内容。

1. 逻辑"与"运算指令组

ANL direct,A(累加器与直接寻址单元逻辑"与")

指令代码	指令功能	字节数	周期数	对标志位影响			
52H	direct←(direct)∧(A)	2	1	P(×)	OV(×)	AC(×)	CY(×)

ANL direct,#data(立即数与直接寻址单元逻辑"与")

指令代码	指令功能	字节数	周期数	对标志位影响			
53H	direct←(direct)∧data	3	2	P(×)	OV(×)	AC(×)	CY(×)

ANL A,#data(立即数与累加器逻辑"与")

指令代码	指令功能	字节数	周期数	对标志位影响			
54H	A←(A)∧data	2	1	P(×)	OV(×)	AC(×)	CY(×)

ANL A,direct(直接寻址单元与累加器逻辑"与")

指令代码	指令功能	字节数	周期数	对标志位影响			
55H	A←(A)∧(direct)	2	1	P(×)	OV(×)	AC(×)	CY(×)

ANL A，@Ri(间接寻址单元与累加器逻辑"与")

指令代码	指令功能	字节数	周期数	对标志位影响			
56H~57H	A←(A)∧((Ri))	1	1	P(×)	OV(×)	AC(×)	CY(×)

ANL A，Rn(寄存器与累加器逻辑"与")

指令代码	指令功能	字节数	周期数	对标志位影响			
58H~5FH	A←(A)∧(Rn)	1	1	P(√)	OV(×)	AC(×)	CY(×)

2. 逻辑"或"运算指令组

ORL direct，A(累加器与直接寻址单元逻辑"或")

指令代码	指令功能	字节数	周期数	对标志位影响			
42H	direct←(direct)∨(A)	2	1	P(×)	OV(×)	AC(×)	CY(×)

ORL direct，♯data(立即数与直接寻址单元逻辑"或")

指令代码	指令功能	字节数	周期数	对标志位影响			
43H	direct←(direct)∨data	3	2	P(×)	OV(×)	AC(×)	CY(×)

ORL A，♯data(立即数与累加器逻辑"或")

指令代码	指令功能	字节数	周期数	对标志位影响			
44H	A←(A)∨data	2	1	P(√)	OV(×)	AC(×)	CY(×)

ORL A，direct(直接寻址单元与累加器逻辑"或")

指令代码	指令功能	字节数	周期数	对标志位影响			
45H	A←(A)∨(direct)	2	1	P(√)	OV(×)	AC(×)	CY(×)

ORL A，@Ri(间接寻址单元与累加器逻辑"或")

指令代码	指令功能	字节数	周期数	对标志位影响			
46H~47H	A←(A)∨((Ri))	1	1	P(√)	OV(×)	AC(×)	CY(×)

ORL A，Rn(寄存器与累加器逻辑"或")

指令代码	指令功能	字节数	周期数	对标志位影响			
48H~4FH	A←(A)∨(Rn)	1	1	P(√)	OV(×)	AC(×)	CY(×)

3. 逻辑"异或"运算指令组

XRL direct,A(累加器与直接寻址单元"异或")

指令代码	指令功能	字节数	周期数	对标志位影响			
62H	direct←(direct)⊕(A)	2	2	P(×)	OV(×)	AC(×)	CY(×)

XRL direct,♯data(立即数与直接寻址单元"异或")

指令代码	指令功能	字节数	周期数	对标志位影响			
63H	direct←(direct)⊕data	3	2	P(×)	OV(×)	AC(×)	CY(×)

XRL A,♯data(立即数与累加器"异或")

指令代码	指令功能	字节数	周期数	对标志位影响			
64H	A←(A)⊕data	2	1	P(√)	OV(×)	AC(×)	CY(×)

XRL A,direct(直接寻址单元与累加器"异或")

指令代码	指令功能	字节数	周期数	对标志位影响			
65H	A←(A)⊕(direct)	2	1	P(√)	OV(×)	AC(×)	CY(×)

XRL A,@Ri(间接寻址单元与累加器"异或")

指令代码	指令功能	字节数	周期数	对标志位影响			
66H~67H	A←(A)⊕((Ri))	1	1	P(√)	OV(×)	AC(×)	CY(×)

XRL A,Rn(寄存器与累加器"异或")

指令代码	指令功能	字节数	周期数	对标志位影响			
68H~6FH	A←(A)⊕(Rn)	1	1	P(√)	OV(×)	AC(×)	CY(×)

4. 累加器清0和取反指令组

CLR A(累加器清0)

指令代码	指令功能	字节数	周期数	对标志位影响			
E4H	A←0	1	1	P(√)	OV(×)	AC(×)	CY(×)

CPL A（累加器按位取反）

指令代码	指令功能	字节数	周期数	对标志位影响			
F4H	A←(A)	1	1	P(×)	OV(×)	AC(×)	CY(×)

所谓累加器按位取反实际上就是逻辑"非"运算。下面对逻辑运算举例说明,当需要只改变字节数据的个别位而其余位不变时,只能通过逻辑运算完成。例如,将累加器 A 的低 4 位传送到 P1 口的低 4 位,但 P1 口原高 4 位保持不变。可由以下程序段实现

```
MOV R0, A        ;A 内容暂存 R0
ANL A, #0FH      ;屏蔽 A 的高 4 位(低 4 位不变)
ANL P1, #0F0H    ;屏蔽 P1 口的低 4 位(高 4 位不变)
ORL P1, A        ;实现低 4 位传送
MOV A, R0        ;恢复 A 的内容
```

5．移位指令组

在 80C51 中只能对累加器 A 进行移位,共有不带进位的循环左右移和带进位的循环左右移指令共 4 条。

RL A（累加器内容循环左移）

指令代码	指令功能	字节数	周期数	对标志位影响			
23H	An+1←An,A0←A7	1	1	P(×)	OV(×)	AC(×)	CY(×)

RR A（累加器内容循环右移）

指令代码	指令功能	字节数	周期数	对标志位影响			
03H	An←An+1, A7←A0	1	1	P(×)	OV(×)	AC(×)	CY(×)

RLC A（通过 CY 循环左移）

指令代码	指令功能	字节数	周期数	对标志位影响			
33H	An+1←An,CY←A7,A0←CY	1	1	P(×)	OV(×)	AC(×)	CY(×)

RRC A（通过 CY 循环右移）

指令代码	指令功能	字节数	周期数	对标志位影响			
13H	An←An+1,A7←CY,CY←A0	1	1	P(√)	OV(×)	AC(×)	CY(√)

其实计算机共有 3 类移位：逻辑移位、算术移位和循环移位。但 80C51 只有循环移位而没有逻辑移位和算术移位指令。若要进行逻辑移位和算术移位，则可通过借用循环移位指令间接实现。例如，进行累加器逻辑右移时，应当在 RRC 指令之前加一条"CLR C"指令；进行累加器算术右移时，应当在 RRC 指令之前加一条"MOV C,ACC.7"指令。

3.3.4 控制转移类指令

程序的顺序执行是由 PC 自动加 1 实现的。要改变程序的执行顺序进行分支转向，应通过强迫修改 PC 值的方法来实现，这就是控制转移类指令的基本功能。转移共分两类：无条件转移和有条件转移。

1. 无条件转移指令组

没有条件限制的程序转移称为无条件转移。80C51 共有 4 条无条件转移指令。

(1) 长转移指令

LJMP addr16（无条件长转移）

指令代码	指令功能	字节数	周期数	对标志位影响			
02H	PC←addr16	3	2	P(×)	OV(×)	AC(×)	CY(×)

长转移指令是 3 字节指令，依次是操作码、高 8 位地址、低 8 位地址。指令执行后把 16 位地址送 PC，从而实现程序转移。由于转移范围大，可达 64 KB，故称为"长转移"。

(2) 绝对转移指令

AJMP addr11（无条件绝对转移）

指令代码	指令功能	字节数	周期数	对标志位影响			
	PC←(PC)+2 $PC_{10\sim0}$←addr11	2	2	P(×)	OV(×)	AC(×)	CY(×)

该指令代码为 2 字节，但不是固定的，其组成格式为：

A10	A9	A8	0	0	0	0	1
A7	A6	A5	A4	A3	A2	A1	A0

即指令提供的 11 位地址(addr11)中，A7～A0 占第 2 字节，A10～A8 占第 1 字节的高 3 位，低 5 位为指令操作码。

AJMP 指令的功能是构造程序转移的目的地址，实现程序转移。其构造方法是：以指令提供的 11 位地址(addr11)去替换 PC 的低 11 位内容，形成新的 PC 值，此即转移的目的地址。但应注意，被替换的 PC 值是本条 AJMP 指令地址加 2 以后的 PC 值，即指向下一条指令的 PC

值。例如,程序中 2070H 地址单元有绝对转移指令

  2070H AJMP 16AH

其 11 位绝对转移地址为 00101101010B(16AH),因此,指令代码为:

0	0	1	1	0	0	0	1
0	1	1	0	1	0	1	0

  程序计数器 PC 加 2 后的内容为 0010000001110010B(2072H),以 11 位绝对转移地址替换 PC 的低 11 位内容,最后形成的目的地址为 0010000101101010B(216AH)。

  addr11 表示地址,是无符号数,其最小值为 000H,最大值为 7FFH;因此,绝对转移指令所能转移的最大范围是 2 KB。对于"2070H AJMP 16AH"指令,其转移范围是 2000H～27FFH。例如,指令

  LOOP:AJMP addr11

  假设 addr11=00100000000B,标号 LOOP 的地址为 1030H,则执行指令后,程序将转移到 1100H 去执行。该双字节指令的代码为 21H,00H(因为 A10A9A8=001),即指令的第 1 字节为 21H。

  (3) 短转移指令

  SJMP rel(无条件短转移)

指令代码	指令功能	字节数	周期数	对标志位影响			
80H	PC←(PC)+2 PC←(PC)+rel	2	2	P(×)	OV(×)	AC(×)	CY(×)

  SJMP 是相对寻址方式转移指令,其中 rel 为偏移量。指令功能是计算目的地址,并按计算得到的目的地址实现程序的相对转移。计算公式为:

$$目的地址=(PC)+2+rel$$

式中,偏移量 rel 是一个带符号的 8 位二进制补码数,因此,所能实现的程序转移是双向的。若 rel 为正数,则向前转移;若 rel 为负数,则向后转移。转移范围只是 0～256,故称为"短转移"。对于短转移指令的使用,可从如下两方面进行讨论:

  ① 根据偏移量 rel 计算转移目的地址。这种情况在读目标程序时经常遇到,用于解决往哪儿转移的问题。例如,在 835AH 地址处有 SJMP 指令

  835AH SJMP 35H

  源地址为 835AH,由于 rel=35H 是正数,因此,程序向前转移。目的地址=835AH+

02H+35H=8391H,即执行完本指令后,程序转到8391H地址去执行。

又例如,在835AH地址处有SJMP指令

835AH　SJMP E7H

由于rel=E7H,是负数19H的补码,因此,程序向后转移。目的地址=835AH+02H-19H=8343H,即执行完本指令后,程序向后转到8343H地址去执行。

② 根据目的地址计算偏移量。这是手工编程时必须解决的问题,也是一项比较麻烦的工作。假定把SJMP指令所在地址称为源地址,转移地址称为目的地址,并以(目的地址-源地址)作为地址差。则对于2字节的SJMP指令,rel的计算公式为:

向前转移:

$$rel=目的地址-(源地址+2)=地址差-2$$

向后转移:

$$rel=(目的地址-(源地址+2))_{补}$$
$$=FFH-(源地址+2-目的地址)+1$$
$$=FEH-地址差$$

为方便起见,在汇编程序中都有计算偏移量的功能。用户编写汇编源程序时,只需在相对转移指令中直接写上要转向的地址标号就可以了。程序汇编时由汇编程序自动计算并填入偏移量。但手工汇编时,偏移量的值则需程序设计人员自己计算。

例如,执行指令"LOOP:SJMP LOOP1",如果LOOP的标号值为0100H(即SJMP这条指令的机器码存于0100H和0101H两个单元之中),标号LOOP1值为0123H,即跳转的目标地址为0123H,则指令的第2个字节(即偏移量)应为

rel=0123H-0102H=21H

另外,需要说明一点,80C51没有暂停和程序结束指令,但在使用时又确有程序等待或程序结束的需要。对此可用让程序"原地踏步"的办法解决。一条SJMP指令即可实现

HERE:SJMP HERE

或

HERE:SJMP $

这条指令代码为80FE。在80C51汇编语言中,用"$"代表PC的当前值。

(4) 变址寻址转移指令

JMP @A+DPTR(无条件间接转移)

指令代码	指令功能	字节数	周期数	对标志位影响			
73H	PC←(A)+(DPTR)	1	2	P(×)	OV(×)	AC(×)	CY(×)

本指令以 DPTR 内容为基址，以 A 的内容作变址。转移的目的地址由 A 的内容和 DPTR 内容之和来确定，即目的地址＝(A)＋(DPTR)。因此，只要把 DPTR 的值固定，而给 A 赋以不同的值，即可实现程序的多分支转移。

4 条无条件转移指令的功能相同，不同之处在于转移范围。其中长转移指令 LJMP 的转移范围最大，为 64 KB。绝对转移指令 AJMP 的转移范围为 2 KB。短转移指令 SJMP 的转移范围最小，仅为 256 B。变址转移指令 JMP 的转移范围也为 64 KB。但要注意，程序转移都是在程序存储器地址空间范围内进行的。

2. 条件转移指令组

所谓条件转移，就是设有条件的程序转移。执行条件转移指令时，若指令中设定的条件满足，则进行程序转移，否则程序顺序执行。

(1) 累加器判零转移指令

JZ rel(累加器判零转移)

指令代码	指令功能	字节数	周期数	对标志位影响			
60H	若(A)＝0,则 PC←(PC)＋2＋rel 若(A)≠0,则 PC←(PC)＋2	2	2	P(×)	OV(×)	AC(×)	CY(×)

JNZ rel(累加器判非零转移)

指令代码	指令功能	字节数	周期数	对标志位影响			
70H	若(A)≠0,则 PC←(PC)＋2＋rel 若(A)＝0,则 PC←(PC)＋2	2	2	P(×)	OV(×)	AC(×)	CY(×)

(2) 数值比较转移指令

CJNE A,♯data,rel(累加器内容与立即数比较,不等则转移)

指令代码	指令功能	字节数	周期数	对标志位影响			
B4H	若(A)＝data,则 PC←(PC)＋3,CY←0 若(A)＞data,则 PC←(PC)＋3＋rel,CY←0 若(A)＜data,则 PC←(PC)＋3＋rel,CY←1	3	2	P(×)	OV(×)	AC(×)	CY(×)

CJNE A,direct,rel(累加器内容与直接寻址单元比较,不等则转移)

指令代码	指令功能	字节数	周期数	对标志位影响			
B5H	若(A)＝(direct),则 PC←(PC)＋3,CY←0 若(A)＞(direct),则 PC←(PC)＋3＋rel,CY←0 若(A)＜(direct),则 PC←(PC)＋3＋rel,CY←1	3	2	P(×)	OV(×)	AC(×)	CY(×)

CJNE Rn,♯data,rel(寄存器内容与立即数比较,不等则转移)

指令代码	指令功能	字节数	周期数	对标志位影响			
B8H~BFH	若(Rn)=data,则 PC←(PC)+3,CY←0 若(Rn)>data,则 PC←(PC)+3+rel,CY←0 若(Rn)<data,则 PC←(PC)+3+rel,CY←1	3	2	P(×)	OV(×)	AC(×)	CY(×)

CJNE @Ri,♯data,rel(间接寻址单元与立即数比较,不等则转移)

指令代码	指令功能	字节数	周期数	对标志位影响			
B6H~B7H	若((Ri))=data,则 PC←(PC)+3,CY←0 若((Ri))>data,则 PC←(PC)+3+rel,CY←0 若((Ri))<data,则 PC←(PC)+3+rel,CY←1	3	2	P(×)	OV(×)	AC(×)	CY(×)

数值比较转移指令是80C51指令系统中仅有的4条3操作数指令,在程序设计中非常有用,既可以通过数值比较来控制程序转移,又可以根据程序转移与否来判定数值比较的结果。

若程序顺序执行,则左操作数=右操作数

若程序转移且(CY)=0,则左操作数>右操作数

若程序转移且(CY)=1,则左操作数<右操作数

(3) 减1条件转移指令

DJNZ Rn,rel(寄存器减1条件转移)

指令代码	指令功能	字节数	周期数	对标志位影响			
D8H~DFH	Rn←(Rn)-1 若(Rn)≠0,则 PC←(PC)+2+rel 若(Rn)=0,则 PC←(PC)+2	2	2	P(×)	OV(×)	AC(×)	CY(×)

DJNZ direct,rel(直接寻址单元减1条件转移)

指令代码	指令功能	字节数	周期数	对标志位影响			
D5H	direct←(direct)-1 若(direct)≠0,则 PC←(PC)+3+rel 若(direct)=0,则 PC←(PC)+3	3	2	P(×)	OV(×)	AC(×)	CY(×)

这两条指令功能用语言描述为:寄存器(或直接寻址单元)内容减1时,若所得结果为0,则程序顺序执行;若结果不为0,则程序转移。若预先在寄存器或内部RAM单元中设置循环次数,则利用这两条指令即可实现按次数控制循环。

3. 子程序调用与返回指令组

调用和返回构成了子程序调用的完整过程。为了实现这一过程,必须有子程序调用指令

和返回指令。调用指令在主程序中使用,而返回指令则应该是子程序的最后一条指令。执行完这条指令之后,程序返回主程序断点处继续执行。

(1) 绝对调用指令

ACALL addr11(绝对调用)

指令代码	指令功能	字节数	周期数	对标志位影响			
11H,31H, …,F1H	PC←(PC)+2 SP←(SP)+1,(SP)←(PC)$_{7\sim0}$ SP←(SP)+1,(SP)←(PC)$_{15\sim8}$ PC$_{10\sim0}$←addr11	2	2	P(×)	OV(×)	AC(×)	CY(×)

本指令中提供 11 位子程序入口地址,其中低 8 位 A7～A0 占据指令第 2 字节,而高 3 位 A10～A8 则占据指令第 1 字节的高 3 位。指令格式为:

```
A10 A9 A8 1  0  0  0  1   (第 1 字节)
A7  A6 A5 A4 A3 A2 A1 A0  (第 2 字节)
```

为了实现子程序调用,该指令主要完成两项操作:

① 断点保护。断点保护是通过自动方式的堆栈操作实现的,即把加 2 以后的 PC 值自动送堆栈保存起来,待子程序返回时再出栈送回 PC。

② 构造目的地址。目的地址的构造是在 PC 加 2 的基础上,以指令提供的 11 位地址取代 PC 的低 11 位,而 PC 的高 5 位不变。例如,程序中有绝对调用指令:

8100H   ACALL 48FH

addr11 的高 3 位 A10～A8=100,因此,指令第 1 字节为 91H,第 2 字节为 8FH。PC 加 2 后其值(PC)=8102H,即 1000000100000010B。指令提供的 11 位地址是 10010001111B。替换 PC 的低 11 位后,在 PC 中形成的目的地址为 1000010010001111B(848FH),即被调用子程序入口地址为 848FH,或者说主程序到 848FH 处去调用子程序。

因为指令给出了子程序入口地址的低 11 位,因此本指令的子程序调用范围是 2 KB。例如,本调用指令的地址为 8100H,不变的高 5 位是 10000B,因此,本指令的子程序调用范围是 8000H～87FFH。

(2) 长调用指令

LCALL addr16(长调用)

指令代码	指令功能	字节数	周期数	对标志位影响			
12H	PC←(PC)+3 SP←(SP)+1,(SP)←(PC)$_{7\sim0}$ SP←(SP)+1,(SP)←(PC)$_{15\sim8}$ PC$_{10\sim0}$←addr16	3	2	P(×)	OV(×)	AC(×)	CY(×)

本指令的调用地址在指令中直接给出，addr16 就是被调用子程序的入口地址。指令执行后，断点进栈保存，转去执行子程序。长调用指令的子程序调用范围是 64 KB，但它是 3 字节指令较长，占用存储空间较多。

(3) 返回指令

RET(子程序返回)

指令代码	指令功能	字节数	周期数	对标志位影响			
22H	PC$_{15\sim8}\leftarrow$((SP))，SP←(SP)−1 PC$_{7\sim0}\leftarrow$((SP))，SP←(SP)−1	1	2	P(×)	OV(×)	AC(×)	CY(×)

RETI(中断服务子程序返回)

指令代码	指令功能	字节数	周期数	对标志位影响			
32H	PC$_{15\sim8}\leftarrow$((SP))，SP←(SP)−1 PC$_{7\sim0}\leftarrow$((SP))，SP←(SP)−1	1	2	P(×)	OV(×)	AC(×)	CY(×)

子程序返回指令 RET 执行子程序返回功能，从堆栈中自动取出断点地址送给程序计数器 PC，使程序在主程序断点处继续向下执行。例如，已知(SP)=62H，(62H)=07H，(61H)=30H，执行指令 RET 的结果为：(SP)=60H，(PC)=0730H，CPU 从 0730H 开始执行程序。

而中断服务子程序返回指令 RETI，除具有上述子程序返回指令所具有的全部功能之外，还有清除中断响应时被置位的优先级状态、开放较低级中断和恢复中断逻辑等功能。

4. 空操作指令

NOP(空操作)

指令代码	指令功能	字节数	周期数	对标志位影响			
00H	PC←(PC)+1	1	1	P(×)	OV(×)	AC(×)	CY(×)

空操作指令也可算作是一条控制指令，即控制 CPU 不作任何操作，只消耗一个机器周期的时间。空操作指令是单字节指令，因此，执行后 PC 加 1，时间延续一个机器周期。NOP 指令常用于程序等待或时间延迟。

3.3.5 位操作类指令

出于控制应用的需要，单片机的位处理功能较强，而位处理是通过位操作指令实现的。

1. 位操作概述

所谓位操作，就是以位(bit)为单位进行的运算和操作。位变量也称为布尔变量或开关变量。位操作指令用于进行位的传送、置 1、清 0、取反、位状态判转移、位逻辑运算及位输入/输

出等。供用户使用的位处理硬件资源有:

① 位累加器 CY,它是位传送的中心。字节操作要用到累加器 A,而位操作使用的是进位标志 CY。为对应起见,可以把 CY 称为位累加器。

② 内部 RAM 位寻址区中的 128 个可寻址位。

③ 专用寄存器中的可寻址位。注意对累加器位的表示应当使用 ACC,而不能用 A。例如,累加器的最低位应写为 ACC.0。

④ I/O 口的可寻址位。

2. 位传送指令组

MOV C,bit(指定位内容送 CY)

指令代码	指令功能	字节数	周期数	对标志位影响			
A2H	CY←(bit)	2	1	P(×)	OV(×)	AC(×)	CY(√)

MOV bit,C(CY 内容送指定位)

指令代码	指令功能	字节数	周期数	对标志位影响			
92H	(bit)←(CY)	2	2	P(×)	OV(×)	AC(×)	CY(×)

指令中的 C 就是 CY。由于没有两个可寻址位之间的传送指令,因此,无法实现两个可寻址位之间的直接传送。若需要这种传送,应使用这两条指令以 CY 作桥梁实现。

3. 位置位复位指令组

SETB C(CY 置 1)

指令代码	指令功能	字节数	周期数	对标志位影响			
D3H	CY←1	1	1	P(×)	OV(×)	AC(×)	CY(√)

SETB bit(指定位置 1)

指令代码	指令功能	字节数	周期数	对标志位影响			
D8H	Bit←1	2	1	P(×)	OV(×)	(×)AC(×)	CY(×)

CLR C(CY 清 0)

指令代码	指令功能	字节数	周期数	对标志位影响			
C3H	CY←0	1	1	P(×)	OV(×)	AC(×)	CY(√)

CLR bit(指定位清 0)

指令代码	指令功能	字节数	周期数	对标志位影响			
C2H	bit←0	2	1	P(×)	OV(×)	AC(×)	CY(×)

4. 位逻辑运算指令组

ANL C,bit(指定位与 CY 逻辑"与")

指令代码	指令功能	字节数	周期数	对标志位影响			
82H	CY←(CY)∧(bit)	2	2	P(×)	OV(×)	AC(×)	CY(√)

ANL C,/bit(指定位的反与 CY 逻辑"与")

指令代码	指令功能	字节数	周期数	对标志位影响			
B0H	CY←(CY)∧($\overline{\text{bit}}$)	2	2	P(×)	OV(×)	AC(×)	CY(√)

ORL C,bit(指定位与 CY 逻辑"或")

指令代码	指令功能	字节数	周期数	对标志位影响			
72H	CY←(CY)∨(bit)	2	2	P(×)	OV(×)	AC(×)	CY(√)

ORL C,/bit(指定位的反与 CY 逻辑"或")

指令代码	指令功能	字节数	周期数	对标志位影响			
A0H	CY←(CY)∨($\overline{\text{bit}}$)	2	2	P(×)	OV(×)	AC(×)	CY(√)

CPL C(CY 取反)

指令代码	指令功能	字节数	周期数	对标志位影响			
B3H	CY←($\overline{\text{CY}}$)	1	1	P(×)	OV(×)	AC(×)	CY(√)

CPL bit(指定位取反)

指令代码	指令功能	字节数	周期数	对标志位影响			
B2H	bit←($\overline{\text{bit}}$)	2	1	P(×)	OV(×)	AC(×)	CY(√)

指令中操作数带有 C 或 bit 是位操作指令的基本特征,据此很容易把位操作指令与字节操作指令区分开来。惟一例外的是 SETB,但它是位操作独有的。

用位操作指令可以对组合逻辑电路的功能进行模拟,即以软件方法实现组合电路的逻辑功能。假定 E、F 为逻辑变量,为实现其"异或"功能,可借助公式:$D = E \oplus F = \overline{E}F + E\overline{F}$,用如下程序实现:

```
MOV  C, F
ANL  C, /E          ;CY←ĒF
MOV  D, C
MOV  C, E
ANL  C, /F          ;CY←EF̄
ORL  C, D           ;ĒF + EF̄
MOV  D, C           ;"异或"结果送 D 位
```

5. 位控制转移指令组

位控制转移指令是以位状态作为实现程序转移的控制条件。

(1) 以 C 状态为条件的转移指令

JC rel(CY=1 转移)

指令代码	指令功能	字节数	周期数	对标志位影响			
40H	若(CY)=1,则 PC←(PC)+2+rel 若(CY)≠1,则 PC←(PC)+2	2	2	P(×)	OV(×)	AC(×)	CY(×)

JNC rel(CY=0 转移)

指令代码	指令功能	字节数	周期数	对标志位影响			
50H	若(CY)=0,则 PC←(PC)+2+rel 若(CY)≠0,则 PC←(PC)+2	2	2	P(×)	OV(×)	AC(×)	CY(×)

(2) 以位状态为条件的转移指令

JB bit,rel(指定位状态为 1 转移)

指令代码	指令功能	字节数	周期数	对标志位影响			
20H	若(bit)=1,则 PC←(PC)+3+rel 若(bit)≠1,则 PC←(PC)+3	3	2	P(×)	OV(×)	AC(×)	CY(×)

JNB bit,rel(指定位状态为 0 转移)

指令代码	指令功能	字节数	周期数	对标志位影响			
30H	若(bit)=0,则 PC←(PC)+3+rel 若(bit)≠0,则 PC←(PC)+3	3	2	P(×)	OV(×)	AC(×)	CY(×)

JBC bit,rel(指定位状态为1转移,并使该位清0)

指令代码	指令功能	字节数	周期数	对标志位影响			
10H	若(bit)=1,则 PC←(PC)+3+rel,bit←0 若(bit)≠1,则 PC←(PC)+3	3	2	P(×)	OV(×)	AC(×)	CY(×)

练习题

(一) 填空题

1. 假定累加器 A 的内容为 30H,执行指令"1000H:MOVC A,@A+PC"后,会把程序存储器(　　)单元的内容送累加器 A 中。

2. 假定(A)=85H,(R0)=20H,(20H)=0AFH,执行指令"ADD A,@R0"后,累加器 A 的内容为(　　),CY 的内容为(　　),AC 的内容为(　　),OV 的内容为(　　)。

3. 执行如下指令序列后,所实现的逻辑运算式为(　　)。

   ```
   MOV C,P1.0
   ANL C,P1.1
   ANL C,/P1.2
   MOV P3.0,C
   ```

4. 假定 addr11=00100000000B,标号 qaz 的地址为 1030H,执行指令"qaz:AJMP addr11"后,程序转移到地址(　　)去执行。

5. 累加器 A 中存放着一个其值小于或等于 127 的 8 位无符号数,CY 清 0 后执行"RLC A"指令,则 A 中的数变为原来的(　　)倍。

6. 已知 A=7AH,R0=30H,(30H)=A5H,PSW=80H,请按要求填写各条指令的执行结果(每条指令均按已给定的原始数据进行操作)。

XCH A,R0	A=(　　),R0=(　　)
XCH A,30H	A=(　　)
XCH A,@R0	A=(　　)
XCHD A,@R0	A=(　　)
SWAP A	A=(　　)
ADD A,R0	A=(　　),CY=(　　),OV=(　　)
ADD A,30H	A=(　　),CY=(　　),OV=(　　)
ADD A,#30H	A=(　　),CY=(　　),OV=(　　)
ADDC A,30H	A=(　　),CY=(　　),OV=(　　)
SUBB A,30H	A=(　　),CY=(　　),OV=(　　)
SUBB A,#30H	A=(　　),CY=(　　),OV=(　　)

（二）单项选择题

1. 下列指令或指令序列中,不能实现 PSW 内容送 A 的是( )
   - (A) MOV A,PSW
   - (B) MOV A,0D0H
   - (C) MOV R0,♯0D0H
     MOV A,@R0
   - (D) PUSH PSW
     POP ACC

2. 在相对寻址方式中,"相对"两字是指相对于( )
   - (A) 地址偏移量 rel
   - (B) 当前指令的首地址
   - (C) 下一条指令的首地址
   - (D) DPTR 值

3. 下列指令或指令序列中,能将外部数据存储器 3355H 单元内容传送给 A 的是( )
   - (A) MOVX A,3355H
   - (B) MOV DPTR,♯3355H
     MOVX A,@DPTR
   - (C) MOV P0,♯33H
     MOV R0,♯55H
     MOVX A,@R0
   - (D) MOV P2,♯33H
     MOV R2,♯55H
     MOVX A,@R2

4. 对程序存储器的读操作,只能使用( )
   - (A) MOV 指令
   - (B) PUSH 指令
   - (C) MOVX 指令
   - (D) MOVC 指令

5. 执行返回指令后,返回的断点是( )
   - (A) 调用指令的首地址
   - (B) 调用指令的末地址
   - (C) 调用指令的下一条指令的首地址
   - (D) 返回指令的末地址

6. 以下各项中不能用来对内部数据存储器进行访问的是( )
   - (A) 数据指针 DPTR
   - (B) 按存储单元地址或名称
   - (C) 堆栈指针 SP
   - (D) 由 R0 或 R1 作间址寄存器

（三）其他类型题

1. 判断下列指令的合法性(合法打"√",非法打"×")。

MOV A,@R2 ( )	MOV R0,R1 ( )	INC DPTR ( )
MOV PC,♯2222H ( )	DEC DPTR ( )	RLC R0 ( )
MOV 0E0H,@R0 ( )	CPL R5 ( )	CLR R0 ( )
CPL F0H ( )	PUSH DPTR ( )	POP 30H ( )
MOVX A,@R1 ( )	MOV A,1FH ( )	MOV C,1FH ( )
MOV F0,ACC.3 ( )	MOV F0,C ( )	MOV P1,R3 ( )
MOV DPTR,♯0FCH ( )	CPL 30H ( )	PUSH R0 ( )
MOV C,♯0FFH ( )	MOV A,0D0H ( )	

2. 利用位操作指令序列实现下列逻辑运算。
   (1) $D = \overline{10H} \vee P1.0) \wedge (11H \vee CY)$
   (2) $E = ACC.2 \wedge P2.7 \vee ACC.1 \wedge P2.0$

3. 编写程序将内部 RAM 20H～23H 单元的高 4 位写 1,低 4 位写 0。

4. 在 m 和 m+1 单元中存有两个 BCD 数,将它们合并到 m 单元中。编写程序完成。

5. 将内部 RAM 中从 data 单元开始的 10 个无符号数相加,其和送 sum 单元。假定相加结果小于 255。编写程序完成。

6. 假定 8 位二进制带符号数存于 R0 中,要求编写一个求补程序,所得补码放入 R1 中。

第 4 章

80C51 单片机汇编语言程序设计

4.1 单片机程序设计语言概述

程序(Program)是可执行的指令序列。单片机的应用范围极为广泛,要面对多种多样的控制对象、目标和系统等,因此,很少有现成的程序可供借鉴或移植。这与微型计算机在数值计算和数据处理等应用领域中,有许多成熟的经典程序可供直接调用或模仿有很大的不同。

4.1.1 机器语言和汇编语言

用二进制代码表示的指令,因为能被计算机"懂得"并直接执行,所以称为机器语言。在计算机中,机器语言是其他各种程序设计语言的基础,因为任何其他语言程序最终都要转换为机器语言程序,然后才能在计算机中运行。

单片机领域中比较常用的程序设计语言是汇编语言。所谓汇编语言就是用助记符表示的指令。汇编语言是对机器语言的改进,所以比机器语言高级。汇编语言的最大优点是助记符与机器指令一一对应。所以用汇编语言编写的程序占用存储空间小,运行速度快,程序效率高,即用汇编语言能编写出高效的优化程序。此外,由于汇编语言是面向机器的,所以汇编语言程序能直接管理和控制硬件设备,例如,能直接访问单片机的存储器单元和接口电路以及处理中断等。

但汇编语言存在着难以记忆和使用的缺点,程序设计的技巧性较高,编程难度较大。由于与硬件关系密切,故要求使用者必须精通单片机的硬件系统和指令系统。此外,由于汇编语言缺乏通用性,程序不易移植,所以不同型号单片机之间的汇编语言程序不能通用。

4.1.2 单片机使用的高级语言

与使用者最亲近的计算机语言是高级语言,因此,如何把高级语言应用于单片机,一直是人们努力的方向。早期人们曾试图在单片机上直接使用高级语言。例如,在 MCS-51 单片机系列中有一种特殊的芯片 8052-BASIC,在其内部集成有 8 KB 的 BASIC 解释程序,可直接编写和运行 BASIC 程序。尽管这个 BASIC 解释程序经过了裁剪,但这毕竟是在单片机上直接使用高级语言的有益尝试。

在单片机中使用高级语言的另一种办法是将高级语言作为开发语言,即先在其他地方(微型机或单片机开发系统中)用高级语言编程,经编译生成单片机的机器代码后再写入单片机中。例如,用 C 语言开发单片机应用程序,就是用 C 语言编译器将 C 语言编写的源程序转换成单片机能执行的机器代码目标程序,再用 C 语言链接器将代码中的浮动地址定位为单片机存储器中的绝对地址,最后将程序写入单片机就可以执行了。尽管这种使用高级语言的方法比较间接,但对于资源有限的单片机来说,也只能如此了。

虽然在单片机的发展历史上还曾以同样办法使用过 BASIC 和 PL/M 等其他高级语言,但最终得到广泛应用的高级语言还是 C 语言。因为用 C 这种比较通用的高级语言作为单片机的开发语言,可以大大提高单片机应用系统研制开发的效率,而且它的易移植性也有助于打破不同单片机系列之间的界限。正因为如此,现在每当有新型单片机推出时,都有相配套的 C 编译器加以支持。

高级语言虽然有许多优点,但也有其不足之处。高级语言生成的目标程序代码较长,导致应用程序运行速度较慢,这与实时控制应用所要求的快速响应存在很大的矛盾。也正因为如此,单片机的汇编语言不但不会被高级语言完全取代,而且还将继续占据重要地位。

4.1.3　80C51 单片机汇编语言的语句格式

各种计算机汇编语言的语法规则基本相同,且具有相同的语句格式。现结合 80C51 汇编语言作具体说明。80C51 汇编语言的语句格式表示如下:

[<标号>]:<操作码>[<操作数>];[<注释>]

即一条汇编语句由标号、操作码、操作数和注释 4 部分组成。其中方括号中内容是可选择部分,视具体情况可有可无。

1. 标　号

标号是语句地址的标志符号,有了标号,程序中的其他语句才能访问该语句。有关标号有如下几点规定:
- 标号由 1~8 个 ASCII 字符组成,第一个字符必须是字母,其余字符可以是字母、数字或其他特定字符。
- 不能使用本汇编语言已经定义的符号作为标号,如指令助记符、伪指令记忆符以及寄存器的符号名称等。
- 标号后边必须跟以冒号":"。
- 同一标号在一个程序中只能定义一次,不能重复定义。
- 一条语句可以有标号,也可以没有标号,标号的有无取决于本程序中其他语句是否需要访问这条语句。

下面给出一些常见的错误标号和正确标号,以进行比较,加深理解。

　　　　错误的标号　　　　　　　　　　　　正确的标号
　　1BT：　　（以数字开头）　　　　　　BT1：
　　BEGIN　　（无冒号）　　　　　　　　BEGIN：
　　TA＋TB：（"＋"号不能使用）　　　　TATB：
　　ADD：　　（指令助记符）　　　　　　ADD1：

2. 操作码

操作码用于规定语句执行的操作内容,用指令助记符表示。操作码是指令格式中惟一不能空缺的部分。

3. 操作数

操作数用于为指令操作提供数据。在一条语句中,操作数可以是空白,也可能有 1 个、2 个或 3 个操作数,各操作数之间应以逗号分隔。80C51 的操作数可能有寄存器、直接、间接等 7 种不同的寻址方式。

4. 注　释

注释不属于语句的功能部分,只是对语句的解释说明,注释以";"开头。使用注释可使程序编制显得更加清楚,帮助程序人员阅读程序,为软件维护提供方便。注释的长度不限,一行不够时可以换行书写,但换行后仍要以";"开头。

5. 分界符(分隔符)

分界符用于把语句格式中的各部分隔开,以便于区分,分界符包括空格、冒号、分号或逗号等符号。这些分界符在 80C51 汇编语言中的使用说明如下:

　　　　冒号(:)　　用于标号之后;
　　　　空格( )　　用于操作码和操作数之间;
　　　　逗号(,)　　用于操作数之间;
　　　　分号(;)　　用于注释之前。

注意:语句与指令的关系可用一句话概括,即没有标号和注释的语句就是指令。

4.2　汇编语言程序的基本结构形式

单片机汇编语言程序共有 3 种基本结构形式,即顺序结构程序、分支结构程序和循环结构程序。以下分别介绍。

4.2.1 顺序程序结构

顺序程序结构是最简单的程序结构,在顺序结构中,程序既无分支、循环,也不调用子程序,程序执行时一条接一条地按顺序执行指令。下面的多字节数加法程序就是一个例子。

该例为 3 字节无符号数相加。其中被加数在内部 RAM 的 50H、51H 和 52H 单元中;加数在内部 RAM 的 53H、54H 和 55H 单元中;要求把相加之和存放在 50H、51H 和 52H 单元中,进位存放在位寻址区的 20H 位。其程序如下:

```
MOV R0, #52H        ;被加数的低字节地址
MOV R1, #55H        ;加数的低字节地址
MOV A, @R0
ADD A, @R1          ;低字节相加
MOV @R0, A          ;存低字节相加结果
DEC R0
DEC R1
MOV A, @R0
ADDC A, @R1         ;中间字节带进位相加
MOV @R0, A          ;存中间字节相加结果
DEC R0
DEC R1
MOV A, @R0
ADDC A, @R1         ;高字节带进位相加
MOV @R0, A          ;存高字节相加结果
CLR A
ADDC A, #00H        ;进位送00H位保存
MOV R0, #20H        ;存放进位的单元地址
MOV @R0, A
```

4.2.2 分支程序结构

分支结构也称为选择结构。在程序中每个分支均为一个程序段。为分支需要,程序设计时应给程序段的起始地址赋予一个地址标号,以供选择分支使用。分支结构又可分为单分支结构和多分支结构。

1. 单分支程序结构

单分支程序结构即二中选一,是通过条件判断实现的。一般都使用条件转移指令对程序的执行结果进行判断:若满足条件,则进行程序转移;否则,程序顺序执行。在 80C51 指令系统中,可实现单分支转移的指令有 JZ、JNZ、CJNE 和 DJNZ 等。此外还有以位状态作为条件

进行分支的指令,包括 JC、JNC、JB、JNB 和 JBC 等。使用这些指令,可以完成为 0、为 1、为正、为负以及相等、不相等等各种分支条件判断。

(1) 单分支结构举例

假定在外部 RAM 中有 ST1、ST2 和 ST3 共 3 个连续单元,其中 ST1 和 ST2 单元中存放着两个无符号二进制数,要求找出其中的大数并存入 ST3 单元中。其程序如下:

```
START: CLR C              ;进位位清 0
       MOV DPTR,#ST1      ;设置数据指针
       MOVX A,@DPTR       ;取第 1 个数
       MOV R2,A           ;第 1 个数存于 R2
       INC DPTR           ;数据指针加 1
       MOVX A,@DPTR       ;取第 2 个数
       SUBB A,R2          ;两数比较
       JNC BIG1           ;若第 2 个数大,则转向 BIG1
       XCH A,R2           ;若第 1 个数大,则整字节交换
BIG0:  INC DPTR
       MOVX @DPTR,A       ;存大数
       RET
BIG1:  MOVX A,@DPTR
       SJMP BIG0
```

(2) 多重单分支结构举例

多重单分支结构中,通过一系列条件判断,进行逐级分支。为此可使用比较转移指令 CJNE 实现。下面以一个温度控制程序为例说明。

假定采集的温度值 Ta 放在累加器 A 中。此外,在内部 RAM 54H 单元存放温度下限值 T54,在 55H 单元存放温度上限值 T55。若 Ta>T55,程序转向 JW(降温处理程序);若 Ta<T54,则程序转向 SW(升温处理程序);若 T55≥Ta≥T54,则程序转向 FH(返回主程序)。其相关程序段如下:

```
       CJNE A,55H,LOOP1   ;若 Ta≠T55,则转向 LOOP1
       AJMP FH            ;若 Ta=T55,则返回
LOOP1: JNC JW             ;若(CY)=0,表明 Ta>T55,转降温处理程序
       CJNE A,54H,LOOP2   ;若 Ta≠T54,则转向 LOOP2
       AJMP FH            ;若 Ta=T54,则返回
LOOP2: JC SW              ;若(CY)=1,表明 Ta<T54,转升温处理程序
   FH: RET                ;若 T55≥Ta≥T54,则返回主程序
```

2. 多分支程序结构

多分支程序结构流程中具有两个以上条件可供选择。为清楚起见,程序设计时常把分支

程序按序号排列,且总是从 0 开始。多分支程序结构如图 4.1 所示。

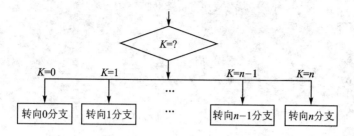

图 4.1 多分支程序结构

80C51 中没有专门的多分支转移指令,可供使用的是变址寻址转移指令"JMP @A+DPTR",但使用该指令实现多分支转移时,需要有数据表格配合。

(1) 通过数据表实现程序多分支

下面是使用"JMP @A+DPTR"指令,通过数据表实现多分支程序结构的举例,其中 n 为分支序号。

```
        MOV A, n              ;分支序号送 A
        MOV DPTR, #BRTAB      ;地址表首址
        MOVC A, @A+DPTR       ;查表
        JMP @A+DPTR           ;转移
BRTAB:  DB BR0-BRTAB          ;地址表
        DB BR1-BRTAB
        ⋮
        DB BRn-BRTAB
BR0:    ⋯                     ;分支程序
BR1:    ⋯
        ⋮
BRn:    ⋯
        ⋮
```

数据表 BRTAB 中的数据 BRn-BRTAB 为分支程序入口地址与数据表首地址之间的差值。之所以在数据表中减 BRTAB,是因为在 MOVC 和 JMP 指令中把 BRTAB 加了两次。

本程序的技巧性较强。由于表中数据限于 8 位,即 BRn-BRTAB 的值必须小于 256,说明分支程序应在 256 字节范围之内,即范围有限。

(2) 通过转移指令表实现程序多分支

这也是使用"JMP @A+DPTR"指令实现程序多分支的方法,但要有转移指令表相配合。程序举例如下,n 仍为分支序号。

```
            MOV A, n
            RL A                        ;分支序号值乘以2
            MOV DPTR, #BRTAB            ;转移指令表首址
            JMP @A+DPTR
    BRTAB:  AJMP BR0                    ;转分支程序0
            AJMP BR1                    ;转分支程序1
               ⋮
            AJMP BR127                  ;转分支程序127
```

使用 RL 指令把分支序号值乘以 2 是因为 AJMP 为 2 字节指令。程序中通过 JMP 指令找出 BRTAB 表中某一条 AJMP 指令,然后再执行 AJMP 指令把程序转移到指定分支程序的入口。这种通过两次转移实现的多分支最多可达 128 个。

由于 AJMP 指令的转移范围是 2 KB,因此,可以在 2 KB 范围内安排分支程序,分支范围相对较大。若把表中指令改为长转移指令 LJMP,则分支程序可在 64 KB 范围内分布。但在程序中要对分支序号值作乘以 3 处理。

(3) 其他实现程序多分支的方法

实现程序多分支还有其他方法。例如,把分支程序入口地址存放在 BRTAB 表中,并假定分支序号值在 R0 中。下面是通过堆栈操作实现多分支程序转移的例子。

```
            MOV DPTR, #BRTAB            ;分支入口地址表首址
            MOV A, R0
            RL A                        ;分支转移值乘以2
            MOV R1, A                   ;暂存A值
            INC A
            MOVC A, @A+DPTR             ;取低位地址
            PUSH ACC                    ;低位地址入栈
            MOV A, R1                   ;恢复A值
            MOVC A, @A+DPTR             ;取高位地址
            PUSH ACC                    ;高位地址入栈
            RET                         ;分支入口地址装入PC
    BRTAB:  DW BR0                      ;分支程序入口地址表
            DW BR1
               ⋮
            DW BR127
```

通过堆栈操作实现多分支程序转移的方法是:先把分支程序入口地址压入堆栈,然后再利用返回指令,把分支程序入口地址出栈送 PC,从而转去执行分支程序。

4.2.3 循环程序结构

循环结构是为了重复执行某个程序段。在汇编语言中没有专用的循环指令,为此只能使用条件转移指令通过条件判断来实现和控制循环。下面是一个通过查找结束标志(回车符)以统计字符串长度的循环程序。

假定字符串存放在内部 RAM 从 40H 单元开始的连续存储单元中。为找到结束标志,应采用逐个字符依次与回车符(ASCII 码 0DH)比较的方法。同时在程序中还应设置一个字符串指针以顺序定位字符,设置一个字符长度计数器以累计字符个数。

```
        MOV R2,#0FFH          ;设置长度计数器初值
        MOV R0,#3FH           ;设置字符串指针初值
LOOP:   INC R2
        INC R0
        CJNE @R0,#0DH,LOOP
        RET
```

再举一个循环程序实例。把内部 RAM 中起始地址为 data 的数据串传送到外部 RAM 以 buffer 为首地址的区域,直到发现"$"字符的 ASCII 码为止;同时规定数据串的最大长度为 32 字节。

```
        MOV R0,#data          ;data 数据区起始地址
        MOV DPTR,#buffer      ;buffer 数据区起始地址
        MOV R1,#20H           ;最大串长
LOOP:   MOV A,@R0             ;取数据
        CLR C
        SUBB A,#24H           ;判是否为"$"字符
        JZ LOOP1
        MOV A,@R0             ;重新取数据
        MOVX @DPTR,A          ;数据存入
        INC DPTR
        INC R0
        DJNZ R1,LOOP          ;循环控制
LOOP1:  RET                   ;结束
```

4.3 80C51 单片机汇编语言程序设计举例

为帮助读者进一步熟悉指令系统,提高编程能力,下面举一些 80C51 汇编语言程序设计的简单实例。

4.3.1 算术运算程序

1. 加减法运算

(1) 多个不带符号的单字节数相加

假设有多个单字节数,依次存放在外部 RAM 21H 开始的连续单元中,要求把计算结果存放在 R1 和 R2 中(假定相加的和为 2 字节数)。其中 R1 为高位字节,则程序如下:

```
        MOV R0, #21H     ;设置数据指针
        MOV R3, #N       ;字节个数
        MOV R1, #00H     ;和的高位字节清 0
        MOV R2, #00H     ;和的低位字节清 0
LOOP:   MOVX A, @R0      ;取一个加数
        ADD A, R2        ;单字节数相加
        MOV R2, A        ;和的低 8 位送 R2
        JNC LOOP1
        INC R1           ;有进位,则和的高 8 位加 1
LOOP1:  INC R0           ;指向下一个单元
        DJNZ R3, LOOP
```

(2) 两个不带符号的多字节数相减

设有两个 N 字节数分别存放在内部 RAM 单元中,低字节在前,高字节在后,分别由 R0 指定被减数单元地址,由 R1 指定减数单元地址,其差存放在原被减数单元中。

```
        CLR C            ;清进位位
        MOV R2, #N       ;设定字节数
LOOP:   MOV A, @R0       ;从低字节开始逐个取被减数字节
        SUBB A, @R1      ;两数相减
        MOV @R0, A       ;存字节相减的差
        INC R0
        INC R1
        DJNZ R2, LOOP    ;减法是否完成
        JC QAZ           ;若最高字节有借位,则转溢出处理
        RET
```

2. 乘法运算

由于乘法指令"MUL AB"是对单字节的,即单字节数的乘法运算使用一条指令就可以完成;但对多字节数的乘法运算,则必须通过程序实现。

假定要进行两个双字节无符号数乘法运算,被乘数和乘数分别存放于内部 RAM 的 R2、R3 单元和 R6、R7 单元中(其中 R2 和 R6 分别为高位字节),相乘的结果(积)依次存放在 R4、

R5、R6、R7单元中。

因为乘数和被乘数各为2字节,因此,须进行4次乘法运算,得到4次部分乘积。部分积高字节用H标志,部分积低字节用L标志。此外,还要处理部分积相加产生的进位。为了进一步了解程序,可以把乘法运算的实现过程用示意方法表示出来,如图4.2所示。

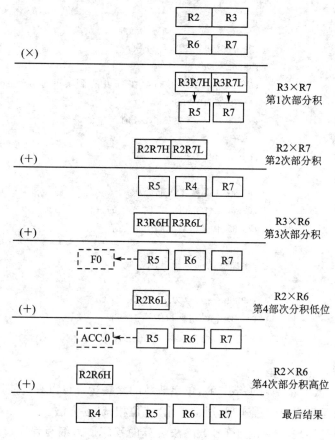

图 4.2 两个双字节无符号数乘法示意图

双字节无符号数乘法程序如下:

```
DBMUL:MOV A, R3
      MOV B, R7
      MUL AB           ;R3×R7(得第1次部分积)
      XCH A, R7        ;原R7内容送A,R7←R3R7L(在R7中得到乘积的第4字节)
      MOV R5, B        ;R5←R3R7H
      MOV B, R2
      MUL AB           ;R2×R7(得第2次部分积)
```

ADD A, R5	;R2R7L + R3R7H	
MOV R4, A	;R4←和	
CLR A		
ADDC A, B	;R2R7H +（R2R7L + R5 时产生的进位）	
MOV R5, A	;R5←和	
MOV A, R6		
MOV B, R3		
MUL AB	;R3×R6（得第 3 次部分积）	
ADD A, R4	;R3R6L + R4	
XCH A, R6	;A←R6,R6←R3R6L + R4（在 R6 中得到乘积的第 3 字节）	
XCH A, B	;A←R3R6H,B←R6	
ADDC A, R5	;R3R6H + R5 +（R3R6L + R4 时产生的进位）	
MOV R5, A	;R5←和	
MOV F0, C	;F0←进位	
MOV A, R2		
MUL AB	;R2×R6（得第 4 次部分积）	
ADD A, R5	;R2R6L +（R3R6H + R5 时产生的进位）	
MOV R5, A	;在 R5 中得到乘积的第 2 字节	
CLR A		
MOV ACC.0, C	;累加器最高位←进位	
MOV C, F0		
ADDC A, B	;R2R6H + F0 + ACC.0	
MOV R4, A	;在 R4 中得到乘积的第 1 字节	
RET		

3. 除法运算

除法指令"DIV AB"也是对单字节的,单字节数的除法运算可以直接使用该指令完成。而多字节数据的除法运算需要编程实现,通常采用"移位相减"的方法。

下面要编写的是实现双字节无符号数除法运算的程序。为编写程序,首先要定义一些数据单元。

R7R6　　执行前存被除数,执行后存商(其中 R7 为高位字节);

R5R4　　存除数(其中 R5 为高位字节);

R3R2　　存放每次相除的余数,执行后即为最终余数;

3AH　　溢出标志单元;

R1　　　循环次数计数器(16 次)。

除法运算程序比较复杂,为阅读方便并对"移位相减"法有所了解,先做如下几点说明:

① 除法运算需要对被除数和除数进行判定:若被除数为 0,除数不为 0,则商为 0;若除数

为 0,则除法无法进行,置标志单元 3AH 为 0。

② 除法运算是按位进行的,每一位是一个循环,每个循环都要作 3 件事:被除数左移一位,余数减除数,根据是否够减使商位得 1 或 0。对于双字节被除数,如此循环共进行 16 次,除法即可完成。

③ 移位是除法运算的重要操作,最简单的方法是把被除数向余数单元左移,然后把被除数移位后腾出来的低位用来存放商。这样,除法完成后,被除数已全部移到余数单元并逐次被减得到余数,而被除数单元被商所代替。

④ 除法结束后,可根据需要对余数进行四舍五入。为简单起见,本程序把四舍五入问题省略了。

双字节无符号数除法运算程序如下:

```
        MOV 3AH, #00H      ;清溢出标志单元
        MOV A, R5
        JNZ ZERO           ;若除数不为 0,则跳转
        MOV A, R4
        JZ OVER            ;若除数为 0,则转设置溢出标志
ZERO:   MOV A, R7
        JNZ START          ;若被除数高字节不为 0,则开始除法运算
        MOV A, R6
        JNZ START          ;若被除数低字节不为 0,则开始除法运算
        RET                ;若被除数为 0,则结束
START:  CLR A              ;开始除法运算
        MOV R2, A          ;余数单元清 0
        MOV R3, A
        MOV R1, #10H
LOOP:   CLR C              ;进行一位除法运算
        MOV A, R6
        RLC A              ;被除数左移一位
        MOV R6, A
        MOV A, R7
        RLC A
        MOV R7, A
        MOV A, R2          ;移出的被除数高位送余数单元
        RLC A
        MOV R2, A
        MOV A, R3
        RLC A
        MOV R3, A
```

```
              MOV A, R2
              SUBB A, R4              ;余数减除数,低位先减
              JC NEXT                 ;若不够减,则转移
              MOV R0, A
              MOV A, R3
              SUBB A, R5              ;再减高位
              JC NEXT                 ;若不够减,则转移
              INC R6                  ;若够减,则商为1
              MOV R3, A               ;相减结果送回余数单元
              MOV A, R0
              MOV R2, A
     NEXT:    DJNZ R1, LOOP           ;不够16次,返回
              ⋮                       ;四舍五入处理(省略)
     OVER:    MOV 3AH, #FFH           ;置溢出标志
              RET
```

4.3.2 定时程序

在单片机的控制应用中常有定时的需要,例如定时检测和定时扫描等。定时功能除可使用定时器/计数器外,还可以使用程序实现。定时程序是只能使用汇编语言编写的循环程序,通过执行一个具有固定延迟时间的循环体来实现延时。

1. 单循环定时程序

下面是一个最简单的单循环定时程序:

```
              MOV R5, #TIME
     LOOP:    NOP
              NOP
              DJNZ R5, LOOP
```

NOP 指令的机器周期为 1,DJNZ 指令的机器周期为 2,则一次循环共 4 个机器周期。若单片机的晶振频率为 6 MHz,则一个机器周期为 2 μs,因此,一次循环的延迟时间为 8 μs。定时程序的总延迟时间是循环程序段延时时间的整数倍,故该程序的延迟时间为 $8 \times$ TIME (μs)。TIME 是装入寄存器 R5 的时间常数,R5 是 8 位寄存器,因此,这个程序的最长定时时间(不计"MOV R5,#TIME"指令)为:

$$256 \times 8 \ \mu s = 2\ 048 \ \mu s$$

2. 较长时间的定时程序

单循环定时程序的时间延迟比较小。为了加长定时时间,应采用多重循环的方法。例如,

下列双重循环的定时程序,最长可延时 262 914 个机器周期,即 525 828 μs 或大约 526 ms(6 MHz 晶振频率)。

```
        MOV R5, #TIME1
LOOP2:  MOV R4, #TIME2
LOOP1:  NOP
        NOP
        DJNZ R4, LOOP1
        DJNZ R5, LOOP2
        RET
```

本程序的最大定时时间及计算公式为:

$$(256 \times 4~\mu s + 2~\mu s + 1~\mu s) \times 256 \times 2 + 4~\mu s = 525~828~\mu s$$

3. 调整定时时间程序

在定时程序中可通过在循环程序段中增减指令的方法对定时时间进行微调。例如,有如下定时程序:

```
        MOV R0, #TIME
LOOP:   ADD A, R1
        NOP
        NOP
        DJNZ R0, LOOP
```

由于 ADD 指令机器周期数为 1,两条 NOP 指令机器周期为 2,DJNZ 指令机器周期为 2。因此,在 6 MHz 晶振频率下,该程序的定时时间为 $10 \times \text{TIME}(\mu s)$。

假定要求定时时间为 24 μs,对于这个定时程序,无论 TIME 取何值均得不到要求的定时时间。对此可通过增加一条 NOP 指令,把循环程序段的机器周期数增加到 6,即

```
        MOV R0, #TIME
LOOP:   ADD A, R1
        NOP
        NOP
        NOP
        DJNZ R0, LOOP
```

这时只要 TIME 值取为 2,就可以得到精确的 24 μs 定时。

在定时程序中,循环程序段的指令操作只起到调节机器周期数的作用,并无其他实际意义,通常把这些指令称为哑指令。上述程序中的 NOP 指令就是一个典型的哑指令,此外 ADD 和 INC 指令在程序中也是作为哑指令出现的。使用哑指令应注意以下几点:

- 不能破坏有用存储单元的内容；
- 不能破坏有用寄存器的内容；
- 不能破坏有用标志位的状态。

4. 通过一个基本延时程序产生不同的定时

如果系统中有多个定时需要，可以预先设计一个基本延时程序供各延迟时间调用。例如，要求的定时时间分别为 5 s、10 s 和 20 s，已有一个 1 s 的基本延时程序 DELAY，则不同定时的调用情况表示如下：

```
         MOV R0, ♯05H          ;5 s 延时
LOOP1：  LCALL DELAY
         DJNZ R0, LOOP1
         ⋮
         MOV R0, ♯0AH          ;10 s 延时
LOOP2：  LCALL DELAY
         DJNZ R0, LOOP2
         ⋮
         MOV R0, ♯14H          ;20 s 延时
LOOP3：  LCALL DELAY
         DJNZ R0, LOOP3
         ⋮
```

4.3.3 查表程序

1. 查表指令

按顺序读出存储器中的数据称为查表。查表操作是很常用的数据操作，因此，80C51 指令系统中有两条专用的查表指令：

MOVC　A，@A+DPTR

MOVC　A，@A+PC

这两条 MOVC 指令在指令系统中称为"程序存储器数据传送指令"。它们的功能完全相同，使用时先确定好 PC 或 DPTR 的内容，然后只须有规律地改变 A 的内容，就可以进行程序存储器中表格数据的读出。

但这两条指令在具体使用上存在一些差异。"MOVC A，@A+DPTR"指令的基址寄存器 DPTR 能提供 16 位地址，而且还可以预先赋值，查表范围可达 64 KB，因此，可在整个程序存储器空间内随意安排数据表格的大小和位置，使用起来比较方便。

而"MOVC A，@A+PC"指令以 PC 为基址寄存器，虽然也能提供 16 位基址，但 PC 的内容不是赋值得到的，而是由程序运行的当前位置决定的。另外，A 的内容为 8 位无符号数，因

此,查表只能从本指令之后起,沿地址增加方向的 256 个单元范围内进行,即数据表格只能存放在这 256 个地址单元之内。

2. 查表程序举例

假定有 4×4 键盘,键扫描后把被按键的键码放在累加器 A 中,键码值与键处理子程序入口地址的对应关系为:

键码值	入口地址
0	RK0
1	RK1
2	RK2
⋮	⋮

并假定键处理子程序在 ROM 64 KB 的范围内分布。要求以查表方法,按键码值转向对应的键处理子程序。参考程序如下:

```
        MOV DPTR,#BS        ;子程序入口地址表首址
        RL A                ;键码值乘以 2
        MOV R2,A            ;暂存 A
        MOVC A,@A+DPTR      ;取得入口地址低位
        PUSH ACC            ;进栈暂存
        MOV A,R2
        INC A
        MOVC A,@A+DPTR      ;取得入口地址高位
        MOV DPH,ACC
        POP DPL
        CLR A
        JMP @A+DPTR         ;转向键处理子程序
BS:     DB RK0L             ;处理子程序入口地址表
        DB RK0H
        DB RK1L
        DB RK1H
        DB RK2L
        DB RK2H
        ⋮
```

4.4 单片机汇编语言源程序的编辑和汇编

编写程序的过程称为编辑。用汇编语言编写的程序称为汇编语言源程序。汇编语言源程序不能在单片机中直接执行,必须将其"翻译"为用二进制代码(机器语言)表示的目标程序才

能执行。这个"翻译"过程称为汇编。

4.4.1 手工编程与汇编

在单片机应用中,对于简单的应用程序,还能见到手工编程、键盘输入这种纯手工作业方式。即先把程序用助记符指令写出,然后通过查指令代码表,逐个把助记符指令"翻译"成机器码,最后再把机器码的程序输入单片机,进行调试和运行。通常把这种查表翻译指令的方法称为手工汇编。

由于手工编程是按绝对地址进行定位的,所以手工汇编时要根据转移的目标地址计算转移指令的偏移量,不但麻烦而且容易出错。另外,如果汇编后的目标程序有修改,就会引起其后各条指令地址的一连串改变,甚至转移指令的偏移量也要随之重新计算。因此,手工编程和汇编不是理想的方法,现在已很少使用,除非小程序或受条件限制。

4.4.2 机器编辑与交叉汇编

机器编辑是指借助于微型机或开发系统进行单片机的程序设计,通常都是使用编辑软件进行源程序的编辑。编辑完成后,生成一个由汇编指令和伪指令构成的扩展名为".ASM"的ASCII码文件。机器编辑可以大大减轻手工编程的繁琐劳动。

机器汇编是指由计算机完成从汇编语言源程序到机器语言目标程序的"翻译"工作。而交叉汇编是指使用一种计算机的汇编程序为另一种计算机的源程序进行汇编,即运行汇编程序进行汇编的是一种计算机,而汇编得到的目标程序是另一种计算机的。

由于单片机的软硬件资源所限,所以其汇编语言源程序无法直接进行机器汇编,为此只能在微型机或开发系统上采用交叉汇编方法对源程序进行汇编。交叉汇编后,再使用串行通信,把汇编得到的目标程序传送到单片机,进行程序调试和运行。可见,"机器编辑→交叉汇编→串行传送"的过程构成了单片机软件设计的"三步曲",全过程如图4.3所示。一个小程序的汇编结果如表4.1所列。

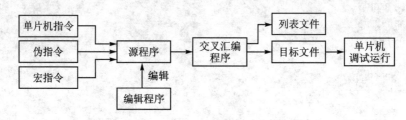

图4.3 单片机汇编语言程序生成过程

最后说明一点。由于系统中有汇编程序,所以可以在汇编语言程序中根据需要直接使用二进制数、十进制数或十六进制数,汇编程序中带有转换程序,可以对它们进行自动转换。

表 4.1 一个小程序的汇编结果

地址	机器码	标号	助记符指令	地址	机器码	标号	助记符指令
8000	7820	SORT:	MOV R0,#20H	800E	4008		JC NEXT
8002	7F07		MOV R7,#07H	8010	A62B		MOV @R0,2BH
8004	C28C		CLR TR0	8012	18		DEC R0
8006	E6	LOOP:	MOV A,@R0	8013	A62A		MOV @R0,2AH
8007	F52B		MOV 2BH,A	8015	08		INC R0
8009	08		INC R0	8016	D28C		SETB TR0
800A	862A		MOV 2AH,@R0	8018	DFEC	NEXT:	DJNZ R2 LOOP
800C	C3		CLR C	801A	208CE2		JB TR0,SORT
800D	96		SUBB A,@R0	801D	80FE	HERE:	SJMP $

4.5 80C51 单片机汇编语言伪指令

 汇编语言源程序的机器汇编是由计算机通过汇编程序自动实现的。为此,在源程序中就应该有控制汇编程序如何完成汇编工作的指示,包括控制汇编程序的输入/输出,定义数据和符号,条件汇编,分配存储空间等。这些指示信息就是伪指令,也称为汇编命令或汇编程序控制指令。下面介绍 80C51 单片机汇编语言程序中常用的一些伪指令,为了与前面讲过的"指令"相区别,下面称伪指令为"命令"。

1. 汇编起始地址命令 ORG(ORiGin)

 该命令总是出现在源程序的开头位置,用于规定目标程序的起始地址,即此命令后面的程序或数据块的起始地址。命令格式为:

$$[<标号:>]ORG\ <地址>$$

 其中<标号:>是选择项,根据需要选用;<地址>项通常为 16 位绝对地址,但也可以使用标号或表达式表示。在汇编语言源程序的开始,通常都用一条 ORG 伪指令来规定程序的起始地址。如果不用 ORG 规定,则汇编得到的目标程序将从 0000H 开始。例如,下列 ORG 命令规定标号 START 代表地址 8000H,即目标程序的第一条指令从 8000H 开始:

```
        ORG    8000H
START:  MOV A,#00H
        ⋮
```

2. 汇编终止命令 END(END of assembly)

该命令用于终止源程序的汇编工作。END 是源程序的结束标志，因此，在一个源程序中只能有一条 END 命令，并且位于程序的最后。如果 END 命令出现在程序中间，则其后面的源程序汇编程序将不予处理。命令格式为：

[＜标号：＞] END ［＜表达式＞］

命令中的＜表达式＞是选择项，只有主程序模块才具有，且其值为该程序模块的入口地址；而其他程序模块不应带＜表达式＞项。命令中的＜标号：＞也是选择项，当源程序为主程序时才具有，且其值为主程序第一条指令的符号地址；当源程序不为主程序时，END 命令不应带＜标号：＞项。

3. 赋值命令 EQU(EQUate)

该命令用于给字符名称赋值。赋值后，其值在整个程序中有效。命令格式为：

＜字符名称＞EQU＜赋值项＞

其中＜赋值项＞可以是常数、地址、标号或表达式。其值为 8 位或 16 位二进制数。赋值以后的字符名称既可以作地址使用，也可以作立即数使用。

4. 定义字节命令 DB(Define Byte)

该命令用于从指定的地址开始，在程序存储器的连续单元中定义字节数据。命令格式为：

[＜标号：＞]DB ＜8 位数表＞

＜8 位数表＞可以是一字节常数或字符，或用逗号分开的字节串，或用引号括起来的字符串。例如，下列伪指令把字符串中的字符按 ASCII 码存于连续的 ROM 单元中：

DB "how are you?"

又例如，下列伪指令把 6 个数转换为十六进制表示（即 FEH、FCH、FAH、0AH、0BH、11H）,并连续存放在 6 个程序存储单元中：

DB －2,－4,－6,10,11,17

常使用本命令存放数据表格，例如，存放数码管显示的十六进制数的字形码，可使用多条 DB 命令定义：

```
DB C0H, F9H, A4H, B0H
DB 99H, 92H, 82H, F8H
DB 80H, 90H, 88H, 83H
DB C6H, A1H, 86H, 84H
```

查表时，为确定数据区的起始地址，可采用如下两种方法：

① 根据 DB 命令前一条指令的地址确定。把该地址加上该指令的字节数,就是 DB 所定义的数据字节的起始地址。例如,下列程序中 DB 命令所定义的数据从 8101H 地址开始存放。因为"MOV A,♯49H"指令是一字节指令:

```
8100H      MOV A,♯49H
     TAB:DB C0H,F9H,A4H,B0H
         ⋮
```

② 使用 ORG 命令专门规定。例如,下列程序中 DB 命令所定义的数据从 8100H 地址开始存放:

```
         ORG   8100H
    TAB: DB C0H,F9H,A4H,B0H
         ⋮
```

5. 定义数据字命令 DW(Define Word)

该命令用于从指定地址开始,在程序存储器的连续单元中定义 16 位的数据字。命令格式为:

[<标号:>]DW<16 位数表>

存放时,数据字的高 8 位在前(低地址),低 8 位在后(高地址)。例如,

```
DW  "AA"            ;存入 41H,41H
DW  "A"             ;存入 00H,41H
DW  "ABC"           ;不合法,因超过两字节
DW  100H,1ACH,-804  ;按顺序存入 01H,00H,01H,0ACH,0FCH,0DCH
```

DB 和 DW 定义的数据表,数的个数不得超过 80。若数据的数目较多,可使用多个定义命令。在 80C51 程序设计应用中,常以 DB 来定义数据,以 DW 来定义地址。

6. 定义存储区命令 DS(Define Stonage)

该命令用于从指定地址开始,在程序存储器中保留指定数目的单元作为预留存储区,供程序运行使用。源程序汇编时,对预留单元不赋值。命令格式为:

[<标号:>]DS <16 位数表>

例如,DS 命令:

```
ADDRTABL:DS 20   ;从标号 ADDRTABL 代表的地址开始,预留 20 个连续的地址单元
```

又例如,伪指令:

```
ORG  8100H
DS   08H         ;从 8100H 地址开始,保留 8 个连续的地址单元
```

注意：对80C51单片机来说，DB、DW、DS命令只能对程序存储器使用，而不能对数据存储器使用。

7. 位定义命令 BIT

该命令用于给字符名称赋以位地址。命令格式为：

<字符名称> BIT <位地址>

其中<位地址>可以是绝对地址，也可以是符号地址（即位符号名称）。例如，下面一条BIT命令的功能是把P1.0的位地址赋给变量AQ，在其后的编程中AQ就可以作为位地址使用：

AQ　BIT P1.0

练习题

（一）填空题

1. 假定A＝40H，R1＝23H，40H＝05H。执行以下两条指令后，A＝（　　），R1＝（　　），40H＝（　　）。

```
XCH A, R1
XCHD A, @R1
```

2. 假定80C51的晶振频率为6 MHz，执行下列程序后，在P1.1引脚产生的方波宽度为（　　）。

```
START: SETB P1.1        ;P1.1 置 1
DL:    MOV 30H, #03H    ;30H 置初值
DL0:   MOV 31H, #0F0H   ;31H 置初值
DL1:   DJNZ 31H, DL1    ;31H 减 1,不为 0 重复执行
       DJNZ 30H, DL0    ;30H 减 1,不为 0 转 DL0
       CPL P1.1         ;P1.1 取反
       SJMP DL          ;转 DL
```

3. 下列程序中，X、Y 和 Z 为输入的8位无符号二进制数，F 为输出的逻辑运算结果。试画出该程序所模拟的组合逻辑电路。

```
MOV X,X
ANL A,Y
MOV R1,A
MOV A,Y
XRL A,Z
CPL A
ORL A,R1
MOV F,A
```

4. 分析下列跳转程序,程序中 A 与 30H 单元中的数都是符号数。说明当( )时转向 LOOP1,当( )时转向 LOOP2,当( )时转向 LOOP3。

```
        MOV R0,A
        ANL A,#80H
        JNZ NEG
        MOV A,30H
        ANL A,#80H
        JNZ LOOP2
        SJMP COMP
NEG:    MOV A,30H
        ANL A,#80H
        JZ LOOP3
COMP:   MOV A,R0
        CJNE A,30H,NEXT
        SJMP LOOP1
NEXT:   JNC LOOP2
        JC LOOP3
```

5. 假定 80C51 的晶振频率为 6 MHz,下列程序的执行时间为( )。已知程序中前 2 条指令机器周期数为 1,后 4 条指令机器周期数为 2。

```
        MOV R3,#15
DL1:    MOV R4,#255
DL2:    MOV P1,R3
        DJNZ R4,DL2
        DJNZ R3,DL1
        RET
```

(二) 编程题

1. 把长度为 10H 的字符串从内部 RAM 的输入缓冲区 inbuf 向位于外部 RAM 的输出缓冲区 outbuf 传送,一直进行到遇见回车符 CR 或整个字符串传送完毕,试编程实现。

2. 内部 RAM 从 list 单元开始存放一正数表,表中数作无序排列,并以 −1 作结束标志。编程实现找出表中最小数。

3. 内部 RAM 的 X 和 Y 单元中各存放一个带符号数,试编程实现按如下条件进行的运算,并将结果存入 Z 单元。

若 X 为正奇数,$Z=X+Y$;
若 X 为正偶数,$Z=X \vee Y$;
若 X 为负奇数,$Z=X \wedge Y$;
若 X 为负偶数,$Z=X \oplus Y$。

4. 把一个 8 位二进制数的各位用 ASCII 码表示(例如,为 0 的用 30H 表示,为 1 的用 31H 表示等)。

该数存放在内部 RAM 的 byte 单元中。变换后得到的 8 个 ASCII 码存放在外部 RAM 以 buf 开始的存储单元中,试编程实现。

5. 编程实现运算式 $c=a^2+b^2$。假定 a、b、c 3 个数分别存放于内部 RAM 的 DA、DB、DC 单元中,另有平方运算子程序 SQR 供调用。

6. 试编程实现比较两个 ASCII 码字符串是否相等。字符串的长度在内部 RAM 41H 单元中,第 1 个字符串的首地址为 42H,第 2 个字符串的首地址为 52H。如果两个字符串相等,则置内部 RAM 40H 单元为 00H;否则置 40H 单元为 FFH。

7. 在外部 RAM 首地址为 table 的数据表中,有 10 字节数据。试编程实现将每个字节的最高位无条件置 1。

第 5 章

80C51 单片机的中断与定时

5.1 中断概述

中断(Interrupt)是一种被广泛使用的计算机技术。为了说明中断的概念,先看一个日常生活中可能经历的中断过程:你在看书→电话铃响了→你在书上做个记号,走到电话旁→拿起电话和对方通话→门铃响了→你让打电话的对方稍等一下→你去开门,并在门旁与来访者交谈→谈话结束,关好门→回到电话机旁,拿起电话,继续通话→通话完毕,挂上电话→从作记号的地方起继续读书。

从看书到接电话,是一次中断过程,而从打电话到与门外来访者交谈,则是在中断过程中发生的又一次中断,即所谓的中断嵌套。在日常生活中为什么会发生上述这一系列中断现象呢?是因为你在某一时刻要面对着 3 项任务:看书、打电话和接待来访者。但一个人不可能同时完成 3 项任务,因此,只好采用中断的方法,穿插着去做。

从日常举例上升到计算机理论,中断技术实质上是一种资源共享技术,是解决资源竞争的有效方法,最终实现多项任务共享一个资源。因为在计算机中通常只有一个 CPU,任何时刻它只能进行一项工作,而它所面对的任务却可能是多个,所以资源竞争现象不可避免。对此,只能使用中断技术解决。计算机中的资源竞争,通常是因计算机在运行程序时会发生一些可预测或不可预测的随机事件引起的。这些随机事件包括:

- 与计算机"并行"工作的输入/输出设备发出的中断请求,以进行数据传送。
- 硬件故障、运算错误及程序出错时产生的中断请求,以进行故障报警和程序监测。
- 当对运行中的计算机进行干预时,通过键盘输入的命令,以进行人机联系。
- 来自被控对象的中断请求,以实现自动控制。

单片机所具有的复杂实时控制功能与中断技术密不可分,面对控制对象随机发出的中断请求,单片机必须作出快速响应并及时处理,以使被控对象保持在最佳工作状态,达到预定的控制效果。所以中断技术对单片机来说显得更为重要。

5.2 80C51单片机的中断系统

在8位单片机中,80C51的中断系统比较简单,但它是其他单片机中断系统的基础,许多单片机的中断系统都是在此基础上发展起来的。

5.2.1 中断源与中断向量

在计算机系统中,中断可以由各种硬件设备产生,以便请求服务或报告故障等。此外,中断也可由处理器自身产生,例如,程序错误或对操作系统的请求作出响应等。计算机的中断服务需求是以中断请求(Interrupt Request)的形式提出来的,不管是来自硬件的还是来自软件的中断请求,凡是中断请求的来源都统称为中断源。

80C51的中断系统具有6个中断源,即2个外部中断、2个定时器中断和2个串行中断。中断源及其对应的中断向量如表5.1所列。

中断向量(Interrup Vector)其实就是程序存储器的一个地址,表明一个中断的服务程序从这里开始存放。中断发生后要通过它引导CPU转向相应的中断服务。正因为它具有指向性,所以称其为中断向量(或中断矢量)。这些中断向量地址已在2.3.4小节(P34)中介绍过。

表5.1 80C51的中断

中断名称	中断向量
外部中断0	0003H
定时器0中断	000BH
外部中断1	0013H
定时器1中断	001BH
串行发送中断	0023H
串行接收中断	0023H

在80C51的中断系统中,外部中断是由外部原因引起的,共有两个中断源,即外部中断0和外部中断1。它们的中断请求信号分别由引脚$\overline{INT0}$(P3.2)和$\overline{INT1}$(P3.3)引入。外部中断请求有两种信号方式:电平方式和脉冲方式。两种信号方式可通过有关控制位进行定义。

电平方式的中断请求是低电平有效。只要单片机在中断请求引入端($\overline{INT0}$或$\overline{INT1}$)上采样到有效的低电平信号,即为中断请求。

脉冲方式的中断请求则是脉冲的下降沿有效。在两个相邻机器周期所进行的两次采样中,若前一次为高,后一次为低,即为中断请求信号。为此,脉冲方式的中断请求信号的高、低电平状态都应至少维持一个机器周期,才能确保负脉冲的跳变能被采样到。

定时器中断是为满足定时或计数的需要而设置的。在单片机芯片内部有2个定时器/计数器T0和T1,所以定时器中断也有2个:定时器1中断和定时器0中断。当计数器溢出时,表明定时时间到或计数值满,这时内部电路就产生中断请求。由于这种中断请求是在芯片内部发生的,因此,在芯片上没有对应的中断请求引入端。

串行中断只有1个,但有2个中断源:串行发送中断和串行接收中断。它们对应同一个中断向量 0023H。串行中断是为串行数据传送而设置的。每当串行口发送或接收完一帧串行数据时，就产生相应的中断请求。同样因为中断请求是在芯片内部自动发生的，所以也不需在芯片上设置中断请求引脚。

5.2.2 中断控制

这里所说的中断控制是指提供给用户使用的中断控制手段。具体到 80C51，中断控制的内容共有 4 项：中断允许控制、中断请求标志、中断优先控制和外中断触发方式控制。这些控制内容分布在 4 个控制寄存器中，包括：中断允许寄存器、定时器控制寄存器、串行控制寄存器和中断优先级寄存器。中断控制是通过硬件实现的，但须进行软件设置。

1. 中断允许控制寄存器 IE

该寄存器用于控制是否允许使用中断。中断允许寄存器地址为 A8H，位地址为 AFH～A8H。寄存器位定义及位地址表示如下：

位地址	AFH	AEH	ADH	ACH	ABH	AAH	A9H	A8H
位符号	EA	—	—	ES	ET1	EX1	ET0	EX0

EA——中断允许总控制位。

　　　EA=0，中断总禁止，禁止所有中断。

　　　EA=1，中断总允许，其后中断的禁止或允许由各类中断自行设置。

EX0 和 EX1——外部中断允许控制位。

　　　EX0(EX1)=0，禁止外中断。

　　　EX0(EX1)=1，允许外中断。

ET0 和 ET1——定时器中断允许控制位。

　　　ET0(ET1)=0，禁止定时器中断。

　　　ET0(ET1)=1，允许定时器中断。

ES——串行中断允许控制位。

　　　ES=0，禁止串行中断。

　　　ES=1，允许串行中断。

可见，80C51 通过中断允许控制寄存器对中断允许实行两级控制：中断系统总控制和各类中断单个控制。当总控制位 EA=0 时，关闭中断系统，整个系统处于中断禁止状态，即使各分类中断是允许的也不管用；只有当 EA=1 时，开放中断系统，这时才能由各分类中断控制位控制各类中断的允许与禁止。

80C51 单片机复位后，IE=00H，此时中断系统处于禁止状态。单片机在中断响应后硬件不能自动关闭中断。因此，在转中断服务后，应根据需要，使用能将 EA 位复位的指令禁止中断，即以软件方式关闭中断。

2. 定时器控制寄存器 TCON

寄存器地址为 88H,位地址为 8FH～88H。虽然该寄存器名称为定时器控制寄存器,但多数位都是为中断控制而设置的。位定义及位地址表示如下:

位地址	8FH	8EH	8DH	8CH	8BH	8AH	89H	88H
位符号	TF1	TR1	TF0	TR0	IE1	IT1	IE0	IT0

TF0 和 TF1——定时器(T0 和 T1)计数溢出标志位。当计数器产生计数溢出时,相应的溢出标志位由硬件置1,并自动产生定时中断请求。此外,这两位也可以作为状态位供查询使用。

IE0 和 IE1——外部中断请求标志位。当 CPU 采样到 $\overline{INT0}$(或 $\overline{INT1}$)端出现中断请求信号时,对应位由硬件置1,即保存外部中断请求。在中断响应完成后转向中断服务时,再由硬件自动清0。

IT0 和 IT1——外中断触发方式控制位。因为外部中断请求有电平和脉冲两种信号方式,所以外中断才需要有中断触发方式控制。当 IT0(IT1)=1 时,为脉冲触发方式,下降沿有效;当 IT0(IT1)=0 时,为电平触发方式,低电平有效。

3. 串行口控制寄存器 SCON

SCON 是一个用于串行数据通信控制的寄存器(在第 8 章有介绍),其中只有 2 位与中断有关,已用黑体字表示出来。该寄存器的位定义及位地址表示如下:

位地址	9FH	9EH	9DH	9CH	9BH	9AH	99H	98H
位符号	SM0	SM1	SM2	REN	TB8	RB8	**TI**	**RI**

TI——串行发送中断请求标志位。在发送数据过程中,当最后一个数据位被发送完成后,TI 由硬件置位。软件查询时 TI 可作为状态位使用。

RI——串行接收中断请求标志位。在接收数据过程中,当采样到最后一个数据位有效时,RI 由硬件置位。软件查询时 RI 可作为状态位使用。

4. 中断优先级控制寄存器 IP

各中断的优先级通过中断优先级控制寄存器 IP 设定。该寄存器地址为 B8H,位地址为 BFH～B8H,其位定义及位地址表示如下:

位地址	BFH	BEH	BDH	BCH	BBH	BAH	B9H	B8H
位符号	—	—	—	PS	PT1	PX1	PT0	PX0

PX0——外部中断 0 优先级设定位;
PT0——定时器 0 中断优先级设定位;
PX1——外部中断 1 优先级设定位;
PT1——定时器 1 中断优先级设定位;
PS——串行中断优先级设定位。

通过中断优先级控制寄存器可把 80C51 的全部中断分为高、低两个优先等级,对应位为 0

表示低优先级,为 1 表示高优先级。

5.2.3 中断优先级控制

中断优先级(Intrrupt Priority)控制,顾名思义是中断处理有先后之分。这种先后次序在中断响应和中断嵌套过程中都有体现。下面将详细介绍。

1. 中断优先级定义原则

80C51 的中断优先级控制比较简单,只划分为高、低两个优先等级,因此,就存在如何为一个具体中断定义优先等级的问题。下面是一些可供参考的基本原则:

① 中断的轻重缓急程度。例如,电源故障有使整个系统瘫痪的危险,必须及时处理,所以应安排为高优先级;而那些仅影响局部故障的中断或操作性中断(例如,输入/输出中断)应安排为低优先级。

② 中断设备的工作速度。快速设备需要及时响应,否则将有丢失数据的危险,所以应安排为高优先级。

③ 中断处理的工作量。尽量把处理工作量小的中断安排为高优先级,因为处理工作量小,占用 CPU 的时间短。

④ 中断请求发生的频繁程度。可以考虑将那些很少请求单片机干预的事件产生的中断安排为高优先级。

2. 中断优先原则在中断响应时的体现

中断优先原则首先体现在中断响应过程中,即保证高优先级中断请求被优先响应。按以下两种情况安排:

① 当高、低优先级中断请求同时出现时,高优先级中断请求被响应。

② 如果同级的多个中断请求同时出现,则按 CPU 查询次序确定哪个中断请求被响应。其查询次序为:外部中断 0→定时器 0 中断→外部中断 1→定时器 1 中断→串行中断。

查询次序规定了在同一优先级别内各中断响应的优先次序,即外部中断 0 优先级最高,而串行中断优先级最低。

中断响应时的中断优先原则是通过由中断标志、中断允许控制及中断优先级控制所构成的中断系统总体控制逻辑实现的,如图 5.1 所示。

其中 IE0 和 IE1 为两个外中断请求标志,TF0 和 TF1 为计数溢出标志,TI 为串行发送标志,RI 为串行接收标志。之所以把 TF0 和 TF1 称为计数溢出标志,把 TI 称为串行发送标志,把 RI 称为串行接收标志,而不直接称为中断请求,是因为这 3 个标志位除了具有中断请求功能外,还可供状态查询使用。

图 5.1 中,从中断请求出现开始,经中断允许和中断优先控制,一直到最后把产生的中断入口地址(中断向量)送入程序计数器 PC,形成一个完整的中断控制逻辑。

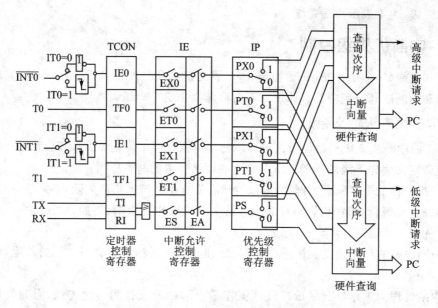

图 5.1　80C51 中断系统控制逻辑

3. 中断嵌套

中断优先级的作用不仅体现在中断响应时,而且也体现在中断服务过程中,即允许把正在进行的中断服务暂停下来,而转去进行优先级高的中断服务,这就是中断嵌套。例如,可以把正在执行的数据发送服务停下来,而转去进行十万火急的掉电处理。

中断可以多层嵌套。即一个正在执行的中断服务可以被另一个优先级高的中断请求所打断,使 CPU 转去为新的中断服务;而新的中断服务又可以被优先级更高的中断所打断,形成又一层嵌套。这样的嵌套还可以继续多层,如同多级子程序调用一样。具体到 80C51,因为只具有两个优先级,所以中断嵌套只能一层,其原则是:

- 高优先级中断请求可以打断低优先级的中断服务,进行中断嵌套;
- 同优先级的中断不能嵌套;
- 低优先级中断请求不能对高优先级的中断进行嵌套。

在 80C51 中,为了实现中断嵌套,除需使用中断优先级寄存器(IP)定义高、低两个优先等级外,还得有两个优先级触发器的配合。对应高、低两个中断优先级有高、低两个优先级触发器,分别用于指示当前是否正在进行高、低优先级中断服务。当某一高优先级中断请求被响应后,高优先级触发器置1,从而屏蔽其他高优先级中断以及全部低优先级中断;当某一低优先级中断请求被响应后,低优先级触发器置1,从而屏蔽其他低优先级中断,但不能屏蔽高优先级中断。

5.2.4 中断响应过程

从中断请求发生到中断被响应,再转向执行中断服务程序去完成中断所要求的操作,是一个完整的中断处理过程。下面介绍 80C51 单片机的中断响应过程。

1. 外部中断请求采样

只有外部中断请求才有采样问题,因为它们来自单片机芯片的外部,而且是随机的,只有通过采样才能知道是否有中断请求信号到来。

采样是在每个机器周期的 S5P2(第 5 状态第 2 拍节)对芯片引脚 $\overline{INT0}$(P3.2)和 $\overline{INT1}$(P3.3)进行的,根据采样结果来设置定时器控制寄存器 TCON 外部中断标志位的状态,从而把外部中断请求锁定在这个寄存器中。对于电平方式的外部中断请求,采样到低电平即为有效的中断请求,应把 IE0(或 IE1)置 1;对于脉冲方式的外部中断请求,若两个相邻机器周期的采样结果为先高电平后低电平,则为有效的中断请求信号,应把 IE0(或 IE1)置 1。

2. 中断查询

因为中断发生是随机的,无法事先预知,所以必须主动检测,这一过程称为中断查询。中断查询是查看是否有中断请求发生并确定是哪一个中断源的中断请求。中断查询操作是由 CPU 逐个检测定时器控制寄存器 TCON 和串行控制寄存器 SCON 中各中断标志位的状态而实现的,因为所有中断请求最终都要汇集到这两个寄存器中。其中外部中断的中断请求是通过采样得到的,而定时中断和串行中断的中断请求就发生在芯片内部,若有中断发生就通过硬件把相应的标志位直接置位。

80C51 单片机是在每一个机器周期的最后一个状态 S6 进行中断查询,查询按优先级顺序进行。具体为先高级中断后低级中断,同级中断按"外部中断 0→定时器 0 中断→外部中断 1→定时器 1 中断→串行中断"的顺序进行。如果查询到有标志位为 1,则表明有中断请求发生,接着就从相邻的下一个机器周期的 S1 状态开始进行中断响应。

中断请求汇集以及查询情况如图 5.1 所示。由于中断请求是随机发生的,CPU 无法预知,因此,在程序执行过程中,中断查询要在指令执行的每个机器周期进行一遍。

3. 中断响应

中断响应就是对中断源提出中断请求的接受。在一次中断查询之后,当发现有中断请求时,紧接着就进行中断响应。

中断响应的主要内容是由硬件自动生成一条长调用指令,指令格式为"LCALL addr16"。这里的 addr16 就是程序存储器中断区中相应中断的入口地址,在 80C51 单片机中,这些入口地址已由系统设定。例如,对于外部中断 0 的响应,产生的长调用指令为:

LCALL 0003H

生成 LCALL 指令后，紧接着由 CPU 执行。首先将程序计数器 PC 的内容压入堆栈以保护断点，再将中断入口地址装入 PC，使程序执行转向相应的中断区入口地址。

中断响应是有条件的，并不是查询到的中断请求都能立即响应。当存在下列情况之一时，中断响应将被封锁：

① CPU 正处在为一个同级或高级的中断服务中。因为当一个中断被响应时，要把对应的优先级触发器置位，也即封锁了低级和同级中断的响应。

② 查询中断请求的机器周期不是当前指令的最后一个机器周期。作此限制的目的在于使当前指令执行完毕后，才能进行中断响应，以确保指令的完整执行。

③ 当前指令是返回指令(RET，RETI)或访问 IE、IP 的指令。因为 80C51 中断系统规定，在执行完这些指令之后，还应再继续执行一条指令，然后才能响应中断。

80C51 对中断查询的结果不作记忆，由于上述这些原因而被拖延的查询结果将不复存在。其后将按新的查询结果进行中断响应。

4. 中断响应的快慢

如果中断查询的机器周期恰好是指令的最后一个机器周期，则最快只需 3 个机器周期就可以转向中断服务程序的入口。其中查询占 1 个机器周期，在这个机器周期结束后中断即被响应，生成 LCALL 指令。执行这条长调用指令需要 2 个机器周期。

实际上中断响应不一定这么顺利，下面看一个中断响应最慢的情况。如果中断查询刚好是开始执行 RET、RETI 或访问 IE、IP 的指令，则需把当前指令执行完再继续执行一条指令后，才能进行中断响应。这些指令中最长执行时间需 2 个机器周期。而如果接着再执行的指令恰好是 MUL(乘)或 DIV(除)指令，则又需 4 个机器周期。再加上执行长调用指令 LCALL 所需的 2 个机器周期，从而形成了 8 个机器周期的最长响应时间。

一般情况下，中断响应时间的长短无需考虑，只有在精确定时的应用场合才认真对待中断响应时间，以保证定时的精确控制。

5.2.5 中断服务程序

当单片机接收到一个中断请求信号后，就挂起它的当前操作，保存其工作状态，并将控制权转交给中断服务程序，以便通过执行中断服务程序(Interrupt Handler)来完成该中断所对应的操作内容。

1. 主程序中的中断初始化

中断都是在运行主程序时发生的，是主程序的随机事件。是否允许发生以及如何发生，都应该在主程序中预先设置，这就是中断初始化。中断初始化的内容包括堆栈设置、中断系统总开放、中断允许设置、中断请求方式设置(只限外部中断)和中断优先级设置等。

现以外部中断 0 为例进行说明，外部中断 0 的中断地址区从 0003H 开始，假定外部中断 0

的中断服务程序入口地址标号为 EXINT0,则转向中断服务程序的设置和中断初始化的内容表示如下：

```
        ORG   0000H
        AJMP  MAIN          ;系统复位后转向主程序
        ORG   0003H
        AJMP  EXINT0        ;转向外部中断 0 服务程序
MAIN:   MOV   TCON,#01H     ;脉冲触发方式
        MOV   IE,#81H       ;中断开放,外中断 0 允许
        MOV   IP,#01H       ;外中断 0 为高优先级,其余为低优先级
        MOV   SP,#03FH      ;设置堆栈
        ⋮
EXINT0:                     ;外部中断 0 服务程序
        ⋮
```

使用与中断相关的控制寄存器时,既可以按寄存器名称又可以按寄存器地址,此外对位状态的设置还可以使用位操作指令。例如,设置外中断 0 为高优先级,其余为低优先级的位操作指令为:

```
MOV IP,#00H                 ;清中断优先级寄存器
SETB PX0                    ;外中断 0 为高优先级中断
```

有时在主程序空闲时,需要等待中断请求出现,为此可在需要等待的地方使用一条 SJMP 指令进行设置,即

```
THERE:SJMP THERE
```

2. 中断服务流程

所有计算机的中断服务流程都十分相似,单片机也不例外。80C51 单片机的中断服务流程如图 5.2 所示。流程图表明,只有在一条指令全部执行完之后,才能响应中断请求,以确保指令的完整执行。下面对中断服务流程中的一些问题进行说明。

① 现场保护和现场恢复。所谓现场就是指中断时刻单片机中存储单元内的数据或状态。为了使中断服务程序的执行不破坏这些数据或状态,就要把它们送入堆栈中保存起来,以免在中断返回后影响主程序的运行。这就是现场保护,现场保护一定要完成于中断处理程序之前。

中断服务结束后,在返回主程序之前,应把保存的现场内容从堆栈中弹出,以恢复相关存储单元的原有内容。这就是现场恢复,现场恢复一定要在中断处理程序之后进行。

80C51 中有堆栈操作指令"PUSH direct"和"POP direct",主要是供现场保护和现场恢复使用的。至于要保护哪些现场内容,应该由用户根据中断处理程序的情况来决定。

② 关中断和开中断。在一个多中断源系统中,为保证重要中断能执行到底,不被其他中断所嵌套,除采用设定高优先级之外,还可以采用关中断的方法来解决。即在现场保护之前先关闭中断系统,彻底屏蔽其他中断,待中断处理完成后再打开中断系统。

即使中断处理可以被嵌套,但现场保护和恢复不允许打扰,以免影响现场保护和恢复工作,为此应在现场保护和现场恢复程序段的前后进行关、开中断。这样做可以在除现场保护和现场恢复的片刻外,仍然为系统保留中断嵌套功能。

对于 80C51 单片机,中断的关和开可通过 CLR 和 SETB 指令复位、置位中断允许控制寄存器中的有关位来实现。

③ 中断处理。中断处理是中断服务程序的核心内容,中断要做的事全在其中体现。

④ 中断返回。中断服务程序的最后一条指令必须是中断返回指令 RETI,CPU 执行这条指令时,把响应中断时置位的优先级触发器复位,再从堆栈中弹出断点地址送入程序计数器 PC,以便从断点处重新执行被中断的主程序。

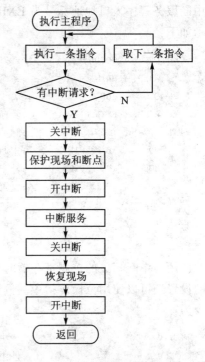

图 5.2 中断服务流程图

5.3 80C51 单片机的定时器/计数器

在单片机控制应用中定时和计数的需求很多,为此在单片机中都有定时器/计数器。80C51 中有两个 16 位定时器/计数器,分别为:定时器/计数器 0 和定时器/计数器 1。由于作为定时器使用的机会多一些,所以常把定时器/计数器简称为定时器(或 T),为此,这两个定时器/计数器分别简称为定时器 0(或 T0)和定时器 1(或 T1)。

80C51 的两个定时器/计数器都是 16 位加法计数结构。由于在 80C51 中只能使用 8 位字节寄存器,所以把两个 16 位定时器分解为 4 个 8 位定时器,依次为 TL0、TL1、TH0 和 TH1,对应地址为 8AH、8BH、8CH 和 8DH。它们均属于专用寄存器之列。

5.3.1 定时器/计数器的计数和定时功能

定时器/计数器顾名思义具有定时和计数功能,以下分别介绍。

1. 计数功能

计数是对外部事件进行的。外部事件以脉冲形式输入,作为计数器的计数脉冲。为此芯片上有 T0(P3.4) 和 T1(P3.5) 两个引脚,用于为这两个计数器输入计数脉冲。计数脉冲是负跳变有效,供计数器进行加法计数。

使用计数功能时,单片机在每个机器周期的 S5P2 拍节对计数脉冲输入引脚进行采样。如果前一机器周期采样为高电平,后一机器周期采样为低电平,即为一个计数脉冲,在下一机器周期的 S3P1 进行计数。由于采样计数脉冲需要占用 2 个机器周期,所以计数脉冲的频率不能高于振荡脉冲频率的 1/24。

2. 定时功能

定时功能也是通过计数器的计数来实现的,不过此时的计数脉冲来自单片机芯片内部,每个机器周期有一个计数脉冲,即每个机器周期计数器加 1。由于一个机器周期等于 12 个振荡脉冲周期,因此,计数频率为振荡频率的 1/12。如果单片机采用 12 MHz 晶振,则计数频率为 1 MHz,即每微秒计数器加 1。这样,在使用定时器时既可以根据计数值计算出定时时间,也可以通过定时时间的要求算出计数器的预置值。

5.3.2 用于定时器/计数器控制的寄存器

在 80C51 中,与定时器/计数器应用有关的控制寄存器共有 3 个,分别是定时器控制寄存器、工作方式控制寄存器和中断允许控制寄存器。

1. 定时器控制寄存器(TCON)

TCON 寄存器地址为 88H,位地址为 8FH~88H。该寄存器位定义及位地址表示如下:

位地址	8FH	8EH	8DH	8CH	8BH	8AH	89H	88H
位符号	TF1	TR1	TF0	TR0	IE1	IT1	IE0	IT0

定时器控制寄存器中,与定时器/计数器有关的控制位共有 4 位,即 TF1、TR1、TF0 和 TR0,其中

TR0 和 TR1——运行控制位。TR0(TR1)=0,停止定时器/计数器工作;TR0(TR1)=1,启动定时器/计数器工作。控制计数启停只需用软件方法使其置 1 或清 0 即可。

TF0 和 TF1——计数溢出标志位。当计数器产生计数溢出时,相应溢出标志位由硬件置 1。计数溢出标志用于表示定时/计数是否完成,因此,它是供查询的状态位。当采用查询方法时,溢出标志位被查询,并在后续处理程序中应以软件方法及时将其清 0。而当采用中断方法时,溢出标志位不但能自动产生中断请求,而且连清 0 操作也能在转向中断服务程序时由硬件自动进行。

2. 定时器方式选择寄存器(TMOD)

TMOD 寄存器用于设定定时器/计数器的工作方式。寄存器地址为 89H,但它没有位地址,不能进行位寻址,只能用字节传送指令设置其内容。该寄存器位定义表示如下:

B7H	B6H	B5H	B4H	B3H	B2H	B1H	B0H
GATE	C/$\overline{\text{T}}$	M1	M0	GATE	C/$\overline{\text{T}}$	M1	M0
←――― 定时器/计数器 1 ―――→				←――― 定时器/计数器 0 ―――→			

它的低半字节对应定时器/计数器 0，高半字节对应定时器/计数器 1，前后半字节的位格式完全对应。位定义如下：

GATE——门控位。GATE＝0，以运行控制位 TR 启动定时器；GATE＝1，以外中断请求信号（$\overline{\text{INT1}}$或$\overline{\text{INT0}}$）启动定时器，这可以用于外部脉冲宽度测量。

C/$\overline{\text{T}}$——定时方式或计数方式选择位。

C/$\overline{\text{T}}$＝0，定时工作方式；C/$\overline{\text{T}}$＝1，计数工作方式。

M1M0——工作方式选择位。

M1M0＝00，工作方式 0；M1M0＝01，工作方式 1；

M1M0＝10，工作方式 2；M1M0＝11，工作方式 3。

3. 中断允许控制寄存器(IE)

该寄存器地址为 A8H，位地址为 AFH～A8H。寄存器位定义及位地址表示如下：

位地址	AFH	AEH	ADH	ACH	ABH	AAH	A9H	A8H
位符号	EA	—	—	ES	ET1	EX1	ET0	EX0

其中与定时器/计数器有关的是定时器/计数器中断允许控制位 ET0 和 ET1。

ET0(ET1)＝0，禁止定时器中断；

ET0(ET1)＝1，允许定时器中断。

以上为 80C51 单片机定时系统提供给用户使用的硬件内容，共有 4 个 8 位定时器 TH0、TH1、TL0、TL1，以及上述 3 个控制寄存器的相关位。由于控制寄存器的相关位只能通过软件进行设置，所以有时把定时器/计数器称为"可编程定时器/计数器"。

5.3.3 定时器工作方式 0

80C51 的两个定时器/计数器都有 4 种工作方式，即工作方式 0～3。从本节开始以定时器/计数器 0 为例逐一介绍。

1. 电路逻辑结构

不同工作方式下定时器/计数器的逻辑结构有所不同。工作方式 0 是 13 位计数结构，计数器由 TH0 的全部 8 位和 TL0 的低 5 位构成，TL0 的高 3 位不用。图 5.3 是定时器/计数器 0 工作方式 0 的逻辑结构。

在工作方式 0 下，计数脉冲既可以来自芯片内部，也可以来自外部。来自内部的是机器周期脉冲，图中 OSC 是英文 Oscillator(振荡器)的缩写，表示芯片的晶振脉冲，经 12 分频后，即为单片机的机器周期脉冲。来自外部的计数脉冲由 T0(P3.4)引脚输入，计数脉冲由控制寄

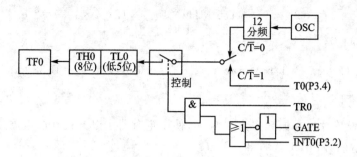

图 5.3 定时器/计数器 0 的工作方式 0 逻辑结构

存器 TMOD 的 C/T̄ 位进行控制。当 C/T̄=0 时,接通机器周期脉冲,计数器每个机器周期进行一次加 1,这就是定时器工作方式;当 C/T̄=1 时,接通外部计数引脚 T0(P3.4),从 T0 引入计数脉冲输入,这就是计数工作方式。

不管是哪种工作方式,当 TL0 的低 5 位计数溢出时,向 TH0 进位;而全部 13 位计数溢出时,向计数溢出标志位 TF0 进位,将其置 1。

2. 启停控制

定时器/计数器的启停控制有两种方法,一种是纯软件方法,另一种是软件和硬件相结合的方法。两种方法由门控位(GATE)的状态进行选择。

当 GATE=0 时,为纯软件启停控制。GATE 信号反相为高电平,经"或"门后,打开了"与"门,这样 TR0 的状态就可以控制计数脉冲的通断,而 TR0 位的状态又是通过指令设置的,所以称为软件方式。当把 TR0 设置为 1,控制开关接通,计数器开始计数,即定时器/计数器工作;当把 TR0 清 0 时,开关断开,计数器停止计数。

当 GATE=1 时,为软件和硬件相结合的启停控制方式。这时计数脉冲的接通与断开决定于 TR0 和 ĪNT0 的"与"关系,而 ĪNT0(P3.2)是引脚 P3.2 引入的控制信号。由于 P3.2 引脚信号可控制计数器的启停,所以可利用 80C51 的定时器/计数器进行外部脉冲信号宽度的测量。

3. 定时和计数范围

使用工作方式 0 的计数功能时,计数值的范围是 $1 \sim 8192(2^{13})$。使用工作方式 0 的定时功能时,定时时间的计算公式为:

$$(2^{13} - 计数初值) \times 晶振周期 \times 12$$

或 $$(2^{13} - 计数初值) \times 机器周期$$

其时间单位与晶振周期或机器周期的时间单位相同,为 μs。若晶振频率为 6 MHz,则最小定时时间为:

$$[2^{13}-(2^{13}-1)]\times 1/6\ \text{MHz}\times 10^{-6}\times 12 = 2\times 10^{-6} = 2\ \mu s$$

最大定时时间为：

$$(2^{13}-0)\times 1/6\ \text{MHz}\times 10^{-6}\times 12 = 16\,384\times 10^{-6} = 16\,384\ \mu s$$

4．应用举例

【例 5.1】 设单片机晶振频率为 6 MHz，使用定时器 1 以方式 0 产生周期为 500 μs 的等宽正方波连续脉冲，并由 P1.0 输出。

➤ 计算计数初值

欲产生 500 μs 的等宽正方波脉冲，只需在 P1.0 端以 250 μs 为周期交替输出等宽高低电平即可，为此定时时间应为 250 μs。若使用 6 MHz 晶振，则一个机器周期为 2 μs。方式 0 为 13 位计数结构。设待求的计数初值为 X，则

$$(2^{13}-X)\times 2\times 10^6 = 250\times 10^6$$

求解得：$X=8\,067$。用二进制数表示为 1111110000011。若用十六进制表示，高 8 位为 FCH，低 5 位为 03H。将计数初值高 8 位放入 TH1 中，即 TH1=0FCH；低 5 位放入 TL1 中，即 TL1=03H。

➤ TMOD 寄存器初始化

为把定时器/计数器 1 设定为方式 0，则 M1M0=00；为实现定时功能，应使 C/$\overline{\text{T}}$=0；为实现定时器/计数器 1 的运行控制，则 GATE=0。由于定时器/计数器 0 不用，有关位设定为 0。因此，TMOD 寄存器应初始化为 00H。

➤ 程序设计

由定时器控制寄存器 TCON 中的 TR1 位来控制定时的启动和停止。TR1=1 启动，TR1=0 停止。下面是产生周期为 500 μs 的等宽正方波连续脉冲的参考程序。

```
        MOV TMOD, #00H      ;设置 T1 为工作方式 0
        MOV TH1, #0FCH      ;设置计数初值
        MOV TL1, #03H
        MOV IE, #00H        ;禁止中断
        SETB TR1            ;启动定时
LOOP:   JBC TF1, LOOP1      ;查询计数溢出
        AJMP LOOP
LOOP1:  MOV TH1, #0FCH      ;重新设置计数初值
        MOV TL1, #03H
        CPL P1.0            ;输出取反
        AJMP LOOP           ;重复循环
```

程序中通过反复检测计数溢出是否出现，来控制程序的运行方向，这种程序控制方式称为

查询(Query)方式。Query 是反复提取特定数据的意思，在程序中通过 JBC 指令反复检测 TF1 位的状态，以了解所设置的时间宽度是否达到。达到之后程序转 LOOP1 向下运行，若没有达到则继续查询等待。

5.3.4　定时器工作方式 1

方式 1 是 16 位计数结构的工作方式，计数器由 TH0 的全部 8 位和 TL0 的全部 8 位构成。它的逻辑电路和工作情况与方式 0 完全相同，所不同的是计数器的位数。

使用工作方式 1 的计数功能时，计数值的范围是 $1 \sim 65536(2^{16})$。使用工作方式 1 的定时功能时，定时时间计算公式为：

$$(2^{16} - 计数初值) \times 晶振周期 \times 12$$

或

$$(2^{16} - 计数初值) \times 机器周期$$

定时时间单位与晶振周期或机器周期的时间单位相同，为 μs。若晶振频率为 6 MHz，则最小定时时间为：

$$[2^{16} - (2^{16} - 1)] \times 1/6 \times 10^{-6} \times 12 = 2 \times 10^{-6} = 2\ \mu s$$

最大定时时间为：

$$(2^{16} - 0) \times 1/6 \times 10^{-6} \times 12 = 131\,072 \times 10^{-6} = 131\,072\ \mu s \approx 131\ ms$$

5.3.5　定时器工作方式 2

工作方式 0 和工作方式 1 有一个共同特点，就是计数溢出后计数器为全 0，因此，循环定时应用时就需要反复设置计数初值。这不但影响定时精度，而且也给程序设计带来麻烦。工作方式 2 就是针对此问题而设置的，它具有自动重新加载计数初值的功能，免去了反复设置计数初值的麻烦。所以工作方式 2 也称为自动重新加载工作方式。

1. 电路逻辑结构

在工作方式 2 下，16 位计数器被分为两部分，TL 作为计数器使用，TH 作为预置寄存器使用，初始化时把计数初值分别装入 TL 和 TH 中。当计数溢出后，由预置寄存器 TH 以硬件方法自动给计数器 TL 重新加载。变软件加载为硬件加载。图 5.4 是定时器/计数器 0 在工作方式 2 下的逻辑结构。

初始化时，8 位计数初值同时装入 TL0 和 TH0 中。当 TL0 计数溢出时，置位 TF0，并用保存在预置寄存器 TH0 中的计数初值自动加载 TL0，然后开始重新计数。如此重复。这样不但省去了用户程序中的重装指令，而且也有利于提高定时精度。但这种工作方式是 8 位计数结构，计数值有限，最大只能到 255。

这种自动重新加载工作方式适用于循环定时或循环计数应用。例如，用于产生固定脉宽

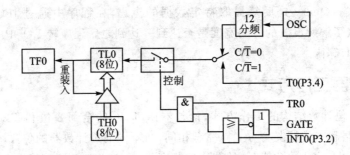

图 5.4 定时器/计数器 0 工作方式 2 的逻辑结构

的脉冲,此外还可以作为串行数据通信的波特率发送器使用。

2. 循环定时应用

【例 5.2】 使用定时器 0 以工作方式 2 产生 100 μs 定时,在 P1.0 输出周期为 200 μs 的连续正方波脉冲。已知晶振频率为 6 MHz。

▶ 计算计数初值

在 6 MHz 晶振频率下,一个机器周期为 2 μs,以 TH0 作为重装载的预置寄存器,TL0 作 8 位计数器,假设计数初值为 X,则

$$(2^8 - X) \times 2 \times 10^6 = 100 \times 10^6$$

求解得:$X = 206D = 11001110B = 0CEH$。

把 0CEH 分别装入 TH0 和 TL0 中,则 TH0=0CEH,TL0=0CEH。

▶ TMOD 寄存器初始化

定时器/计数器 0 为工作方式 2,应使 M1M0=10;为实现定时功能,应使 C/$\overline{T}$=0;采用纯软件控制定时器启停,应使 GATE=0。定时器/计数器 1 不用,有关位设定为 0。综上情况 TMOD 寄存器的状态应为 02H。

▶ 程序设计

```
         MOV  IE, #00H      ;禁止中断
         MOV  TMOD, #02H    ;设置定时器 0 为方式 2
         MOV  TH0, #0CEH    ;保存计数初值
         MOV  TL0, #0CEH    ;预置计数初值
         SETB TR0           ;启动定时
LOOP:    JBC  TF0, LOOP1    ;查询计数溢出
         AJMP LOOP
LOOP1:   CPL  P1.0          ;输出方波
         AJMP LOOP          ;重复循环
```

3. 循环计数应用

【例 5.3】 用定时器 1 以工作方式 2 实现计数,每计 100 次进行累加器加 1 操作。按查询方式进行编程。

- 计算计数初值

    $2^8-100=156D=9CH$,则 $TH1=9CH$,$TL1=9CH$。

- TMOD 寄存器初始化

    $M1M0=10$,$C/\overline{T}=1$,$GATE=0$,则 $TMOD=60H$。

- 程序设计

```
        MOV IE, #00H        ;禁止中断
        MOV TMOD, #60H      ;设置计数器 1 为工作方式 2
        MOV TH1, #9CH       ;保存计数初值
        MOV TL1, #9CH       ;预置计数初值
        SETB TR1            ;启动计数
DEL:    JBC TF1, LOOP       ;查询计数溢出
        AJMP DEL
LOOP:   INC A               ;累加器加 1
        AJMP DEL            ;循环返回
```

5.3.6 定时器工作方式 3

在前 3 种工作方式下,对两个定时器/计数器的设置和使用是完全相同的。但在工作方式 3 下,两个定时器/计数器的设置和使用是不同的,因此,要分开介绍。

1. 工作方式 3 下的定时器/计数器 0

在工作方式 3 下,定时器/计数器 0 被拆成两个独立的 8 位计数器 TL0 和 TH0,这两个计数器的使用完全不同。

TL0 既可用于计数,又可用于定时。与定时器/计数器 0 相关的各个控制位和引脚信号均由它使用。其功能和操作与工作方式 0 或工作方式 1 完全相同,而且逻辑电路结构也极其类似,如图 5.5 所示。

工作方式 3 下定时器/计数器 0 的另一半是 TH0,只能作简单的定时器使用。而且由于寄存器 TCON 的定时器 0 的控制位已被 TL0 独占,因此,只能借用定时器 1 的控制位 TR1 和 TF1 为其服务。即用计数溢出置位 TF1,而定时的启停则受 TR1 的状态控制。

由于 TL0 既能作定时器使用,也能作计数器使用,而 TH0 只能作定时器使用,所以在工作方式 3 下,定时器/计数器 0 可以分解为 2 个 8 位定时器或 1 个 8 位定时器和 1 个 8 位计数器。

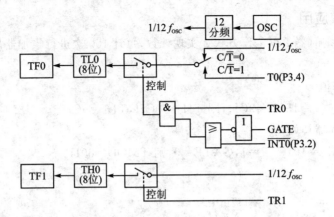

图 5.5 定时器/计数器 0 工作方式 3 的逻辑结构

2. 工作方式 3 下的定时器/计数器 1

如果定时器/计数器 0 已经工作在工作方式 3,则定时器/计数器 1 只能工作在方式 0、方式 1 或方式 2 下,因为它的运行控制位 TR1 及计数溢出标志位 TF1 已被定时器/计数器 0 借用。其使用方法如图 5.6 所示。

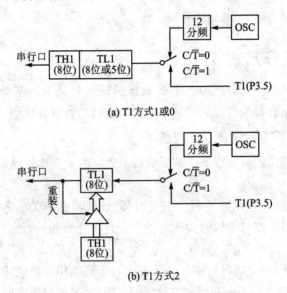

图 5.6 工作方式 3 下定时器/计数器 1 的使用

这时,定时器/计数器 1 通常是作为串行口的波特率发生器使用。因为已没有计数溢出标志位 TF1 可供使用,因此只能把计数溢出直接送到串行口。作为波特率发生器使用时,只需设置好工作方式,便可自动运行。若要停止工作,只需向工作方式选择寄存器 TMOD 送入一个能把它设置为方式 3 的控制字就可以了。因为定时器/计数器 1 不能在方式 3 下使用,如果硬把它设置为方式 3,就会停止工作。

练习题

(一) 填空题

1. 中断技术是解决资源竞争的有效方法,因此,可以说中断技术实质上是一种资源(　　)共享技术。
2. 上电复位后,各中断优先级从高到低的次序为(　　)、(　　)、(　　)、(　　)和(　　)。
3. 响应中断后,产生长调用指令 LCALL,执行该指令的过程包括:首先把(　　)的内容压入堆栈,以进行断点保护,然后把长调用指令的 16 位地址送(　　),使程序执行转向(　　)中的中断地址区。
4. 当计数器产生计数溢出时,把定时器控制寄存器的 TF0(TF1)置 1。对计数溢出的处理,在中断方式时,该位作为(　　)使用;在查询方式时,该位作(　　)使用。
5. 定时器 1 工作于方式 3 做波特率发生器使用时,若系统晶振频率为 12 MHz,可产生的最低波特率为(　　),最高波特率为(　　)。
6. 定时器 0 工作于方式 2 的计数方式,预置的计数初值为 156,若通过引脚 T0 输入周期为 1 ms 的脉冲,则定时器 0 的定时时间为(　　)。
7. 用于定时测试压力和温度的单片机应用系统,以定时器 0 实现定时。压力超限和温度超限的报警信号分别由 $\overline{INT0}$ 和 $\overline{INT1}$ 输入,中断优先顺序为:压力超限→温度超限→定时检测。为此,中断允许控制寄存器 IE 最低 3 位的状态应是(　　),中断优先级控制寄存器 IP 最低 3 位的状态应是(　　)。
8. 可利用定时器来扩展外部中断源。若以定时器 1 扩展外部中断源,则该扩展外中断的中断请求输入端应为(　　)引脚,定时器 1 应取工作方式(　　),预置的计数初值应为(　　),扩展外中断的入口地址应为(　　)。

(二) 单项选择题

1. 下列有关 80C51 中断优先级控制的叙述中,错误的是(　　)
   (A) 低优先级不能中断高优先级,但高优先级能中断低优先级
   (B) 同级中断不能嵌套
   (C) 同级中断请求按时间的先后顺序响应
   (D) 同一时刻,同级的多中断请求,将形成阻塞,系统无法响应
2. 80C51 有两个定时器,下列有关这两个定时器级联定时问题的叙述中,正确的是(　　)
   (A) 可以实现软件级联定时,而不能实现硬件级联定时
   (B) 可以实现硬件级联定时,而不能实现软件级联定时
   (C) 软件级联定时和硬件级联定时都可以实现
   (D) 软件级联定时和硬件级联定时都不能实现
3. 在工作方式 0 下,计数器由 TH 的全部 8 位和 TL 的低 5 位组成,因此,其计数范围是(　　)
   (A) 1~8192　　(B) 0~8191　　(C) 0~8192　　(D) 1~4096
4. 对于由 80C51 构成的单片机应用系统,中断响应并自动生成长调用指令 LCALL 后,应(　　)

(A) 转向外部程序存储器去执行中断服务程序
(B) 转向内部程序存储器去执行中断服务程序
(C) 转向外部数据存储器去执行中断服务程序
(D) 转向内部数据存储器去执行中断服务程序

5. 中断查询确认后,在下列各种单片机运行情况中,能立即进行响应的是(　　)
   (A) 当前正在进行高优先级中断处理
   (B) 当前正在执行 RETI 指令
   (C) 当前指令是 DIV 指令,且正处于取指机器周期
   (D) 当前指令是"MOV A,Rn"指令

6. 下列条件中,不是中断响应必要条件的是(　　)
   (A) TCON 或 SCON 寄存器中相关的中断标志位置 1
   (B) IE 寄存器中相关的中断允许位置 1
   (C) IP 寄存器中相关位置 1
   (D) 中断请求发生在指令周期的最后一个机器周期

7. 在单片机的下列功能或操作中,不使用中断方法的是(　　)
   (A) 串行数据传送操作　　　　(B) 实时处理
   (C) 故障处理　　　　　　　　(D) 存储器读/写操作

第 6 章 单片机并行存储器扩展

6.1 单片机并行外扩展系统

外扩展是构建单片机系统的重要内容,由于单片机芯片本身的硬件资源有限,往往不能满足系统需要,因此,必须以芯片外扩展的办法来解决,即通常所说的系统扩展。有两类外扩展:存储器扩展和 I/O 扩展;有两种外扩展方法:并行扩展和串行扩展。本章主要讨论并行存储器扩展。

6.1.1 单片机并行扩展总线

单片机系统扩展是以单片机芯片为核心进行的,存储器扩展中包括程序存储器和数据存储器,其余所有扩展内容统称为 I/O 扩展。单片机并行扩展系统结构如图 6.1 所示。

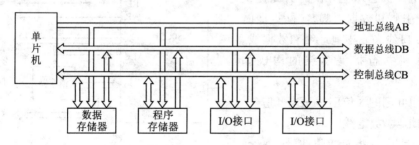

图 6.1 单片机并行扩展系统结构图

由扩展系统结构图可知,扩展是通过系统总线进行的。所谓总线就是连接单片机各扩展部件的一组公共信号线,是系统共享的通路,通过总线把各扩展部件连接起来,以进行数据、地址和控制信号的传送。

1. 并行扩展总线的组成

并行扩展总线包括 3 个组成部分,即地址总线、数据总线和控制总线。

(1) 地址总线

在地址总线(Address Bus,简写 AB)上传送的是地址信号,用于外扩展存储单元和 I/O 端口的寻址。地址总线是单向的,因为地址信号只能从单片机向外传送。

一条地址线提供一位地址,所以地址线数目决定可寻址存储单元的数目。例如,n 位地址,可以产生 2^n 个连续地址编码,可访问 2^n 个存储单元,即寻址范围为 2^n 地址单元。80C51 单片机外扩展空间为 64 KB,即 2^{16} 个地址单元,因此,地址总线有 16 位。

(2) 数据总线

数据总线(Data Bus,简写 DB)用于传送数据、状态、指令和命令。数据总线的位数应与单片机字长一致。例如,80C51 单片机是 8 位字长,所以数据总线的位数也是 8 位。数据总线是双向的,即可以进行两个方向(读/写)的数据传送。

(3) 控制总线

控制总线(Control Bus,简写 CB)是一组控制信号线,其中既有单片机发出的,也有外扩展部件发出的。虽然一个控制信号的传送是单向的,但是由不同方向信号线组合的控制总线则应表示为双向。

总线结构可以提高系统的可靠性,增加系统的灵活性。此外,总线结构也使系统扩展易于实现,各扩展部件只要符合总线规范,就可以很方便地接入系统。

2. 80C51 单片机并行扩展总线

虽然系统扩展需要地址总线和数据总线,但在单片机芯片上并没有为此提供专用的地址引脚和数据引脚,实际扩展时都是用 I/O 口线来充当地址线和数据线。80C51 单片机并行扩展总线的构成如图 6.2 所示。

(1) 以 P0 口的 8 位口线充当低位地址线/数据线

低位地址线是指低 8 位地址 A7~A0,而数据线为 D7~D0。由于 P0 口一线两用,既传送地址又传送数据,所以要采用分时技术对它上面的地址和数据进行分离。

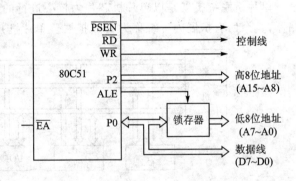

图 6.2 80C51 单片机并行扩展总线结构图

使用分时技术被分离出的是低 8 位地址。因为 CPU 对扩展系统的操作总是先送出地址,然后再进行数据读/写操作,所以应把首先出现的地址分离出来,以便腾出总线供其后的数据传送使用。为保存分离出的地址,需另外增加一个 8 位锁存器,并以 ALE 作为锁存控制信号。因为从时序上看,在 CPU 送出地址时,ALE 信号正好有效。为了与 ALE 信号相适应,应选择高电平或下降沿选通的锁存器,例如 74LS373 等。

低 8 位地址进入锁存器,经另一途径提供给扩展系统。在其后的时间里,P0 口线即作为数据线使用,进行数据传送。其实在 P0 口的电路逻辑中已考虑了这种需要,其中的多路转接电路 MUX 以及地址/数据控制就是为此而设计的。

(2) 以 P2 口的口线作高位地址线

P2 口只作为高位地址线使用。如果使用 P2 口全部 8 位口线,再加上 P0 口提供的低 8 位地址,就形成了完整的 16 位地址总线。使单片机外扩展的寻址范围达到 64K 单元。

在实际应用中,高位地址线是根据需要从 P2 口中引出,需要用几位就引出几条口线。极端情况下,若外扩展容量小于 256 个单元,则不需要高位地址线。

(3) 控制信号

除地址线和数据线外,系统扩展时还需要单片机提供一些控制信号线,这就是扩展系统的控制总线。这些控制信号包括:

- 使用 ALE 作地址锁存的选通信号,以实现低 8 位地址锁存。
- 以 $\overline{PSEN}$ 信号作为扩展程序存储器的读选通信号。
- 以 $\overline{EA}$ 信号作为内外程序存储器的选择信号。
- 以 $\overline{RD}$ 和 $\overline{WR}$ 作为扩展数据存储器和 I/O 端口的读/写选通信号。

可以看出,尽管 80C51 单片机有 4 个并行 I/O 口,共 32 条口线,但由于系统外扩展的需要,仅剩 P1 口以及 P3 口的部分口线可供数据 I/O 使用。

6.1.2 并行扩展系统的 I/O 编址和芯片选取

把扩展芯片接入单片机系统,数据线和控制信号线的连接比较简单,而地址线的连接则比较复杂,因为地址线的连接涉及到 I/O 编址和芯片的选取问题。

1. 单片机外扩展地址空间

单片机的外扩展地址空间,与它的存储器系统有关。80C51 单片机存储器系统与外扩展地址空间结构如图 6.3 所示。

在 80C51 单片机系统中,有两个并行存在且相互独立的存储器系统,即程序存储器系统和数据存储器系统。在程序存储器系统中,包括 4 KB 的芯片内程序存储器和 64 KB 的外扩展地址空间,其中外扩展地址空间供扩展程序存储器使用。在数据存储器系统中,包括由通用寄存器和专用寄存器等占用的芯片内 256 个 RAM 单元以及 64 KB 的外扩展地址空间,其中外扩展地址空间供数据存储器和 I/O 扩展使用。

程序存储器系统和数据存储器系统的外扩展地址空间大小相同,但外扩展程序存储器 ROM 的起始地址与单片机芯片是否有片内程序存储器有关。如果没有片内程序存储器,外扩展 ROM 的地址从 0000H 开始,如果有片内程序存储器,则外扩展 ROM 的地址从 1000H 开始。而外扩展 RAM 的起始地址与单片机芯片内 RAM 单元的存在毫无关系,都是从 0000H 开始。

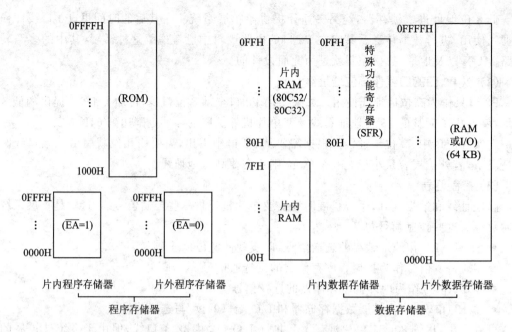

图 6.3　80C51 单片机系统地址空间结构图

2. 片选技术

进行单片机系统扩展,首先要解决寻址问题,即如何找到要访问的扩展芯片以及芯片内的目标单元。因此,寻址应分芯片选择和芯片内目标单元选择两个层次。由于芯片内单元的选择问题已在各自的芯片内解决,外扩展时只需把扩展芯片的地址引脚与系统地址总线中对应的低位地址线连接起来即可,芯片内自有译码电路完成单元寻址。所以外扩展系统的寻址问题主要集中在芯片的选择上。

为进行芯片选择,扩展芯片上都有一个甚至多个片选信号引脚(常用名为$\overline{CE}$或$\overline{CS}$)。所以寻址问题的主要内容就归结到如何产生有效的片选信号。常用的芯片选择方法(即寻址方法),有线选法和译码法两种。

(1) 线选法寻址

所谓线选法,就是直接以位地址信号作为芯片的片选信号。使用时只需把地址线与扩展芯片的片选信号引脚直接连接即可。线选法寻址的最大特点是简单,但只适用于规模较小的单片机系统。假定单片机系统分别扩展了程序存储器芯片 2716、数据存储器芯片 6116、并行接口芯片 8255、键盘/显示器接口芯片 8279 和 D/A 转换芯片 0832,则采用线选法寻址的扩展片选连接示意图如图 6.4 所示。

口线 P2.7~P2.3(即高位地址线)分别连接到 2716、6116、8255、8279 和 0832 的片选信号引脚。口线信号为低电平状态时芯片被选中。

(2) 译码法寻址

所谓译码法,就是使用译码器对高位地址进行译码,以其译码输出作为扩展芯片的片选信号。这是一种最常用的寻址方法,能有效地利用存储空间,适用于大容量、多芯片的系统扩展。

同样是扩展程序存储器芯片 2716、数据存储器芯片 6116、并行接口芯片 8255、键盘/显示器接口芯片 8279 和 D/A 转换芯片

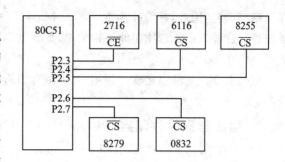

图 6.4 线选法扩展片选连接示意图

0832,采用 74LS138(3-8 译码器),以译码法寻址的系统扩展片选连接示意图如图 6.5 所示。

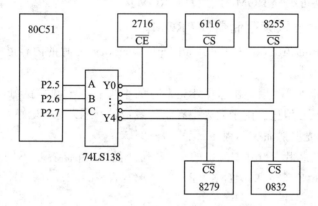

图 6.5 译码法扩展片选连接示意图

口线 P2.7～P2.5 经译码后可产生 8 种状态输出,只需其中的 5 个分别连接 2716、6116、8255、8279 和 0832 的片选信号引脚。可见,译码法能提高系统的寻址能力,但增加了硬件开销。

6.2 存储器分类

存储器扩展要用到存储器芯片,因此,先对各类存储器做简单介绍。

6.2.1 只读存储器

程序存储器扩展使用只读存储器芯片,只读存储器简写 ROM(Read Only Memory)。因为在程序运行中该存储器只能进行读操作而不能进行写操作,所以称为只读存储器。根据编程方式不同,只读存储器有以下 5 种类型。

1. 掩膜只读存储器

掩膜只读存储器编程是由半导体制造厂家完成的,即在生产过程中实现编程。因编程过

程是掩膜工艺,因此,称为掩膜 ROM,或 Mask ROM。掩膜 ROM 制造完成后,用户不能更改其内容。这种 ROM 芯片存储结构简单,集成度高,但由于掩膜工艺成本较高,因此,只适合于大批量生产。

掩膜 ROM 只供固化软件使用,市场上并没有这种 ROM 芯片出售,存储器扩展也不会涉及到它。

2. 可编程只读存储器(PROM)

PROM(Programmable Read-Only Memory)芯片出厂时没有任何程序信息,其程序是在开发现场由用户写入的。为写入用户自己研制的程序提供了可能。但这种 ROM 芯片只能写入一次,其内容一旦写入就不能再进行修改。一次写入就是一次可编程 OTP(One Time Programble),因此,也把可编程 ROM 写为 OTP ROM。

3. 可擦除可编程只读存储器(EPROM)

EPROM(Erasable Programmable Read-Only Memory)芯片的内容也由用户写入,但允许反复擦除重新写入。

EPROM 是用紫外线擦除。在芯片外壳上方的中央有一个圆形窗口,通过这个窗口照射紫外线就可以擦除原有信息。由于阳光中有紫外线成分,所以程序写好后要用不透明标签贴封窗口,以避免因阳光照射而破坏程序。

EPROM 的典型芯片是 Intel 公司的 27 系列产品,按存储容量不同有多种型号,例如,2716(2K×8)、2732(4K×8)、2764(8K×8)、27128(16K×8)、27256(32K×8)等,型号名称后面的数字表示位存储容量。

4. 电擦除可编程只读存储器(E^2PROM)

E^2PROM(Electrically Erasable Programmable Read-Only Memory)是一种用电信号编程也用电信号擦除的 ROM 芯片,它可以通过读/写操作进行逐个存储单元的读出和写入,读/写功能与 RAM 存储器相似,只是写入速度慢一些,但断电后却能保存信息。

比较典型的 E^2PROM 芯片有 2816、2816A、2817、2817A 和 2864A 等。这些芯片的主要性能如表 6.1 所列。

表 6.1 典型 E^2PROM 芯片性能表

芯片型号 参量	2816	2816A	2817	2817A	2864A
读周期/ms	250	200~250	250	200~250	250
写周期/ms	10	9~15	10	10	10
字节擦除时间/ms	10	9~15	10	10	10
擦/写电压/V	21	5	21	5	5

E^2PROM 具有在线编程功能,但是擦除和写入较慢,从表中可以看到擦除和写入时间均为毫秒级,这是 E^2PROM 的最大缺点。

5. 闪速存储器(Flash ROM)

请参见第 11 章的相关内容。

6.2.2 读/写存储器

在单片机系统中,数据存储器用于存放可随时修改的数据。数据存储器扩展使用随机存储器芯片,随机存储器(Random Access Memory)简称 RAM。对 RAM 可以进行读/写两种操作,但 RAM 是易失性存储器,断电后所存信息消失。

按其工作方式,RAM 又分为静态(SRAM)和动态(DRAM)两种。静态 RAM 只要电源加电信息就能保存;而动态 RAM 使用的是动态存储单元,需要不断进行刷新以便周期性地再生才能保存信息。动态 RAM 的集成密度高,集成同样的位容量,动态 RAM 所占芯片面积只是静态 RAM 的四分之一;此外动态 RAM 的功耗低,价格便宜。但扩展动态存储器要增加刷新电路,因此,适应于大型系统,在单片机系统中使用不多。

6.3 存储器并行扩展

因为存储器扩展是在单片机芯片之外进行的,所以也把扩展的程序存储器称为外部 ROM,把扩展的数据存储器称为外部 RAM。

6.3.1 程序存储器并行扩展

程序存储器扩展使用只读存储器芯片,我们以过去常用的最简单的 2716 芯片为例进行原理说明。2716 的信号引脚排列如图 6.6 所示。

主要引脚功能如下:

- A10~A0:11 位地址。
- O7~O0:数据读出。
- $\overline{CE}$/PGM:双重功能控制线。当使用时,它为片选信号 $\overline{CE}$,低电平有效;当芯片编程时,它为编程控制信号 PGM,用于引入编程脉冲。
- $\overline{OE}$:输出允许信号。当 $\overline{OE}=0$ 时,输出缓冲器打开,被寻址单元的内容可以被读出。
- V_{PP}:编程电源。当芯片编程时,该端加+25 V 编程电压;当使用时,该端加+5 V 电源。

单片程序存储器扩展是只扩展一片 ROM 芯片,这

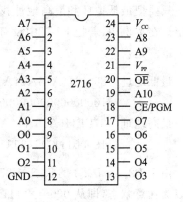

图 6.6 2716 引脚图

是最简单的程序存储器扩展。下面以扩展 2716 芯片为例进行说明,其扩展连接图如图 6.7 所示。

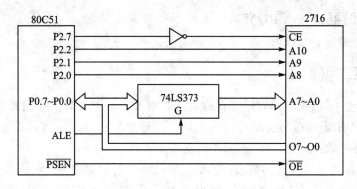

图 6.7　单片程序存储器扩展连接图

(1) 存储器扩展的主要内容

存储器扩展的主要内容是地址线、数据线和控制线的连接。低位地址线的连接与存储芯片的容量有关。2716 的存储容量为 2 KB,需 11 位地址(A10～A0)进行存储单元编址。为此先把芯片的 A7～A0 引脚与地址锁存器的 8 位地址输出对应连接,再把 A10～A8 引脚与 P2 口的 P2.2～P2.0 相连。这样,2716 芯片内存储单元的寻址问题就解决了。由于这是一个小规模存储器扩展系统,采用线选法进行片选,只需在剩下的高位地址线中取一位(P2.7)与 2716 的 $\overline{\text{CE}}$ 端相连即可。

数据线的连接比较简单,只要把存储芯片的数据输出引脚与单片机 P0 口线对应连接就可以了。对于控制信号,程序存储器的扩展只涉及 $\overline{\text{PSEN}}$(外部程序存储器读选通),把该信号连接到 2716 的 $\overline{\text{OE}}$ 引脚,用于存储器读出选通。

(2) 存储单元地址分析

只要把最低地址和最高地址找出来,扩展的存储器在存储空间中所占据的地址范围即可确定。在本例中,若把 P2 口中没有用到的高位地址线假定为 0 状态,则所扩展的 2716 芯片的地址范围是:

最低地址　8000H(A15A14A13A12A11A10A9A8A7A6A5A4A3A2A1A0＝
　　　　　1000000000000000)

最高地址　87FFH(A15A14A13A12A11A10A9A8A7A6A5A4A3A2A1A0＝
　　　　　1000011111111111)

由于 P2.6～P2.3 的状态与 2716 芯片的寻址无关,所以在该芯片被寻址时,P2.6～P2.3 可以为任意状态,即从 0000～1111 共有 16 种状态组合。表明 2716 芯片对应着 16 个地址区间,即 8000H～87FFH,8800H～8FFFH,9000H～97FFH,9800H～9FFFH,A000H～

A7FFH,A800H~AFFFH…在这些地址区间内都能访问到2716,这就是线选法存在的地址区间重叠问题。

6.3.2 数据存储器并行扩展

数据存储器扩展使用 RAM 芯片。现以 Intel 6116 实现单片数据存储器扩展为例进行说明。

1. RAM 芯片 6116

6116 芯片的存储容量为 2 KB,该芯片为双列直插式封装,引脚排列如图 6.9 所示。其中:

- A10~A0:地址线。
- D7~D0:数据线。
- $\overline{CE}$:片选信号。
- $\overline{OE}$:数据输出允许信号。
- $\overline{WE}$:写选通信号。
- V_{CC}:电源(+5 V)。
- GND:地。

表 6.2 6116 工作方式

状 态	$\overline{CE}$	$\overline{OE}$	$\overline{WE}$	D7~D0
未选中	1	×	×	高阻抗
禁止	0	1	1	高阻抗
读出	0	0	1	数据读出
写入	0	1	0	数据写入

6116 共有 4 种工作方式,如表 6.2 所列。

2. 数据存储器扩展连接

数据存储器扩展与程序存储器扩展在数据线、地址线的连接上是完全相同的,所不同的是控制信号。程序存储器使用 $\overline{PSEN}$ 作为读选通信号,而数据存储器则使用 $\overline{RD}$ 和 $\overline{WR}$ 分别作为读/写选通信号。使用一片 6116 实现 2 KB RAM 扩展的电路连接图如图 6.9 所示。

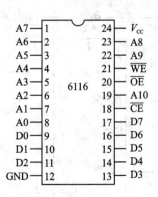

图 6.8 芯片 6116 引脚图

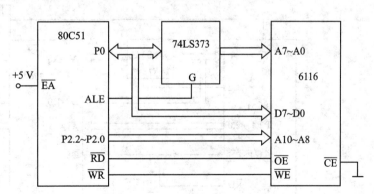

图 6.9 单片 RAM 扩展连接图

在扩展连接中,以$\overline{RD}$信号接6116的$\overline{OE}$引脚,以$\overline{WR}$信号接$\overline{WE}$引脚,进行RAM芯片的读/写控制。由于假定系统只有一片6116,不需要片选信号,所以把$\overline{CE}$引脚直接接地。这样连接,6116的地址范围是0000H~07FFH。

6.3.3 使用RAM芯片扩展可读/写的程序存储器

开发小型简单的单片机应用系统时,为了方便,常在本系统中进行用户程序调试。但前面讲过的程序存储器是只读的,只能运行程序而不能修改程序。而在数据存储器中,却只能修改程序而不能运行程序。为了解决这一矛盾,可用RAM芯片经过特殊连接,作为程序存储器使用,使其既可以运行程序,又可以修改程序,成为一个可读/写的程序存储器。

对于这种可读/写的程序存储器,在运行程序时,需要有程序存储器的读信号$\overline{PSEN}$;在修改程序时,要用到数据存储器的读信号$\overline{RD}$和写信号$\overline{WR}$。现以6116芯片为例,说明这3个信号的连接方法。其电路图如图6.10所示。

将$\overline{PSEN}$与$\overline{RD}$相"与"后连接到6116的$\overline{OE}$端,两个低电平有效的信号相"与",只要其中之一为负,就能得到一个低电平有效的读选通信号,接到RAM芯片的输出允许信号引脚。这样,无论是$\overline{PSEN}$信号还

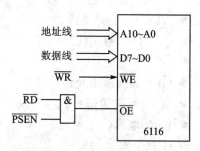

图6.10 把6116改造成程序存储器

是$\overline{RD}$信号都能对RAM芯片进行读操作。而写操作则通过连接到$\overline{WE}$端的$\overline{WR}$信号实现。

可读/写程序存储器在小型单片机应用系统中有一定的实用价值,图6.11是这种可读/写程序存储器的应用举例。

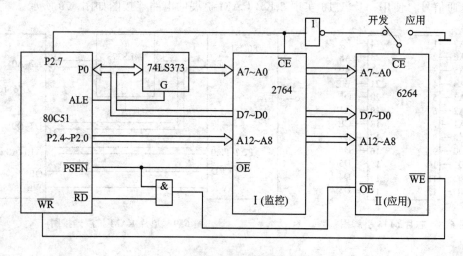

图6.11 可读/写程序存储器应用举例

图 6.12 中 I 芯片 2764 是一个只读程序存储器,用于存放监控程序。II 芯片 6264 已连接成可读/写程序存储器,用于存放和调试用户程序。另外,还专门为可读/写程序存储器设置了一个双向开关,以便进行状态选择。

在系统开发阶段,开关扳向开发端。此时,I 芯片首地址为 0000H,II 芯片首地址为 8000H。系统启动后,自动进入监控程序运行。这样就可以借助监控程序,对可读/写程序存储器中的用户程序进行调试。用户程序调试完成后,把开关扳向应用端,再把 I 芯片拔去,II 芯片的首地址即为 0000H。这样,系统复位后,用户程序就能自动运行。

通过这种方法改造的可读/写程序存储器,虽然既可以调试程序,又可以运行程序,但它却不能在掉电时保存程序,与传统意义上的只读程序存储器仍有不同。不过若使用 E^2PROM 或闪速存储器芯片,就可以解决这个问题。

6.4 80C51 单片机存储器系统的特点和使用方法

经过外扩展,构成了完整的单片机存储器系统。下面对单片机存储器系统的特点和使用方法进行介绍。

6.4.1 单片机存储器系统的特点

与微型计算机相比,单片机的存储器系统比较复杂。下面从 3 个方面具体说明。

1. 程序存储器与数据存储器并存

单片机的存储器系统中程序存储器与数据存储器并存。其中程序存储器是保存程序的需要,而数据存储器则是运行程序的需要。在系统中两种存储器是截然分开的,它们有各自的地址空间、操作指令和控制信号。

其实任何计算机都存在程序的保存问题。例如,微型机用磁盘(硬盘和软盘)来保存程序,每次开机或每当需要时启动磁盘,即可把程序调入内存运行。而单片机一般不配备磁盘等外存储设备,因此,只能使用 ROM 构成的程序存储器来解决。有了程序存储器之后还得靠数据存储器来运行程序,从而就有了单片机系统中程序存储器和数据存储器并存的结构。

2. 内外存储器并存

单片机的存储器有内外之分,即片内存储器和片外存储器。片内存储器是芯片固有的,使用方便存取快捷,但容量有限,难以满足系统需要;而片外存储器是系统扩展的。从而形成了单片机系统既有内部存储器,又有外部存储器的结构,内部存储器有 ROM 和 RAM 之分,外部存储器也有 ROM 和 RAM 之分。换一种说法,即程序存储器有内外之分,数据存储器也有内外之分这样一种复杂的结构。这种存储器交叠配置在任何其他计算机中都不曾出现过。因此,在 80C51 单片机系统中形成了存储器的 4 个物理存储空间和 3 个逻辑存储空间,如

图 6.12 所示。

4 个物理存储空间分别是片内程序存储空间、片外程序存储空间、片内数据存储空间及片外数据存储空间。

3. 程序存储器地址具有连续性要求

在编程使用时,内外程序存储器空间的地址必须是连续的。而对应的数据存储器则没有这个要求,内外数据存储空间是各自编址的,地址都是从 00H(0000H)开始。所以从软

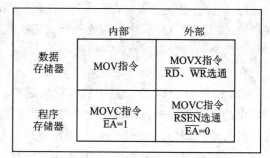

图 6.12　80C51 存储器的 4 个物理存储空间和 3 个逻辑存储空间

件角度看,80C51 单片机系统有 3 个逻辑存储空间,即片内外统一编址的 64 KB 程序存储空间、256 B 的片内数据存储空间以及 64 KB 的片外数据存储空间。

6.4.2　80C51 单片机存储器的使用

为了正确使用 80C51 存储器,首先,要注意如何区分 4 个不同的存储空间;其次,在编程时还要注意内外程序存储器的衔接问题。

1. 存储空间的区分

在 80C51 单片机中,为区分不同存储空间,采用硬件和软件相结合的措施。所谓硬件措施是对不同的存储空间使用不同的控制信号;而软件措施则是访问不同的存储空间使用不同的指令。

(1) 内部程序存储器与数据存储器的区分

芯片内部的 ROM 与 RAM 是通过指令来相互区分的。读 ROM 时使用 MOVC 指令,而读 RAM 时则使用 MOV 指令。

(2) 外部程序存储器与数据存储器的区分

对外部扩展 ROM 与 RAM,同样使用指令来加以区分。读外部 ROM 使用 MOVC 指令,而读/写外部 RAM 则使用 MOVX 指令。此外,在电路连接上还提供了两个不同的选通信号,以 $\overline{PSEN}$ 作为外部 ROM 的读选通信号,以 $\overline{RD}$ 和 $\overline{WR}$ 作为外部 RAM 的读/写选通信号。

(3) 内外数据存储器的区分

内部 RAM 和外部 RAM 是分开编址的,因此,就造成了外部 RAM 前 256 个单元的地址重叠。但由于有不同的指令加以区分,访问内部 RAM 使用 MOV 指令,访问外部 RAM 使用 MOVX 指令,所以不会发生操作混乱。

2. 内外程序存储器的衔接

出于连续执行程序的需要,内外程序存储器必须统一连续编址(内部占低位,外部占高位),并使用相同的读指令 MOVC。所以内外 ROM 面临的不是地址区分问题而是地址衔接

问题。再考虑到 80C51 单片机系列芯片中,有些芯片有内部 ROM,有些芯片没有内部 ROM。为此,80C51 单片机特别配置了一个 $\overline{EA}$(访问内外程序存储器控制)信号。

对于 80C51 这样有内部 ROM 的单片机,应使 $\overline{EA}=1$(接高电平)。此时,当地址为 0000H~0FFFH 时,在内部 ROM 寻址;等于或超过 1000H 时,自动到外部 ROM 中寻址。从而形成了如图 6.13 所示的内外 ROM 的衔接形式,使内外程序存储器成为一个地址连续的存储空间。

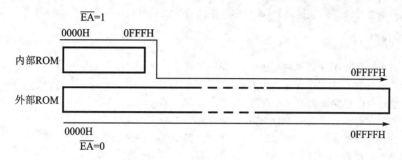

图 6.13　内外程序存储器衔接示意图

从图 6.14 中可以看到,由于 0000H~0FFFH 存储空间已被内部 ROM 占据,所以外部 ROM 就不能再使用这部分存储空间了,相当于外部 ROM 损失了 4 KB 的存储空间。

对于 80C31 这样没有内部 ROM 的单片机,应使 $\overline{EA}=0$(接地)。这样,只需对外部 ROM 进行寻址,寻址范围为 0000H~FFFFH,是一个完整的 64 KB ROM 空间。

总结上述内容可知,在 80C51 单片机系统中,虽然存储器交叠增强了单片机的寻址能力,但同时也给学习和使用增加了一些困难。例如,增加了指令的类型和控制信号的数目,给程序设计和电路连接增加了麻烦,使程序设计容易出错,且出错后又不易查找,加大了程序调试的难度。

练习题

(一) 填空题

1. 使用 8 KB×8 的 RAM 芯片,用译码法扩展 64 KB×8 的外部数据存储器,需要(　　)片存储芯片,共需使用(　　)条地址线。其中(　　)条用于存储单元选择,(　　)条用于芯片选择。
2. 三态缓冲器的三态分别是(　　)、(　　)和(　　)。
3. 80C51 单片机系统整个存储空间由 4 个部分组成,分别为(　　)个地址单元的内部(　　)存储器,(　　)个地址单元的内部(　　)存储器,(　　)个地址单元的外部(　　)存储器,(　　)个地址单元的外部(　　)存储器。
4. 在 80C51 单片机系统中,为外扩展存储器准备了(　　)条地址线,其中低位地址线由(　　)提供,高位地址线由(　　)提供。
5. 在 80C51 单片机系统中,存储器并行外扩展涉及的控制信号有(　　)、(　　)、(　　)、(　　)和

（　　）。其中用于分离低8位地址和数据的控制信号是（　　），它的频率是晶振频率的（　　）分之一。

6. 起止地址为0000H～3FFFH的外扩展存储器芯片的容量是（　　）KB。若外扩展存储器芯片的容量为2 KB，起始地址为3000H，则终止地址应为（　　）。

7. 与微型机相比，单片机必须具有足够容量的程序存储器是因为它没有（　　）。

8. 在存储器扩展中，无论是线选法还是译码法，最终都是为扩展芯片的（　　）引脚端提供信号。

9. 由一片80C51和一片2716组成的单片机最小系统。若2716片选信号$\overline{CE}$接地，则该存储芯片连接共需（　　）条地址线。除数据线外，系统中连接的信号线只有（　　）和（　　）。

（二）单项选择题

1. 下列有关单片机程序存储器的论述中，错误的是（　　）
   (A) 用户程序保存在程序存储器中
   (B) 断电后程序存储器仍能保存程序
   (C) 对于程序存储器只使用 MOVC 一种指令
   (D) 执行程序需要使用 MOVC 指令从程序存储器中逐条读出指令

2. 下列有关单片机数据存储器的论述中，错误的是（　　）
   (A) 数据存储器只使用 MOV 指令进行读/写
   (B) 堆栈在数据存储器中开辟
   (C) 数据存储器只用于保存临时数据
   (D) 专用寄存器也是数据存储器的一部分

3. 在单片机系统中，1 KB 表示的二进制位数是（　　）
   (A) 1000　　　　(B) 8×1000
   (C) 1024　　　　(D) 8×1024

4. 在下列信号中，不是供外扩展程序存储器使用的是（　　）
   (A) $\overline{PSEN}$　　(B) $\overline{EA}$　　(C) ALE　　(D) $\overline{WR}$

5. RAM 是随机存储器的意思，随机存储器的准确含义是（　　）
   (A) 存储器内各存储单元的存取时间相等
   (B) 可以在任何时刻随机读/写存储器内各存储单元
   (C) 随机表示既可读又可写
   (D) 随机是易失的意思，因为随机存储器具有易失的特点

6. 若在系统中只扩展一片 Intel 2732(4K×8)，除应使用 P0 口的 8 条口线外，至少还应使用 P2 口的口线（　　）
   (A) 4条　　(B) 5条　　(C) 6条　　(D) 7条

7. 下列叙述中，不属于单片机存储器系统特点的是（　　）
   (A) 程序和数据两种类型的存储器同时存在
   (B) 芯片内外存储器同时存在
   (C) 扩展数据存储器与片内数据存储器存储空间重叠
   (D) 扩展程序存储器与片内程序存储器存储空间重叠

8. 在80C51单片机系统中，为解决内外程序存储器衔接问题所使用的信号是（　　）
   (A) $\overline{EA}$　　(B) $\overline{PSEN}$　　(C) ALE　　(D) $\overline{CE}$

第 7 章

单片机并行 I/O 扩展

7.1 单片机 I/O 扩展基础知识

使用单片机本身的 I/O(Input/Output)口,可以实现一些简单的数据输入/输出传送,例如,开关状态的输入,发光二极管的驱动输出等。但是对于复杂的 I/O 操作,必须有接口电路的协调与控制才能进行。所以 I/O 扩展的主要内容是接口问题。

7.1.1 I/O 接口电路的功能

看到本节题目可能会产生疑问,存储器扩展与 I/O 扩展同样都是系统扩展,为什么 I/O 扩展存在接口问题,而存储器扩展却没有? 下面作简单说明。

在单片机系统中,主要有两类数据传送操作,一类是单片机和存储器之间的数据读/写操作,另一类是单片机和外部设备之间的数据传送操作。由于存储器与单片机具有相同的电路和信号形式,能相互兼容直接使用,因此,存储器与单片机之间采用同步定时工作方式,它们之间只要在时序关系上能相互满足就可以正常工作。所以存储器与单片机之间的信号可直接连接,不存在接口的问题。

而外部设备的速度十分复杂,必须通过 I/O 接口电路实现。面对复杂的接口要求,接口电路应具有如下基本功能。

1. 速度协调

外部设备之间的速度差异很大,对于慢速设备,例如,开关、继电器和机械传感器等,每秒产生不了一个数据;而对于高速采样设备,每秒要传送成千上万个数据位。面对各种设备的速度差异,单片机无法按固定的时序以同步方式进行 I/O 操作,只能以异步方式进行,也就是只有在确认设备已为数据传送做好准备的前提下才能进行 I/O 操作。为此需要接口电路产生状态信号或中断请求信号,表明设备是否做好准备。即通过接口电路来进行单片机与外部设备之间的速度协调。

2. 输出数据锁存

由于 CPU 的速度快,数据信号在总线上维持的时间十分短暂,以至于输出设备还来不及接收,数据信号就消失了。为此,需要有接口电路把输出数据先锁存起来,待输出设备为接收数据做好准备后,再把数据传送给它。这就是接口电路的数据锁存功能。

3. 数据总线隔离

数据总线上可能连接着多个数据源(输入设备)和多个数据负载(输出设备)。但在任一时刻,总线上只能进行一个源和一个负载之间的数据传送,当一对源和负载的数据传送正在进行时,所有其他不参与的设备在电性能上必须与总线隔开。如何使这些设备在需要时与数据总线接通,而在不需要时又能及时断开,这就是接口电路的总线隔离功能。

为了实现总线隔离,需要有接口电路提供具有三态缓冲功能的三态缓冲电路。所谓三态,是指低电平状态、高电平状态和高阻抗状态。实际上三态缓冲电路是具有三态输出的门电路,所以也称三态门(TSL)。当其输出为高或低电平时,是对数据总线的驱动方式;当其输出为高阻抗时,是对总线的隔离方式(也称浮动状态)。这时,缓冲器对数据总线不产生影响,犹如缓冲器与总线隔开一样。驱动方式和隔离方式是可控的,有专门的控制信号控制缓冲器的输出是驱动方式还是隔离方式。

4. 数据转换

外部设备种类繁多,不同设备之间的性能差异很大,信号形式也多种多样。例如,既有电压信号,也有电流信号;既有数字信号,还有模拟信号等。而单片机只能使用数字信号,如果外部设备所提供或需要的不是电压形式的数字信号,就需要有接口电路进行转换,其中包括模/数转换和数/模转换等。

5. 增强驱动能力

通过接口电路为输出数据提供足够的驱动功率,以保证外部设备能正常、平稳地工作。

7.1.2 关于接口电路的更多说明

1. 接口与接口电路

"接口"一词是由英文 Interface 翻译而来,具有界面、相互联系等含义,通过接口能使两个被连接的器件协同工作。接口的概念范围很宽,例如,计算机屏幕上显示的由菜单、图形或提示内容等构成的用户界面,就可以看成是程序与用户之间的接口。而本书所讨论的单片机接口,则是研究单片机与外部设备之间的连接问题。其中包括监控设备(控制对象)和输入/输出设备等,一般把它们统称为外部设备。单片机与外部设备之间接口界面的硬件电路称为接口电路,或称为I/O接口电路。

2. 口或端口

为了实现I/O接口电路的界面功能,在接口电路中应包含一些寄存器,例如,数据寄存器用于保存输入/输出数据,状态寄存器用于保存设备的状态信息,命令寄存器用于接收来自单片机的控制命令等。由于在实现接口功能过程中,单片机需要对这些寄存器进行读/写操作,因此,这些寄存器应该是可寻址的。通常把接口电路中这些已编址并能进行读或(和)写操作的寄存器称为端口或简称口(Port)。在CPU看来,端口就是可以用来发送或接收数据的单元地址。一个接口电路中可能包括多个端口,例如,数据口、状态口和命令口等。

完整的接口功能是靠软硬件相结合实现的,而口则是供用户使用的硬件内容,用户在进行扩展连接和编写相关程序时,要用到接口电路中的各个口,为此就需要知道这些口的设置和编址情况。正因为如此,在介绍接口电路时,尽管有些控制逻辑等可以忽略不提,但是有关口的情况却要详细列出。

3. I/O接口的特点

外部设备和I/O操作的复杂性,使接口电路成为单片机与外部设备之间必不可少的界面,通过接口电路居中协调和控制,保证外部设备的正常工作。有关I/O接口的特点可归结为如下3点:

① 异步性。平时单片机与外部设备按各自的时序并行工作,只有在需要时外部设备才通过接口电路接受单片机的控制。

② 实时性。单片机对外部设备的控制以查询或中断方式进行,以便最大限度地实现控制的实时化。

③ 与设备无关性。接口芯片不一定是专用的,同一个接口芯片通过软件设置可为多种设备实现接口。

4. 并行接口与串行接口

按数据传输方式的不同,接口有并行与串行之分,即并行接口与串行接口。本章讲述的都是并行接口,串行接口放在第9章中介绍。

7.1.3 I/O编址技术

为了对I/O接口电路中的寄存器(端口)进行读/写操作,就需要对它们进行编址,所以就出现了I/O编址问题。有两种I/O编址方式:统一编址方式和独立编址方式。

在80C51单片机系统中,采用统一编址方式。所谓统一编址方式,就是把I/O接口中的寄存器与外扩展的数据存储器中的存储单元同等对待,合在一起使用同一个64 KB的外扩展地址空间。I/O和存储器的统一编址,使得I/O口也得采用16位地址编址,并使用数据存储器读/写指令进行I/O操作,而不需要专门的I/O指令,这不但方便而且也增强了I/O操作的功能。所以现在大部分单片机都采用统一编址方式。

与统一编址方式对应的是独立编址方式。所谓独立编址方式,就是把I/O与存储器分开进行编址。这样,在一个单片机系统中就形成了两个独立的地址空间:存储器地址空间和I/O地址空间。独立编址方式的优点是两个地址空间相互独立界限分明,但同时也存在许多麻烦并增加系统开销,所以独立编址方式在单片机中较少采用。

7.1.4 单片机I/O控制方式

单片机的I/O操作有3种控制方式:无条件方式、查询方式和中断方式。可根据具体情况选用合适的控制方式。

1. 无条件方式

无条件传送也称为同步程序传送。只有那些能一直为I/O操作作好准备的设备,才能使用无条件传送方式。在进行无条件I/O操作时,无需测试设备的状态,可以根据需要随时进行I/O操作。无条件传送适用于两类设备的I/O操作。一类是具有常驻的或变化缓慢的数据信号的设备。例如,机械开关、指示灯、发光二极管、数码管等,可以认为它们随时为数据输入/输出处于"准备好"状态。另一类则是工作速度非常快,足以和单片机同步工作的设备,例如数/模转换器(DAC),由于它是并行工作的,转换速度非常快,因此,单片机可以随时向其传送数据,进行数/模转换。

2. 查询方式

查询方式又称有条件传送方式,即I/O操作是有条件的。为此,在I/O操作前,要检测设备的状态,以了解设备是否已为I/O操作做好准备,只有在确认设备已"准备好"的情况下,单片机才能执行I/O操作。检测也称为"查询",所以就把这种有条件的I/O控制方式称为查询方式。

为实现查询方式的I/O控制,需要由接口电路提供设备状态,单片机以软件方法进行状态测试。因此,这是一种软硬件相结合的I/O控制方式。接口电路中的状态寄存器或状态位就是为此而准备的。

查询方式电路简单,查询软件也不复杂,而且通用性强,因此,适用于各种外部设备的I/O操作。但是查询过程对单片机来说是一个无用的开销,所以查询方式只适用于规模比较小的单片机系统。

3. 中断方式

中断方式与查询方式的主要区别在于如何知道外部设备是否为I/O操作做好准备。查询是单片机的主动行为,而中断方式则是单片机等待通知(中断请求)的被动行为。所以采用中断方式的前提是通过接口电路能发出中断请求信号。

采用中断方式进行I/O控制时,当设备做好准备之后,就向单片机发出中断请求。单片机接收到中断请求之后作出响应,暂停正在执行的原程序,而转去执行中断服务程序,通过执行中断服务程序完成一次I/O操作,然后程序返回,单片机再继续执行被中断的原程序。虽然中断方式的I/O控制涉及中断请求、中断响应、暂停原程序而转去执行中断服务程序以及中断返回等一系列过程,但是由于单片机速度很快,从宏观上看就如同单片机一边执行原程序,一边与设备进行 I/O 操作,这就是通常所说的单片机与外部设备的并行工作。

中断方式效率较高,所以在单片机系统中被广泛采用。但中断请求是一种不可预知的随机事件,所以实现起来对单片机系统的硬件和软件都有较高的要求。此外,在中断处理时仍然有较多的无用开销。

7.2 可编程并行接口芯片 8255

目前的接口电路都已集成化,芯片种类很多,由于篇幅所限,本教材只介绍一个接口芯片 8255,它是 Intel 公司产品,因其工作方式和操作功能等可通过程序进行设置和改变,所以称为可编程接口芯片。

7.2.1 8255 硬件逻辑结构

8255 的全称是"可编程并行输入/输出接口芯片",具有通用性强且使用灵活等优点,可用于实现 80C51 系列单片机的并行 I/O 口扩展。

8255 是一个 40 引脚的双列直插式集成电路芯片,其引脚排列如图 7.1 所示。

按功能可把 8255 的内部结构分为 3 个逻辑电路部分,分别为:口电路、总线接口电路和控制逻辑电路。如图 7.2 所示。

1. 口电路

8255 共有 3 个 8 位口,其中 A 口和 B 口是单纯的数据口,供数据输入/输出使用。而 C 口则既可以作数据口使用,又可以作控制口使用,主要用于实现 A 口和 B 口的控制功能。因此,在使用中常把 C 口分为两部分,即 C 口高位部分(PC7~PC4)和 C 口低位部分(PC3~PC0)。

数据传送中 A 口所需的控制信号由 C 口高位部分提供,因此,把 A 口和 C 口高位部分合在一起称为 A 组;同理,把 B 口和 C 口低位部分合在一起称为 B 组。

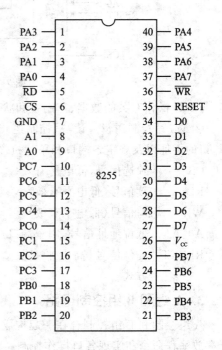

图 7.1　8255 芯片引脚图

2. 总线接口电路

总线接口电路用于实现 8255 和单片机芯片的信号连接。其中包括:

① 数据总线缓冲器。数据总线缓冲器为 8 位双向三态缓冲器,可直接与系统数据总线相

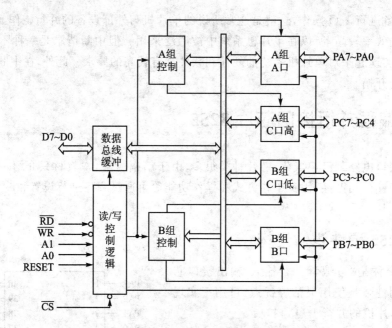

图 7.2　8255 的逻辑结构

连,与 I/O 操作有关的数据、控制字和状态信息都是通过该缓冲器进行传送的。

② 读/写控制逻辑。读/写控制逻辑用于实现 8255 的硬件管理,其内容包括:芯片的选择,口的寻址以及规定各端口和单片机之间的数据传送方向等。相关的控制信号有:

$\overline{CS}$　　片选信号(低电平有效)。

$\overline{RD}$　　读信号(低电平有效)。

$\overline{WR}$　　写信号(低电平有效)。

A0、A1　低位地址信号,用于端口选择。8255 共有 4 个可寻址的端口。

RESET　复位信号(高电平有效)。芯片复位后,控制寄存器清 0,各端口被置为输入方式。

3. A 组和 B 组控制电路

A 组控制和 B 组控制合在一起构成 8255 的控制电路,其中包括一个 8 位控制寄存器,用于存放编程命令和实现各口操作控制。

4. 中断控制电路

8255 逻辑电路中还包含一个中断控制电路(在图中没有画出)。中断控制电路中对应 A、B 两个口各有一个中断触发器,即触发器 A 和触发器 B,用于对中断的允许和禁止进行控制。置位为允许,复位为禁止。对两个触发器的置位和复位控制是通过口 C 的有关位进行的,具体划分是:在输入方式下,PC4 对应触发器 A,PC2 对应触发器 B;在输出方式下,PC6 对应触发器 A，PC2 对应触发器 B。

7.2.2　8255 工作方式

8255 共有 3 种工作方式：方式 0、方式 1 及方式 2。

1. 方式 0(基本输入/输出方式)

方式 0 适用于无条件数据传送，因为没有条件限制，所以数据传送可随时进行。两个 8 位口(A 口和 B 口)和两个 4 位口(C 口高位部分和 C 口低位部分)都可以分别或同时设置为方式 0。

在方式 0 下，4 个口可以有 16 种输入/输出组合，分别为："A 输入 B 输入 C 高位输入 C 低位输入"、"A 输入 B 输入 C 高位输入 C 低位输出"、……、"A 输入 B 输出 C 高位输出 C 低位输出"、"A 输出 B 输出 C 高位输出 C 低位输出"等。

2. 方式 1(选通输入/输出方式)

方式 1 是选通输入/输出方式。8255 的"选通"是通过信号的"问"与"答"，以联络方式(或称握手方式)实现的。所以这种数据传送方式是有条件的，适用于以查询或中断方式进行控制。

在方式 1 下，A 口和 B 口是数据口，C 口是控制口，用于传送和保存数据口所需要的联络信号。这些联络信号如表 7.1 所列。

在该方式下，A 口和 B 口的联络信号都是 3 个。在具体应用中，如果只有一个口按方式 1 使用，需占用 11 位(8+3=11)口线，剩下的 13 位口线可按其他方式使用；如果两个口都按方式 1 使用，则只剩下 2 位口线可作它用。

3. 方式 2(双向数据传送方式)

方式 2 是在方式 1 的基础上加上双向传送功能，但只有 A 口才能选择这种工作方式，这时 A 口既能输入数据又能输出数据。如果把 A 口置于方式 2 下，则 B 口只能工作于方式 0。方式 2 适用于查询或中断方式的双向数据传送。在这种方式下需使用 C 口的 5 位口线作控制线。

表 7.1　C 口联络信号定义

C口位线	方式 1		方式 2	
	输　入	输　出	输　入	输　出
PC7		$\overline{OBFA}$		$\overline{OBFA}$
PC6		$\overline{ACKA}$		$\overline{ACKA}$
PC5	IBFA		IBFA	
PC4	$\overline{STBA}$		$\overline{STBA}$	
PC3	INTRA	INTRA	INTRA	INTRA
PC2	$\overline{STBB}$	$\overline{ACKB}$		
PC1	IBFB	$\overline{OBFB}$		
PC0	INTRB	INTRB		

7.2.3　8255 的编程内容

8255 是可编程接口芯片，主要编程内容是两条控制命令，即工作方式命令和 C 口位置位/

复位命令。编程写入的命令保存在它的控制寄存器中。由于这两条命令是通过标志位(最高位)状态进行区别,所以可按同一地址写入且不受先后顺序限制。

1. 工作方式命令

工作方式命令用于设定各数据口的工作方式及数据传送方向。命令的最高位(D7)是标志位,其状态固定为1。命令格式如图7.3所示。

对工作方式命令有如下两点说明:

- A口有3种工作方式,而B口只有两种工作方式;
- 在方式1和方式2下,对C口的定义(输入或输出)不影响作为联络信号使用的C口各位的功能。

2. C口位置位/复位命令

在方式1和方式2下,C口用于定义控制信号和状态信号,因此,C口的每一位都可以进行置位或复位。对C口各位的置位或复位是由位置位/复位命令进行的。8255的位置位/复位命令格式如图7.4所示。

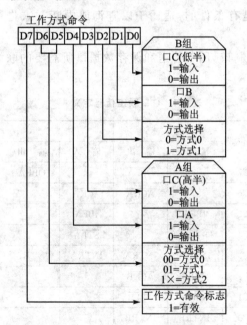

图7.3 8255工作方式命令格式

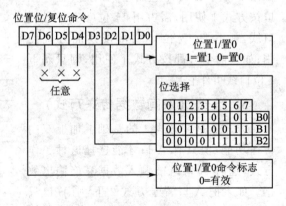

图7.4 8255位置位/复位命令格式

其中D7为该命令的标志,其状态固定为0。在使用时,该命令每次只能对C口中的一位进行置位或复位。

3. 初始化编程

8255 初始化的内容就是向控制字寄存器写入命令。例如,若对 8255 各口作如下设置:A 口方式 0 输入,B 口方式 1 输出,C 口高位部分为输出低位部分为输入。设控制寄存器地址为 0003H。按各口的设置要求,工作方式命令字为 10010101,即 95H。则初始化程序段应为:

```
MOV R0,＃03H
MOV A,＃95H
MOVX @R0,A
```

7.2.4 8255 接口应用

1. 8255 的 I/O 控制方式

8255 中可以使用无条件方式、查询方式和中断方式共 3 种 I/O 控制方式。

(1) 无条件方式

以方式 0 进行数据输入/输出,就是无条件传送方式。

(2) 查询方式

在方式 1 和方式 2 下,都可以使用查询方式进行数据传送。数据输入时,供查询的状态信号是 IBF(对应 A 口为 IBFA,B 口为 IBFB),因为传送这些信号的口线分别为 PC5 和 PC1,所以查询时就是对输入这些口线的状态进行测试。

数据输出时,供查询的状态信号是 $\overline{OBF}$(对应 A 口为 $\overline{OBFA}$,B 口为 $\overline{OBFB}$),被测试的口线为 PC7 和 PC1。

(3) 中断方式

在方式 1 和方式 2 下,都可以使用中断方式进行数据传送。中断请求信号是 INTR(对应 A 口为 INTRA,B 口为 INTRB),传送中断请求信号的口线分别为 PC3 和 PC0,所以在硬件连线时要使用这些口线。

2. 端口选择及读/写控制

8255 共有 4 个可寻址端口:A 口、B 口、C 口和控制寄存器,由 $\overline{CS}$ 和地址 A0、A1 的状态组合进行选择,由读/写信号 $\overline{RD}$ 和 $\overline{WR}$ 进行端口操作控制,具体设置见表 7.2。

表 7.2 8255 端口选择及读/写控制表

$\overline{CS}$	A1	A0	$\overline{RD}$	$\overline{WR}$	选择端口	端口操作
0	0	0	0	1	A 口	读端口 A
0	0	1	0	1	B 口	读端口 B
0	1	0	0	1	C 口	读端口 C

续表 7.2

$\overline{CS}$	A1	A0	$\overline{RD}$	$\overline{WR}$	选择端口	端口操作
0	0	0	1	0	A口	写端口 A
0	0	1	1	0	B口	写端口 B
0	1	0	1	0	C口	写端口 C
0	1	1	1	0	控制寄存器	写控制命令
1	×	×	×	×	—	数据总线缓冲器输出端呈高阻抗

注意：其中的控制寄存器只有写操作。对于端口选择信号，在接口电路中 A0、A1 分别接地址线 A0、A1。而 $\overline{CS}$ 信号，在线选法中直接与一条高位地址线连接，在译码法中接地址译码器的输出。

7.3 键盘接口技术

键盘是单片机不可缺少的人机交互设备，键盘上的键犹如一个机械开关，手按下键闭合，手放开键释放。但这里所指的键盘不是 PC 机使用的标准键盘，在单片机系统中通常使用的键盘是价格便宜的非编码矩阵式键盘。矩阵式键盘的键排列成矩阵形式，在行与列的每个交点上对应有一个键。

7.3.1 键扫描和键码生成

键盘接口讨论的是单片机如何通过接口芯片与键盘连接，以实现通过键盘扫描发现闭合键并产生键码。下面按过程顺序介绍有关内容。

1. 键盘举例

为说明键盘的工作原理，以一个 8 行×4 列的矩阵键盘为例，如图 7.5 所示。

键盘上有行线和列线之分，本键盘共有 8 条行线 4 条列线。在行线和列线的交点处有一个键，由于行线与列线分别与键的不同端相连，平时键处于断开状态，所以行线和列线互不相通。接口时，行线一端接输出口，另一端悬空；而列线一端经电阻接 +5 V 电源，另一端接输入口。由于列线通过电阻与 +5 V 电源相连，所以列线的初始状态为高电平。

实际上，列线上的电阻及其连接的电源不是必须的，因为如果列线输入口引脚的内部有上拉电阻，就可以解决列线的常态高电平问题。图中画出电阻和电源只是原理说明的需要。

2. 键 码

键盘上的每个键都担负一项处理功能，而处理功能是通过软件实现的，所以键盘接口必须有软件配合。为此，键盘上每个键都对应有一个处理程序段，键的功能是通过运行这个程序段

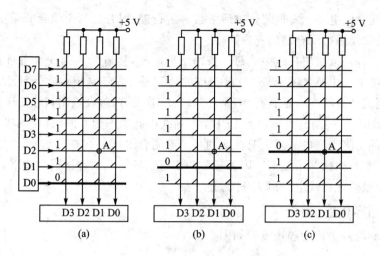

图 7.5 键盘扫描示意图

实现的。为了在程序中能顺利地分支到键处理程序段,就需要对键进行编码,称为键码,以便能按键码进行程序分支。键的编码没有统一标准,只要能实现键处理程序的正确分支就可以,因此,就存在多种多样的键编码方法。

最常用的编码方法是以键在键盘矩阵中的位置,从 0 开始按自然数顺序进行编码,键码以十六进制数表示。例如,表 7.3 所列的是图 7.5 键盘上各键的键码,其值从 00H～1FH。

表 7.3 中,左边第一列的内容对应各行的扫描码,最后一行的内容是对应列有闭合键时的状态码(或称返回码)。表中内容为键码,注意键码排列的规律性。

3. 键盘扫描

通常把键盘上被按下的键称为闭合键。为了识别闭合键,即判定键盘上有没有键被按下以及哪个键被按下,有行扫描法和线反转法两种方法可供选用,在单片机中常用的是行扫描法,简称扫描法。

这里介绍的键盘扫描是由软件实现的。软件方法键盘扫描是在扫描程序驱动下进行的,所以扫描过程也就是扫描程序的执行过程。

表 7.3 键码表

7FH	1FH	17H	0FH	07H
BFH	1EH	16H	0EH	06H
DFH	1DH	15H	0DH	05H
EFH	1CH	14H	0CH	04H
F7H	1BH	13H	0BH	03H
FBH	1AH	12H	0AH	02H
FDH	19H	11H	09H	01H
FEH	18H	10H	08H	00H
	F7H	FBH	FDH	FEH

开始前,通过程序反复不断地进行闭合键查找,即看看键盘中是否有闭合键,为此,应先使行线输出口输出全 0,再读回列线状态,若列线状态为全 1,则表明没有键被按下;若不为全 1,则表明有键被按下。因为当有键被按下时,由于行线与列线在闭合键交点处接通,使穿过闭合

键的那条列线变为低电平。发现闭合键后才接着进行键盘扫描,判定闭合的是哪个键;若无闭合键,就返回去重复进行闭合键的查找。

键盘扫描过程是依次使行线中的每一条输出低电平,接着输入列线状态进行有无闭合键的判定。假定图7.5中A键被按下,键盘扫描的过程是:先经输出口在行线上输出FEH,然后输入列线,测试列线状态中是否有0(图7.5(a))。若没有,再经输出口输出FDH,再测试列线状态(图7.5(b))……当行线输出为FBH时,列线中有状态为0的位,列线状态为FB(假定输入口中没用的引脚为高电平),说明在该列线上有闭合键(图7.5(c))。

发现闭合键后,扫描并未结束。因为还要判定是否还有其他键被同时按下,所以扫描还应继续下去,直至最后在行线上输出7FH为止。

4. 键盘扫描程序流程

从行扫描到键码生成的程序流程如图7.6所示。

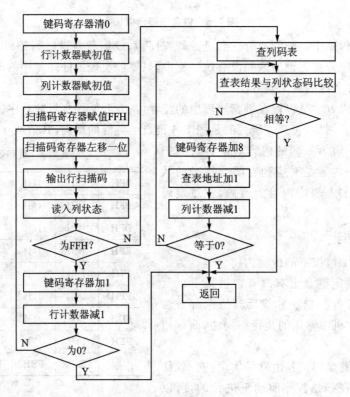

图7.6 扫描程序流程

从行的方面看,为形成行扫描码设置一个扫描码寄存器。参照图7.5,由于扫描是从最下行开始的,所以扫描码寄存器赋初值FEH。以后其他各行的扫描码可以通过扫描寄存器左移一位来形成。从列的方面看,为了与扫描过程中读回的列状态进行比较,可预先把各列的状态码写成一个数据表,称为列码表。以便每次扫描与读回的列状态进行比较。

为了生成和保存键码,还设置了一个键码寄存器,并赋初值 00H。行计数器和列计数器用于控制扫描。

5. 去抖动

在键盘扫描过程中还有去抖动的问题。每当确认有键被按下后,都应当进行去抖动处理。因为键在被按下时,由于机械触点的弹性以及电压突跳等原因,在触点闭合及释放的瞬间将出现电压抖动,如图 7.7 所示。

键闭合及断开时都会出现电压抖动,但对键盘工作有影响的是键闭合时的抖动,所以这里所说的"去抖动"是针对键闭合时产生的抖动。而键断开时产生的抖动由于对键盘工作没有影响,所以不用考虑。

为了保证键扫描的正确性,每当扫描到有闭合键时,都要进行去抖动处理。去抖动处理有软件和硬件两种方法。

软件去抖动方法是采用时间延迟以躲

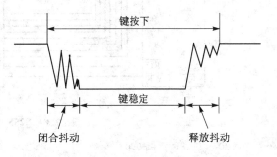

图 7.7 键闭合和断开时的电压抖动

过抖动(延时时间为 10～20 ms 即可),待状态稳定之后,再进行列线状态的输入和判定。键抖动时间的长短与其机械特性有关,一般为 5～10 ms。而键的稳定闭合时间,与操作者的按键动作有关,大约为十分之几秒到几秒不等。这样 10～20 ms 的延时,既可以避开抖动,又不会超出键稳定闭合的时间区间。

延时既可用程序实现,也可用电路实现。例如,8279 接口芯片的去抖动功能,就是用电路延时方法实现的。硬件方法是在键盘中附加去抖动电路,以抑制抖动的产生,具体可使用双稳态电路或滤波电路等,但硬件去抖动需增加成本。

7.3.2 用 8255 实现键盘接口

1. 接口电路逻辑图

以 8255 作 8×4 键盘的接口为例。A 口为输出口,接键盘行线。C 口为输入口,以 PC3～PC0 接键盘的 4 条列线。如图 7.8 所示。

图 7.8 中,假定 A 口地址为 8000H,则 B 口地址为 8001H,C 口地址为 8002H,控制寄存器地址为 8003H。

2. 判断有无闭合键的子程序

判断有无闭合键的子程序为 KS,以供在键盘扫描程序中调用。执行 KS 子程序的结果是:有闭合键,则(A)≠0;无闭合键,则(A)=0。程序如下:

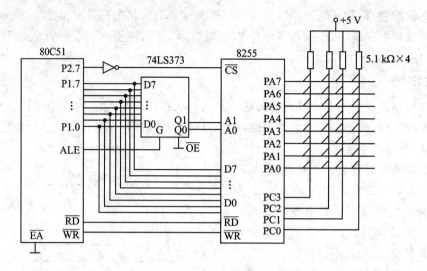

图 7.8 8255 作键盘接口

```
KS: MOV   DPTR,  #8000H
    MOV   A,     #00H          ;A 口送 00H
    MOVX  @DPTR, A
    INC   DPTR
    INC   DPTR                 ;建立 C 口地址
    MOVX  A,     @DPTR         ;读 C 口
    CPL   A                    ;A 取反,若无键按下,则全为 0
    ANL   A,     #0FH          ;屏蔽 A 高半字节
    RET
```

3. 键盘扫描程序

在单片机应用系统中常常是键盘和显示器同时存在,因此,可以把键盘程序和显示程序配合起来使用,即把显示程序作为键盘程序中的一个延时子程序使用。这样既不耽误显示驱动,又可以起到键盘定时扫描的作用。假定本系统中显示器驱动程序为 DIR,执行时间约为 6 ms。键盘扫描程序如下,程序中 R2 为扫描码寄存器,R4 为行计数器。

```
KEY:  ACALL KS              ;检查是否有键闭合
      JNZ   LK1             ;A 非 0,则转移
      ACALL DIR             ;驱动显示器(延时 6 ms)
      AJMP  KEY
LK1:  ACALL DIR             ;有键闭合 2 次驱动显示器
      ACALL DIR             ;延时 12 ms 进行去抖动
      ACALL KS              ;再检查是否有键闭合
```

```
            JNZ     LK2                 ;有键闭合,转 LK2
            ACALL   DIR
            AJMP    KEY                 ;无键闭合,延时 6 ms 后转 KEY
LK2:        MOV     R2,#FEH             ;扫描初值送 R2
            MOV     R4,#00H             ;扫描行号送 R4
LK4:        MOV     DPTR,#8000H         ;建立 A 口地址
            MOV     A,R2
            MOVX    @DPTR,A             ;扫描初值送 A 口,扫描开始
            INC     DPTR
            INC     DPTR                ;指向 C 口
            MOVX    A,@DPTR             ;读 C 口
            JB      ACC.0,LONE          ;ACC.0=1,第 0 列无键闭合,转 LONE
            MOV     A,#00H              ;装第 0 列状态码起始值
            AJMP    LKP
LONE:       JB      ACC.1,LTWO          ;ACC.1=1,第 1 列无键闭合,转 LTWO
            MOV     A,#08H              ;装第 1 列状态码起始值
            AJMP    LKP
LTWO:       JB      ACC.2,LTHR          ;ACC.2=1,第 2 列无闭合,转 LTHR
            MOV     A,#10H              ;装第 2 列状态码起始值
            AJMP    LKP
LTHR:       JB      ACC.3,NEXT          ;ACC.3=1,第 3 列无键闭合,则转 NEXT
            MOV     A,#18H              ;装第 3 列状态码起始值
LKP:        ADD     A,R4                ;计算键码
            PUSH    ACC                 ;保护键码
LK3:        ACALL   DIR                 ;延时 6 ms
            ACALL   KS                  ;查键是否继续闭合,若闭合再延时
            JNZ     LK3
            POP     ACC                 ;若键起,则键码送 A
            RET
NEXT:       INC     R4                  ;扫描行号加 1
            MOV     A,R2
            JNB     ACC.7,KND           ;第 7 位为 0,已扫完最后一行,则转 KND
            RL      A                   ;扫描码循环左移一位
            MOV     R2,A
            AJMP    LK4                 ;进行上一行扫描
KND:        AJMP    KEY                 ;一轮扫描完毕,开始新的一轮扫描
```

键盘扫描程序的运行结果是把闭合键的键码放在累加器 A 中。键码的计算公式为:键码＝列状态码起始值＋行号。

7.4 LED 显示器接口技术

在单片机应用系统中,最简单、最常见的显示器件是 LED 显示器。

7.4.1 LED 显示器概述

LED 是 Light Emiting Diode(发光二极管)的缩写,发光二极管是能将电信号转换为光信号的电致发光器件。由条形发光二极管组成"8"字形的 LED 显示器,也称数码管。

通过数码管中发光二极管的亮暗组合,可以显示多种数字、字母以及其他符号。数码管有 7 段数码管和 8 段数码管之分。7 段数码管由 7 个发光二极管组成,而 8 段数码管则是在 7 段发光二极管的基础上再加一个圆点型发光二极管(在图中以 dp 表示),用于显示小数点。8 段数码管中发光二极管的排列形状如图 7.9(a)。

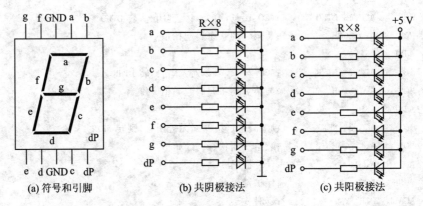

(a) 符号和引脚　　(b) 共阴极接法　　(c) 共阳极接法

图 7.9　8 段 LED 显示器

数码管能够被广泛使用,与其具有的许多特点是分不开的,其中包括:

① 发光响应快,亮度强,高频特性好;而且随着材料的不同,数码管还能发出红、黄、绿、蓝、橙等多种颜色的光。

② 机械性能好,体积小,重量轻,价格低廉;能与 CMOS 和 TTL 电路配合使用;使用寿命长,可达 $10^5 \sim 10^6$ h。

③ 工作电压低,驱动电流适中。每段工作电流为 $5 \sim 10$ mA,一只数码管的 7 段 LED 全亮需要电流为 $35 \sim 70$ mA。这样大的电流需要由驱动电路提供,因此,使用时要注意数码管的驱动问题。

在使用中,为了给发光二极管加驱动电压,它们应有一个公共引脚,公共引脚共有如下两种连接方法:

① 共阴极接法。把发光二极管的阴极连在一起构成阴极公共引脚,如图 7.9(b)所示。

使用时阴极公共引脚接地,这样阳极引脚上加高电平的发光二极管就导通点亮,而加低电平的则不点亮。

② 共阳极接法。把发光二极管的阳极连在一起作为阳极公共引脚,如图 7.9(c)所示。使用时阳极公共引脚接+5 V。这样阴极引脚上加低电平的发光二极管即可导通点亮,而加高电平的则不点亮。

7.4.2 LED 显示器显示原理

1. 段 码

所谓段码就是为数码管显示提供的各段状态组合,即字形代码。7 段数码管的段码为 7 位,8 段数码管的段码为 8 位,用一个字节即可表示。在段码字节中代码位与各段发光二极管的对应关系如下:

段码	D7	D6	D5	D4	D3	D2	D1	D0
段名	dp	g	f	e	d	c	b	a

段码的值与数码管公共引脚的接法(共阳极和共阴极)有关。以 8 段数码管为例,显示十六进制数的段码值在表 7.4 中列出。

表 7.4 十六进制数段码表

数字	共阳极段码	共阴极段码	数字	共阳极段码	共阴极段码
0	C0H	3FH	9	90H	6FH
1	F9H	06H	A	88H	77H
2	A4H	5BH	B	83H	7CH
3	B0H	4FH	C	C6H	39H
4	99H	66H	D	A1H	5EH
5	92H	6DH	E	86H	79H
6	82H	7DH	F	8EH	71H
7	F8H	07H	灭	FFH	00H
8	80H	7FH			

2. LED 显示器动态显示方式

并排使用的多位数码管称为 LED 显示器。LED 显示器多采用动态显示方式,全部数码管共用一套段码驱动电路,各位数码管的同段引脚短接后再接到对应段码的驱动线上。显示时通过位控信号采用扫描的方法逐位地循环点亮各位数码管。动态显示虽然在任一时刻只有一位数码管被点亮,但是由于人眼具有的视觉残留效应,看起来与全部数码管持续点亮的效果完全一样。动态显示示意如图 7.10 所示。

LED 显示器动态显示需要为各位提供段码以及相应的位控制,此即通常所说的段控和位控。把 LED 显示器段码表预先存放在存储器中,使用时通过查表就可以得到段码。段码输出后送到公共段码线上,也可称为段控信号。而通过并行口输出的相互独立的位码则是起选通作用的,也称位控或扫描信号,用于选择显示位(图中为 sel1~sel4)。

动态显示具有硬件简单,功耗低和显示灵活性强等优点,但动态显示增加了驱动软件的复杂性,且显示亮度较低。

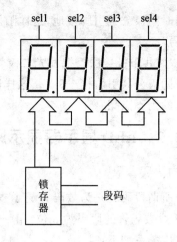

图 7.10　4 位数码管动态显示示意图

7.4.3　LED 显示器接口

为了实现 LED 显示器的动态显示,需要给数码管提供段码和位码,因此,要用到接口芯片的两个数据口,一个用于输出 8 位段码(带小数点显示),另一个用于输出位码,位码的位数等于数码管的个数。

1. 8255 实现 LED 显示器接口

图 7.11 是使用 8255 作 6 位 LED 显示器接口的接口电路。其中 PC 口为位码输出口,以 PC5~PC0 输出位控线。由于位控线的驱动电流较大,因此,PC 口输出加接 74LS06 进行反相并提高驱动能力。PA 口为段码输出口,各段码线的负载电流约为 8 mA,为提高显示亮度,加

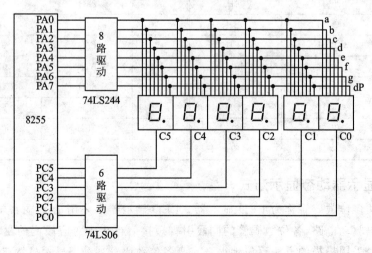

图 7.11　8255 作 6 位 LED 显示器接口电路

接 74LS244 进行段控输出驱动。

使用 8255 作 LED 显示器接口,8255 只能输出显示段码而不具有控制功能,动态控制要靠程序实现。对此有以下两点说明。

① 为了存放段码,通常要在 80C51 的内部 RAM 中设置一个显示缓冲区,存储单元个数与 LED 显示器的位数相同,一个单元对应一个显示位。例如,本例中有 6 个数码管,显示缓冲区就应当有 6 个单元,假定存储单元地址为 79H~7EH,与 LED 显示位的对应关系为:

LED5	LED4	LED3	LED2	LED1	LED0
7EH	7DH	7CH	7BH	7AH	79H

假设动态显示是从右向左进行的,则缓冲区的首地址为 79H。每显示一位,就到对应的单元读取段码。

② 为了保证显示亮度,在扫描过程中,应在每一位数码管上都驻留一段时间(约 1 ms),以使数码管稳定地点亮一段时间,以保证其显示亮度。为此在扫描过程中,位与位之间要加进一段时间延迟。

2. LED 显示驱动程序

假定 A 口地址为 8000H,B 口地址为 8001H,则 C 口地址为 8002H,控制寄存器地址为 8003H。则 LED 显示位控口地址为 8002H,段控口地址为 8000H。LED 显示程序如下,其中以 R0 存放当前位控值,DL 为延时子程序。

```
DIR:  MOV   R0, #79H        ;建立显示缓冲区首址
      MOV   R3, #01H        ;从右边开始显示
      MOV   A, R3           ;位控码初值
LD0:  MOV   DPTR, #8002H    ;位控口地址
      MOVX  @DPTR, A        ;输出位控码
      MOV   DPTR, #8000H    ;段控口地址
      MOV   A, @R0          ;取出显示数据
DIR0: ADD   A, #0DH
      MOVC  A, @A+PC        ;查表取字形代码
DIR1: MOVX  @DPTR, A        ;输出段控码
      ACALL DL              ;延时
      INC   R0              ;转向下一缓冲单元
      MOV   A, R3
      JB    ACC.5, LD1      ;判断是否到最高位,到,则返回
      RL    A               ;不到,向显示器高位移位
      MOV   R3, A           ;位控码送 R3 保存
      AJMP  LD0             ;继续扫描
```

```
LD1: RET
DSEG:DB      C0H              ;字形代码表
     DB      F9H
     DB      A4H
      ⋮
```

7.5 打印机接口技术

在单片机控制应用系统中,常有用纸介质来记录系统运行数据(数据、表格和曲线等)的需要,以备存档或查阅。因此,打印机是不可缺少的外部设备。

7.5.1 微型打印机概述

单片机系统的打印机多采用价格便宜、接口方便的微型打印机。例如,μP 系列微型打印机,由于其具有标准的 Centronic 接口标准,便于与各种单片机和智能化仪器仪表联机接口,因此,使用比较广泛。

按 Centronic 接口标准,μP 系列打印机共有 36 条信号线,但在单片机系统中应用时,都要进行信号简化,只使用几个必不可少的接口信号即可。因为 μP 系列打印机上有一个 20 线扁平插座,所以 μP 系列打印机与单片机之间可以通过一条 20 芯的扁平电缆线进行连接,信号引脚排列为:

(2)	GND	GND	GND	GND	GND	GND	GND	GND	$\overline{ACK}$	$\overline{ERR}$	(20)
(1)	$\overline{STB}$	DB0	DB1	DB2	DB3	DB4	DB5	DB6	DB7	BUSY	(19)

DB7~DB0——数据线,数据的传输是单向的,即从单片机传向打印机。

$\overline{STB}$——数据选通信号,低电平有效的打印机输入信号。该信号有效时,打印数据送入打印机,在其上升沿时,将数据锁存。

BUSY——打印机"忙"信号,打印机输出的状态信号。高电平表示打印机正忙于处理打印数据,此时单片机不得使 $\overline{STB}$ 信号有效,向打印机送入新数据。

$\overline{ACK}$——打印机应答信号,低电平有效。该信号是打印机已处理完所接收数据后的应答,亦即通知单片机可以发送新数据。

$\overline{ERR}$——出错信号,打印机输出。当打印命令格式有错时,打印机即输出一个宽度为 50 ms 的负脉冲信号。同时打印机还要打印输出一行出错信息。

在使用中可根据打印机驱动的需要,对这些信号进行连接,这些信号即为打印机的接口信号。

7.5.2 打印机接口

打印机有并行和串行两种接口方式,有些打印机只有并行接口信号或只有串行接口信号,而有些打印机则两者兼有。下面详细介绍并行接口方式。

1. 单片机与打印机直接连接

打印机的接口信号比较少,所以打印机的接口比较简单,甚至可以不用接口电路而直接与单片机连接,如图 7.12 所示。

打印机的 8 根数据线直接与 80C51 的 P1 口线连接,用一根地址线(P2.7)去选通 80C51 的读信号$\overline{RD}$和写信号$\overline{WR}$,选通后的$\overline{WR}$信号接打印机的$\overline{STB}$信号,选通后的$\overline{RD}$信号去控制打印机的 BUSY(送口线 P1.7)。

在打印机中只有一个数据寄存器,用于寄存打印数据。因为只使用地址线 P2.7 来控制读、写选通,所以数据口的地址为 7FFFH。由于打印机的数据寄存器具有锁存功能,能在$\overline{STB}$信号的控制下锁存送来的数据,所以在打印机接口时,可以省略锁存器。

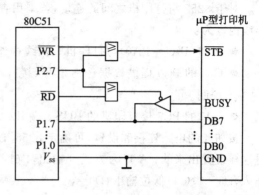

图 7.12 打印机与 80C51 直接连接

对于图 7.12 中的连接形式,只适宜使用查询方式控制打印,即对 BUSY 信号的状态进行查询。若要使用中断方式,应以$\overline{ACK}$信号作中断请求,即把$\overline{ACK}$信号与 80C51 的外中断引脚$\overline{INT0}$或$\overline{INT1}$相连。

2. 使用 8255 作打印机接口

如果 80C51 的口资源比较紧张,则需要使用接口芯片与打印机接口,例如,用 8255 作打印机接口芯片,如图 7.13 所示。

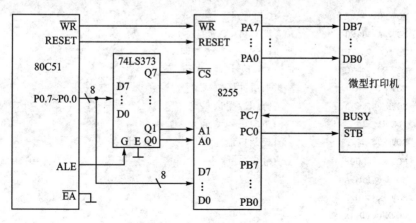

图 7.13 8255 作打印机接口

8255与80C51之间的连接采用线选法进行I/O编址,以P0.7作为8255的片选信号,所以把74LS373的Q7与8255的$\overline{CS}$端连接。以两个最低位地址对应接8255的口选择端A0和A1,如果把没连接的地址都假定为1,则8255的A口地址为7CH,B口地址为7DH,C口地址为7EH,控制寄存器地址为7FH。

对于8255与打印机之间的连接,若采用查询方式进行打印驱动控制,则8255与打印机的连线内容为:

- A口(PA7～PA0)与打印机数据线相连,传送打印数据。
- C口的PC0提供数据选通信号,接打印机的$\overline{STB}$端,进行打印数据送打印机的选通控制。
- C口的PC7接打印机的BUSY端,以BUSY作为状态查询信号。

按如此的电路连接和设置,可确定8255工作方式命令字为10001000(88H)。这个命令字是这样设置出来的:A口为方式0输出,D6D5D4＝000;B口不用,假定D2D1＝00;C口高位输入,D3＝1;C口低位输出,D0＝0。

3. 打印驱动程序

为编写打印驱动程序,在内部RAM中设置缓冲区,打印数据(包括数据、命令、回车换行符等)存放其中。为此应设置两个参数,一个是缓冲区首址R1,另一个是缓冲区长度R2。送给打印机的选通信号$\overline{STB}$是一个负脉冲,所以应当在打印数据从单片机送到8255后,在PC0端产生一个负脉冲。

```
        MOV R0, #7FH      ;控制寄存器地址
        MOV A, #88H       ;工作方式命令
        MOVX @R0, A       ;写入工作方式命令
TP:     MOV R0, #7EH      ;C口地址
TP1:    MOVX A, @R0       ;读C口
        JB ACC.7, TP1     ;BUSY=1,继续查询
        MOV R0, #7CH      ;A口地址
        MOV A, @R1        ;取缓冲区数据
        MOVX @R0, A       ;打印数据送8255
        INC R1            ;指向下一单元
        MOV R0, #7FH      ;控制口地址
        MOV A, #00H       ;输出STB脉冲
        MOVX @R0, A
        MOV A, #01H
        MOVX @R0, A
        DJNZ R2, TP       ;数据长度减1,不为0继续
        RET
```

练习题

(一) 填空题

1. 80C51 单片机 I/O 扩展占据的是(　　)存储器的地址空间,因此,其扩展连接只涉及(　　)、(　　)和(　　)3个控制信号。
2. 在单片机中,为实现数据的 I/O 传送,可使用 3 种控制方式,即(　　)方式、(　　)方式和(　　)方式。其中效率较高的是(　　)。
3. 简单输入口扩展是为了实现输入数据的(　　)功能,而简单输出口扩展是为了实现输出数据的(　　)功能。
4. 接口一个 36 键的行列式键盘,最少需要(　　)条 I/O 线。接口 4 位 7 段 LED 显示器,最少需要(　　)条 I/O 线。
5. 可编程接口芯片使用中往往需要多条命令,这些命令都通过一个命令寄存器写入,对于不同命令,可通过标志位或特征位的状态进行区分。其中 8255 的标志位在命令字的最(　　)位,为 1 时是(　　)命令,为 0 时是(　　)命令。
6. 向 8255 写入的工作方式命令为 0A5H,所定义的工作方式为：A 口为(　　),B 口为(　　),C 口高位部分为(　　),C 口低位部分为(　　)。
7. 通过 8255 口 B 输入 8 个按键的状态,然后通过口 A 输出送 LED 显示器,按键状态输入由 PC2 位控制。则 8255 的工作方式命令应为(　　)。

(二) 单项选择题

1. 下列有关 8255 并行接口芯片的叙述中,错误的是(　　)
   (A) 8255 的可编程性表现在它的工作方式命令和位置位/复位命令上
   (B) 8255 由于采用标志位状态区分命令,所以命令的写入次序不受限制
   (C) 在 8255 工作方式 0 下,3 个口可构成 16 种 I/O 组合
   (D) 在 8255 工作方式 1 下,只能使用中断方法而不能使用查询方法进行 I/O 操作
2. I/O 接口位于(　　)
   (A) 总线与设备之间　　　　　　(B) CPU 和 I/O 设备之间
   (C) 控制器与总线之间　　　　　(D) 运算器与设备之间
3. 在接口电路中"口"的精确定义应当是(　　)
   (A) 已赋值的寄存器　　　　　　(B) 8 位数据寄存器
   (C) 可寻址的可读或(和)可写寄存器　(D) 既可读又可写的寄存器
4. 下列理由中,不能说明 80C51 的 I/O 编址是统一方式而非独立方式的是(　　)
   (A) 没有专用的 I/O 指令
   (B) 没有区分存储器和 I/O 的控制信号
   (C) 使用存储器指令进行 I/O 操作
   (D) 通过地址线进行编址
5. 在 LED 显示中,为了输出位控和段控信号,应使用指令(　　)

(A) MOV (B) MOVX (C) MOVC (D) XCH

6. 下列有关可编程并行接口芯片的叙述中,不正确的是(　　)
(A) 可编程并行接口芯片使用前需进行初始化,向其控制寄存器写入相关信息
(B) 各可编程并行接口芯片内具有数目相同的控制寄存器、数据寄存器和状态寄存器
(C) 可编程并行接口芯片只供并行数据输入/输出使用,不能用于串行数据传送
(D) I/O 编址就是给每个接口芯片分配惟一的地址

(三) 其他类型题

1. 用 2 片 74LS377 可以为 6 位 LED 显示器提供输出接口,试画出电路连接图并编写驱动程序。
2. 用一片 74LS244 接入一个 BCD 码拨盘输入十进制数,再用一片 74LS377 接口 1 位 LED 显示器,把从拨盘输入的十进制数显示出来。试画出电路连接图并编程实现。
3. 用一片 74LS244 设计一个竞赛抢跑监视器。在各跑道的起跑线前埋设一个状态装置,由 74LS244 测试各跑道的状态装置信号,当出现抢跑时,通过点亮一个指示灯来提示发令员。试画出围绕 74LS244 芯片的电路连接图。
4. 只要把一个口线分时使用,就可以用一片 8255 实现 8×8 键盘和 8 位 LED 显示器的接口。试画出接口连接图。
5. 塑料制品生产的工艺过程及时间为:合模(0.5 s)→注塑(4.5 s)→加热(5 s)→开模(1 s)→卸件(3.5 s)→返回(2 s),这种既往返重复又断续的过程,不难用单片机进行控制。假定以 8255 作控制接口(方式 0),由 PB 口口线提供的各过程控制码如下,且 0.5 s 延时子程序 DELAY 可供调用。试编写控制程序。

工序	PB7	PB6	PB5	PB4	PB3	PB2	PB1	PB0	控制码
合模	0	0	0	0	0	0	0	1	01H
注射	0	0	0	0	0	0	1	0	02H
加热	0	0	0	0	0	1	0	0	04H
开模	0	0	0	0	1	0	0	0	08H
卸件	0	0	0	1	0	0	0	0	10H
返回	0	0	1	0	0	0	0	0	20H

6. 以绿、黄、红色 3 只共两组发光二极管模拟十字路口的交通信号灯控制实验。使两条路交替地成为放行线和禁止线,并定时变化:① 放行线,绿灯亮放行 25 s,黄灯亮警告 5 s,然后红灯亮禁止;② 禁止线,红灯亮禁止 30 s,然后绿灯亮放行。以 80C51 的 P1 口线直接接 6 只发光二极管,口线输出高电平"信号灯"亮,口线输出低电平则"信号灯"灭。试编程实现。

第 8 章

80C51 单片机串行通信

8.1 串行通信基础知识

两台计算机之间通过通信介质(包括电话线、微波中继站、卫星链路和物理电缆等)进行的数据传输称为通信(Communication)。由于通信通常采用按位顺序传输方式进行,所以也称为串行通信。

8.1.1 异步通信和同步通信

计算机的数据传输共有两种方式:并行数据传输和串行数据传输。并行数据传输的特点是各数据位同时传输,传输速度快,效率高。但并行数据传输时有多少数据位就需要有多少根数据线,因此,传送成本高。并行数据传输的距离通常不能大于 30 m,在计算机内部的数据传送都是并行的。串行数据传输的特点是数据传输按位顺序进行,只需一根传输线即可完成,成本低但速度慢,适用于远距离数据传输。常用的 Internet 网采用的就是串行数据传输。串行通信又分为异步传输(Asynchronous Transmission)和同步传输(Synchronous Transmission)两种方式,一般称为异步串行通信和同步串行通信。

1. 异步串行通信

异步串行通信是以字符为单位的间歇传输形式。传送时按字符进行包装,为此,在数据位之外要增添起始位、奇偶校验位和停止位,构成一个通信帧。图 8.1 为异步通信的帧格式。

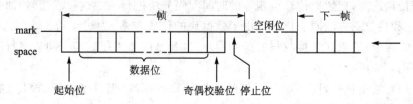

图 8.1 异步串行通信的帧格式

对异步串行通信的帧格式有如下几点说明。

① 在串行通信中,信息的两种状态分别以 mark 和 space 标志。其中 mark 译为标号,对应逻辑状态 1,在发送器空闲时,数据线应保持在 mark 状态;space 译为空格,对应逻辑状态 0。

② 起始位。发送器通过发送起始位而开始一个字符的传输。起始位使数据线处于 space 状态。

③ 数据位。起始位之后传送数据位。在数据位中,低位在前(左),高位在后(右)。由于字符编码方式的不同,数据位可以是 5、6、7 或 8 位等多种形式。

④ 奇偶校验位。用于对字符传送作正确性检查,因此,奇偶校验位是可选择的,共有 3 种可能,即奇校验、偶校验和无校验,由用户根据需要选定。

所谓偶校验,即数据位和奇偶校验位中逻辑 1 的个数加起来必须是偶数(全 0 也视为偶数个 1)。进行偶校验时,通过把校验位设置为 1 或 0 来达到偶校验的要求。

所谓奇校验,即数据位和奇偶校验位中逻辑 1 的个数加起来必须是奇数。进行奇校验时,通过把校验位设置为 1 或 0 来达到奇校验的要求。

⑤ 停止位。停止位在最后,用于标志一个字符传输的结束,对应于 mark 状态。停止位可能是 1、1.5 或 2 位,在实际应用中根据需要确定。

⑥ 位时间。一个格式位的时间宽度。

⑦ 帧(Frame)。从起始位开始到停止位结束的全部内容称为一帧。帧是一个字符的完整通信格式,因此,也把串行通信的字符格式称为帧格式。

异步串行通信是一帧接一帧进行的,传输可以是连续的,也可以是断续(间歇)的。连续的异步串行通信,是在一个字符格式的停止位之后立即发送下一个字符的起始位,开始一个新的字符传输,即帧与帧之间是连续的。而断续的异步串行通信,则是在一帧结束之后并不接着传输下一个字符,不传输时维持数据线的 mark 状态,使数据线处于空闲,其后,新的字符传输可以在任何时刻开始,并不要求整数倍的位时间。

2. 同步串行通信

异步通信以字符为单位,为实现发送和接收双方的协调,需要有开始和结束标志,为此每个字符的帧格式中都要包含起始位和停止位。传送过程中,起始位和停止位的不断重复将会占用大量的通信时间。

为提高传送速度,把数据传输按相等的时间间隔分块进行,在数据块的开始加一些特殊字符,作为发送和接收双方的同步标志。由于数据块的位数较多,为防止错位,在发送数据时一般同时给出时钟信号,以保持接收与发送的同步,这就是同步串行通信。同步串行通信的数据传送格式如图 8.2 所示。

与异步串行通信比较,同步串行通信的数据传输效率高,但其通信双方对同步的要求也高,因此,同步串行通信的数据格式有如下特点和要求:

① 只在数据块传输的开始使用同步字符串,作为发送和接收双方同步的标志,而在结束时不需要同步标志。

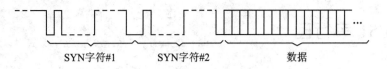

图 8.2　同步串行通信的数据格式

② 数据字符之间不允许有间隔,当线路空闲或没有数据可发时,可发送同步字符串。

③ 数据块内各字符的格式必须相同。

显然,同步串行通信比异步串行通信的传送速度快,但同步串行通信要求收发双方在整个数据传输过程中始终保持同步,这将对硬件提出更高的要求,实现起来难度大一些;而异步串行通信只要求在每帧的短时间内保持同步即可,实现起来容易得多。所以同步串行通信适用于数据量大、对速度要求比较高的串行通信场合。

8.1.2　串行通信线路形式

80C51的串行数据传输有以下3种线路形式。

1. 单工形式

单工(Simplex)形式的数据传输是单向的。通信双方中一方固定为发送端,另一方则固定为接收端。单工形式的串行通信只需要一条数据线,如图8.3所示。

图 8.3　单工形式通信

例如,计算机与打印机之间的串行通信就是单工形式,因为只能有计算机向打印机传输数据,而不可能有相反方向的数据传输。

2. 全双工形式

全双工(Full-duplex)形式的数据传输是双向的,可以同时发送和接收数据,因此,全双工形式的串行通信需要两条数据线。如图8.4所示。

3. 半双工形式

半双工(Half-duplex)形式的数据传输也是双向的。但任何时刻只能由其中的一方发送数据,另一方接收数据。因此半双工形式既可以使用一条数据线,也可以使用两条数据线。如图8.5所示。

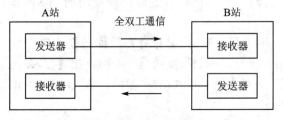

图 8.4　全双工形式通信

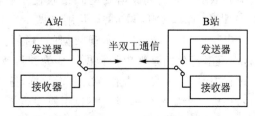

图 8.5　半双工形式通信

8.2 80C51 串行口

为了实现串行通信,需要有硬件电路以解决串行数据传输中的一系列协调问题,这些硬件就是串行接口电路或简称串行口。

8.2.1 80C51 串行口硬件结构

串行口主要由发送寄存器、接收寄存器和移位寄存器等组成。通常把实现异步通信的串行口称为通用异步接收/发送器 UART(Universal Asynchronous Receiver/Transmitter),把实现同步通信的串行口称为通用同步接收/发送器 USRT(Universal Synchronous Receiver/Transmitter),而把实现同步和异步通信的串行口称为通用同步异步接收/发送器 USART(Universal Synchronous Asynchronous Receiver/Transmitter)。

80C51 的串行口,虽然是既能实现同步通信,又能实现异步通信的全双工串行口,但在单片机的串行数据通信中,最常用的是异步方式,因此,常把它写为 UART。它的寄存器结构如图 8.6 所示。

发送寄存器(发送器)SBUF(TX)为 8 位只写寄存器,地址为 99H,写入该寄存器的数据将从 TXD 引脚发送出去。接收寄存器(接收器)SBUF(RX)用于在接收状态下存放从 RXD 引脚接收到的数据,只供 CPU 读取。接收寄存器为 8 位寄存器,地址也是 99H。

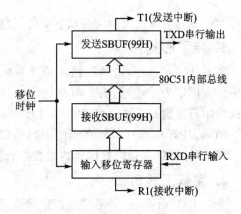

图 8.6　80C51 串行口寄存器结构

鉴于任何时刻 CPU 只能执行发送或接收指令中的一种,因此,这两个寄存器共用一个地址,并且在程序中可以不必区分 SBUF(TX)和 SBUF(RX),统一使用 SBUF 表示即可。在通信过程中,一旦 SBUF(TX)变空或 SBUF(RX)变满,便向 CPU 发出中断请求。串行口有两个相互独立的数据引脚,即发送引脚 TXD 和接收引脚 RXD,分别供数据发送和接收使用。但这两个引脚都是与 I/O 口线复用的,TXD 与 P3.1 共用引脚,RXD 与 P3.0 共用引脚。

串行口的主要功能是实现数据的串行化/反串行化,串行化是把并行数据转变为串行数据,而反串行化则是把串行数据转变为并行数据。串行口的数据发送是一个串行化过程,在这一过程中,把写入发送寄存器的并行数据,按帧格式要求插入格式信息(起始位、奇偶位和停止位),构成一个串行位串,经 TXD 引脚串行送出。

串行口的数据接收是一个反串行化过程。在反串行化过程中,串行数据通过引脚 RXD

进入,经移位寄存器移位把帧中的格式信息滤除而保留数据位,从而在接收缓冲器中得到并行数据,并送上内部数据总线。在串行接收通路中,移位寄存器和接收缓冲器构成了双缓冲结构,以避免在数据接收过程中出现帧重叠错误,所谓帧重叠错误就是在接收下一帧数据时,前一帧的数据还没有被读走。

8.2.2 串行口控制机制

80C51串行口通过控制寄存器、中断功能和波特率设置实现串行通信控制,此处先介绍前两项内容。

1. 串行口控制寄存器(SCON)

SCON是80C51的一个可位寻址的专用寄存器,用于串行数据通信控制。单元地址为98H,位地址为9FH~98H。寄存器内容及位地址表示如下:

位地址	9FH	9EH	9DH	9CH	9BH	9AH	99H	98H
位符号	SM0	SM1	SM2	REN	TB8	RB8	TI	RI

SM0、SM1——串行口工作方式选择位。其状态组合所对应的工作方式为:

SM0SM1=00,工作方式0; SM0SM1=01,工作方式1;
SM0SM1=10,工作方式2; SM0SM1=11,工作方式3。

SM2——多机通信控制位。TB8——发送数据位8。RB8——接收数据位8。(这3位用于多机通信)

REN——允许接收位。REN位用于对串行数据接收进行允许控制。REN=0;禁止接收;REN=1,允许接收。

TI——串行发送中断请求标志。在数据发送过程中,当最后一个数据位被发送完成后,TI由硬件置位。软件查询时TI可作为状态位使用。

RI——串行接收中断请求标志。在数据接收过程中,当采样到最后一个数据位有效时,RI由硬件置位。软件查询时,RI可作为状态位使用。

2. 串行中断

80C51有两个串行中断,即串行发送中断和串行接收中断。但这两个串行中断共享一个中断向量0023H。每当串行口发送或接收一个数据字节时,都产生中断请求。串行中断请求在芯片内部发生,因此不需要引脚。两个中断共享一个中断向量,就需要在中断服务程序中对中断源进行判断,以便进行不同的中断处理。

对于串行中断控制共涉及3个寄存器,其中一个就是串行口控制寄存器SCON,用于存放串行中断请求标志。另外两个是在5.2.2小节(P103)中已经介绍过的中断允许控制寄存器IE和中断优先级控制寄存器IP,为使用方便,此处再简单介绍一下。

中断允许控制寄存器IE中与串行中断允许控制有关的有2位,即EA和ES。它们的位地址表示如下:

位地址	AFH	AEH	ADH	ACH	ABH	AAH	A9H	A8H
位符号	EA	—	—	ES	ET1	EX1	ET0	EX0

EA——中断允许总控制位。

ES——串行中断允许控制位。ES=0,禁止串行中断;ES=1,允许串行中断。

中断优先级控制寄存器 IP 中与串行中断优先级设置有关的只有 1 位 PS,表示如下:

位地址	BFH	BEH	BDH	BCH	BBH	BAH	B9H	B8H
位符号	—	—	—	PS	PT1	PX1	PT0	PX0

PS——串行中断优先级设定位。

8.3 80C51 串行口工作方式

80C51 单片机的串行口共有 4 种工作方式,其概况如表 8.1 所列。

表 8.1 80C51 串行口工作方式

SM0	SM1	工作方式	功能简述	波特率
0	0	方式 0	8 位同步移位寄存器	$f_{osc}/12$
0	1	方式 1	10 位 UART	可变
1	0	方式 2	11 位 UART	$f_{osc}/32$ 或 $f_{osc}/64$
1	1	方式 3	11 位 UART	可变

8.3.1 串行工作方式 0

串行工作方式 0 是把串行口作为同步移位寄存器使用,实现串行数据的输入/输出。移位数据的传输以 8 位为一组,低位在前、高位在后。

利用串行工作方式 0,加上"并入串出"或"串入并出"芯片的配合,80C51 的串行口可实现数据的并行输入/输出,如图 8.7 所示。

"并入串出"芯片(74165)用于把并行输入数据通过移位形成位串,传送给串行口;而"串入并出"芯片(74164)则接收串行口的串行数据,通过移位形成 8 位并行数据输出。

在方式 0 下,串行数据的发送和接收都使用 RXD(P3.0)引脚,而 TXD(P3.1)引脚则用来为"并入串出"或"串入并出"芯片中的移位寄存器提供移位脉冲,控制数据移位速率。该移位脉冲由串行口提供,直接送到两种移位寄存器的时钟输入端(通常称为 CLK)。

为控制并行数据的输入和移位,"并入串出"芯片要有输入选通和启动移位的信号,即图 8.7 中的移位/加载信号。先把此信号置为 0 以加载并行数据,随后再变为 1 以启动移位,把数据位直接移向串行口的 RXD 引脚。实际应用中,该信号通常用软件方法产生,通过一条口线(图中为 Px.x)送出。

方式 0 的帧格式都是纯数据位,不用附加起始位、停止位和校验位,数据移位按低位在前、高位在后的顺序进行。输入的并行数据在串行口缓冲器 SBUF 中。串行数据接收需要有允许接收的控制,具体由 SCON 寄存器的 REN 位实现。REN=0,禁止接收;REN=1,允许接收。当软件置位 REN 时,即开始从 RXD 端输入数据(低位在前),当接收到 8 位数据时,中断标志 RI 置位。再通过查询或中断方法把移入串行口的数据读走,然后就可以对"并入串出"芯片加载新数据了。

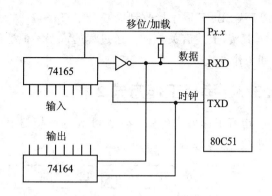

图 8.7 利用串行口方式 0 实现数据并行输入/输出

要用 80C51 的串行口进行并行数据输出,先把数据字节通过 RXD 引脚串行传送给"串入并出"芯片,并在 TXD 引脚移位脉冲的控制下,把接收的串行数据通过移位得到并行数据,移位停止后 8 位并行数据留在其中,等待被其他设备取走。

如果"串入并出"芯片没有并行输出的选通控制功能,可在数据输出端加三态门,通过选通控制,实现并行数据"齐步"输出。当串行口把 8 位数据全部移出后,SCON 寄存器的中断标志 TI 被自动置 1。通知 CPU 以中断或查询的方法把并行数据取走。

工作方式 0 时,移位操作(串入或串出)的波特率是固定的,为单片机晶振频率的 1/12,若晶振频率用 f_{osc} 表示,则波特率 = $f_{osc}/12$。按此波特率的一个机器周期进行一次移位,若 $f_{osc}=6$ MHz,则波特率为 500 kb/s,即 2 μs 移位一次。若 $f_{osc}=12$ MHz,则波特率为 1 Mb/s,即 1 μs 移位一次。

8.3.2 串行工作方式 1

串行工作方式 1 是 10 位为一帧的异步串行通信方式,这种工作方式是为双机通信而准备的。帧格式包括 1 个起始位,8 个数据位和 1 个停止位。

方式 1 的数据发送是由一条写发送寄存器(SBUF)的指令开始,随后在串行口由硬件自动加入起始位和停止位,构成一个完整的帧格式,然后在移位脉冲的作用下,由 TXD 端串行输出。一个字符帧发送完后,使 TXD 输出线维持在 1 状态下,并将 SCON 寄存器的 TI 位置 1,通知 CPU 可以接着发送下一个字符。

接收数据时,SCON 的 REN 位应处于允许接收状态,即 REN=1。在此前提下,串行口采样 RXD 端,当采样到从 1 到 0 的状态跳变时,就认为已接收到起始位。随后在移位脉冲的控制下,把接收到的数据位移入接收寄存器中。直到停止位到来之后置位中断标志位 RI,通知

CPU 从 SBUF 取走接收到的一个字符。

其实,上述有关数据传送过程的说明不但适用于串行工作方式 1,同样也适用于工作方式 2 和工作方式 3。

8.3.3 串行工作方式 2 和 3

串行工作方式 2 和 3 都是 11 位为一帧的串行通信方式,即 1 个起始位、9 个数据位和 1 个停止位。其帧格式为:

| 起始 | D0 | D1 | D2 | D3 | D4 | D5 | D6 | D7 | D8 | 停止 |

在这两种工作方式下,字符还是 8 个数据位,只不过增加了一个第 9 数据位(D8),它是一个可编程位,其功能由用户设定。

在发送数据时,应予先在串行口控制寄存器 SCON 的 TB8 位中把第 9 个数据位的内容准备好。可使用如下指令完成:

```
SETB TB8    ;TB8 位置 1
CLR  TB8    ;TB8 位置 0
```

发送数据 D0~D7 由 MOV 指令向 SBUF 写入,而 D8 位的内容则来自 SCON 的 TB8 位,在发送移位过程中插入到 8 位数据之后成为第 9 数据位。这两种工作方式的数据接收过程也与方式 1 基本类似,不同点仍在第 9 数据位上,串行口把接收到的前 8 个数据位移入 SBUF,而把第 9 数据位送 SCON 的 RB8。

串行工作方式 2 和 3 是为多机通信而准备的。两者的工作过程相同,差别仅在于波特率的设置,方式 2 的波特率是固定的,而方式 3 的波特率可由用户根据需要设定,设定方法与方式 1 相同。不同的波特率设置可以应对多样的通信环境。

8.4 串行通信数据传输速率

传输速率(Transfer Rate)用于说明信息传输的快慢,是串行通信的一项重要技术指标。以单位时间内传输信息的单位数表示。此处讨论的是串行通信中的传输速率。

8.4.1 传输速率的表示方法

传输速率通常以秒作为时间单位,但信息单位却可能多样,因此就出现了多种表示传输速率的方法。

1. 与传输速率有关的术语

单片机应用中涉及到的有关传输速率的术语有以下几点:

- 波特(Baud)。波特本是一名法国工程师的名字,每秒1次的信号变化称为1波特。波特原本是表示电信设备传输速率的单位,后来又用于表示调制解调器的数据传输速率。
- 波特率(Baud Rate)。波特率是每秒钟事件发生的数目或信号变化的次数。在单片机的串行数据传输中,事件和信号变化都反映在二进制位上,因此就以波特率表示串行数据的传输速率。
- 比特率(Bit Rate)。比特率也称为位速率,即每秒钟传输二进制数的位数。

在一般的单片机串行通信中,波特率与比特率的概念是一样的,但在高速串行通信中,由于一个事件的编码往往不止1位,因此波特率与比特率就不一样了,例如事件按4位编码,如果数据传输的波特率是2400,则比特率就是9600。

2. 单片机中使用的波特率

单片机使用波特率作为串行通信传送速率的单位。每秒传送1个格式位就是1波特。即

$$1 \text{ 波特} = 1 \text{ b/s(位/秒)}$$

在串行数据传输中,波特率除表明数据传送速率外,还可以表示串行口中移位脉冲频率的高低,因为串行数据发送和接收的速率是由移位脉冲决定的。波特率高表明移位脉冲频率高,串行数据传输速度就快;反之,波特率低表明移位脉冲频率也低,串行数据传输速度就慢。

波特率的数值差异很大,例如,在 RS-232-C 标准中规定,允许波特率为每秒50~19 200 b/s。在实际的串行数据传输应用中,应根据速度要求、线路质量以及设备情况等因素选定波特率。

8.4.2　80C51 的波特率设置

对于80C51芯片,不同串行工作方式下的波特率已列于表 8.1(P178)中,下面再作具体介绍。

1. 串行工作方式 0 的波特率

串行工作方式 0 的波特率是固定的,其值为

$$波特率 = f_{osc}/12$$

其中 f_{osc} 表示外部振荡器频率。$f_{osc}/12$ 即外部振荡脉冲的12分频,而外部振荡脉冲12分频产生一个机器周期,因此,在串行工作方式 0 下,每个机器周期产生一个移位脉冲,进行一次串行移位。因为波特率固定,所以在串行工作方式 0 时,不存在设置波特率的问题。

2. 串行工作方式 2 的波特率

串行工作方式 2 的波特率也是固定的,但有两个数值。其计算公式为:

$$波特率 = f_{osc} \times 2^{smod}/64$$

其中 smod 是串行口波特率倍增位 SMOD 的值。由公式可知,当 smod=1 时,波特率为 $f_{osc}/32$,即晶振频率的 1/32;当 smod=0 时,波特率是 $f_{osc}/64$,即晶振频率的 1/64。这两种固定的波特率可根据需要选择,而选择的方法是设置 PCON 寄存器中 SMOD 位的状态。PCON 为电源控制寄存器,地址为 87H,其位定义如下:

位序	D7	D6	D5	D4	D3	D2	D1	D0
位符号	SMOD	—	—	—	—	—	PD	ID

其中,最高位 SMOD 是串行口的波特率倍增位。当 SMOD=1 时,串行口波特率加倍,系统复位时,该位的值为 0。PCON 寄存器不能进行位寻址,因此,表中写了"位序"而不是"位地址"。

3. 串行工作方式 1 和方式 3 的波特率

串行工作方式 1 和方式 3 的波特率不是固定的,可以根据需要设置。具体地说,80C51 是以定时器 T1 作为波特率发生器,以其溢出脉冲产生串行口的移位脉冲。因此,在这两种工作方式中,通过计算 T1 的计数初值就可以实现波特率的设置。假定定时器的计数初值为 X,则计数溢出周期为:

$$(12/f_{osc}) \times (256-X)$$

溢出率为溢出周期的倒数,则波特率计算公式为:

$$波特率 = (2^{smod}/32) \times (定时器 1 溢出率) = (2^{smod}/32) \times \{f_{osc}/[12 \times (256-X)]\}$$

根据上述波特率计算公式,得出计数初值的计算公式为:

$$X = 256 - [f_{osc} \times (2^{smod})]/(384 \times 波特率)$$

以定时器 T1 作波特率发生器是由系统决定的,内部的硬件电路已经接好,无需用户操心,用户只需先把波特率确定下来,再通过计算得到定时器的计数初值,然后通过初始化程序装入 T1 即可。此外还要注意,当定时器 T1 作波特率发生器使用时,应选择定时方式 2(即 8 位自动加载方式),因为在方式 2 下定时器具有自动加载功能。

8.5 串行通信应用

通过 80C51 串行口可以实现多种形式的串行通信,下面作简单介绍。

8.5.1 近程串行通信

单片机的数据信号在传输线上传送时,由于受到线间分布电容和噪声干扰等影响,将引起传输信号的幅度衰减和波形畸变,极易导致传输错误。加之导线越长电容越大,所以传输距离就受到一定的限制。

对于近距离的串行通信(例如一个房间内的计算机之间,距离不超过 10 m),传输中虽有波形畸变产生,但不会严重到影响使用,仍可使用 TTL 电平直接传输。因此,近距离的串行通信并不复杂,只需将两端串行口直接连接就可进行串行数据通信,省去了接口的麻烦,如图 8.8 所示。

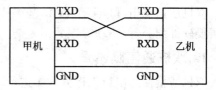

图 8.8 近距离的双机串行通信

这种 TTL 电平直接传输的串行通信,传输距离与发送端的负载能力有关。如果范围再扩大一些,例如,扩大到一幢大楼或一个厂区,通过采取一定措施,比如加装长线传输器以加大发送端的驱动电流等,还可以使用直接传输方法。

8.5.2 调制解调器的使用

由于近距离串行通信不改变数据位波形和频率,所以也称为基带传输方式。虽然基带方式实现起来既方便又经济,但只能用于近程通信。对于远程通信(例如城市之间),不能使用基带传输方式,只能使用模拟信号形式进行,而且一般是使用电话线这种公共模拟通信线路作为传输线。

为了在电话线上进行串行数据传输,需要在发送端把数字信号转变为模拟信号再进行发送,这种把数字信号转变为模拟信号的过程称为调制,即在发送端需要有调制器。与此对应,在接收端应把模拟信号再转变为数字信号,这一过程称为解调,即在接收端应该加解调器。远程通信多采用双工方式,即通信双方都应具有发送和接收功能。为此在通信线路的两端都设置调制器和解调器,并且把二者结合在一起称为调制解调器(Modem)。使用电话线作传输线的远程通信连接如图 8.9 所示。

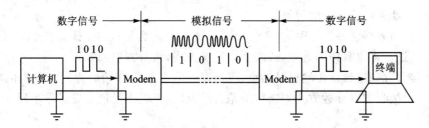

图 8.9 使用电话线进行的远程通信

电话线本来是用于传输声音信号(模拟信号)的,其频率范围为 300～3 000 Hz。因此,在使用电话线进行串行数据传送时,调制器调制出来的信号频率也应在此范围之内。常用的调制技术有频移键控(FSK)、相移键控(PSK)和相位幅度调制(PAM)等。

8.5.3 双机通信

双机通信是串行口 UART 的基本功能,串行工作方式 1 就是为此而准备的。虽然双机通信需要软件配合,但驱动程序并不复杂。

1. 双机通信概述

双机通信使用串行工作方式 1 进行。在进行双机串行通信之前,首先要进行一些约定,把通信中的一些技术性问题设定下来。其中包括:

① 确定数据通路形式。若为单工形式,则需确定哪一方为发送方哪一方为接收方;而对于双工形式则双方都能发送和接收数据,不存在这个问题。

② 制定好通信协议。虽然串行工作方式 1 的数据帧格式是固定的,但数据传送的波特率以及是否使用奇偶校验等问题还需事先约定。奇偶校验原则上既可以采用奇校验,也可以采用偶校验,但通常多采用偶校验。

③ 设计好联系代码,以便进行通信联络。例如,呼叫码、确认码和结束码等。联系代码可以使用 ASCII 码,也可以自行设计。例如,结束码 EOT,ASCII 码本为 04H,但可以自行设计 FFH 为结束码,自行设计的联系代码只能供自己使用。

④ 定义数据表。以便给发送数据提供来源、给接收数据提供去处,只要指出数据表的首地址及数据长度就可以把数据表确定下来。

通信由发送方发出呼叫开始。接收方收到请求后,一旦确认,应及时返回应答。从此发送方就可以进行通信。

发送方每次发送是从数据表中读取一个数据字节,写入串行口发送缓冲器 SBUF(TX),并由串行口电路自动插入起始位和停止位等,装配成一个完整的数据帧进行发送。在发送过程中,当数据缓冲器 SBUF(TX)中的最后一个数据位(注意,不是帧格式中的停止位)发送出去后,TI 标志置 1,供 CPU 中断或查询使用。以便通过程序为发送下一个数据作准备,或改变为接收方式,准备接收对方的回答。

在接收方,当数据缓冲器 SBUF(RX)中接收到 8 个数据位后,RI 标志置 1,供 CPU 以中断或查询方式进行接收数据的处理,或改变为发送方式,给对方以回答。

为了让接收方知道数据传输何时结束,可由发送方在发送开始时先发送数据的字节个数(数据长度),供接收方以计数方式判断传输是否结束,也可以由发送方发送结束码通知接收方数据传输结束。

为保证数据传输的正确性,应使用奇偶校验,即在帧格式中设置校验位。也可以使用校验码方法,为此,发送方在发送数据时要进行校验码计算(累加),待全部数据发送完以后,再把校验码发送出去。下面是带数据长度和校验码的发送数据串格式:

字节个数	数据字节 1	数据字节 2	……	数据字节 n	校验码

接收方在接收数据过程中也进行同样的校验码计算(累加),并在接收完后与从发送方传送过来的校验码进行比较,以判断数据传送是否正确,并将判断结果返回发送方。发送方只有在收到正确性确认后才结束通信;否则,立即呼叫接收方重新进行一次发送。

2. 双机通信举例

假定甲乙机以串行工作方式1进行数据通信,其波特率为1200。为简单起见,我们把呼叫和确认的过程省略,只讨论数据传输的问题。由甲机发送,发送数据在外部 RAM 的 4000H~401FH 单元中。由乙机接收,并把接收到的数据块首末地址及数据内容依次存入外部 RAM 5000H 开始的区域中。

(1) 简单说明

① 在发送端,执行写 SBUF 指令就启动一次发送操作,数据通过 TXD 引脚串行输出。但每次只发送一帧(字节),当发送到最后一个数据位时,在位时间的中点,硬件自动置位 SCON 寄存器的 TI 位,通知 CPU 可以接着发送下一个字节。

② 在接收端,若将串行控制寄存器 SCON 的 REN 位置 1,串行口就开始对 RXD 引脚进行采样,当采样到有电平负跳变时,即可认定是起始位的开始。随后将启动一次接收过程,即在移位脉冲控制下,把接收到的数据位送入 SBUF。直到停止位到来后,硬件自动置位 SCON 寄存器的 RI 位,通知 CPU 从 SBUF 取走接收到的数据字节。

③ 假设晶振频率为 6 MHz,波特率为 1200,计算定时器 T1 的计数初值为:

$$X = 256 - [(6 \times 10^6 \times 1)/(384 \times 1200)] = 256 - 13 = 243 = F3H$$

④ 为了 smod=0,波特率不倍增,应使 PCON=00H。

⑤ 串行发送的内容包括数据块的首末地址和数据本身两部分内容。对数据块首末地址的传送以查询方式进行,而数据则以中断方式传送。因此,在程序中要先禁止串行中断,后允许串行中断。

(2) 参考程序

甲机发送主程序:

```
        ORG    0023H
        AJMP   ACINT
        ORG    8030H
        MOV    TMOD,#20H    ;设置定时器 T1 为工作方式 2
        MOV    TL1,#0F3H    ;定时器 T1 计数初值
        MOV    TH1,#0F3H    ;计数值重装
        SETB   EA           ;中断总允许
        CLR    ES           ;禁止串行中断
        MOV    PCON,#00H    ;波特率不倍增
        SETB   TR1          ;启动定时器 T1
```

```
         MOV    SCON,#40H       ;设置串行口方式 1,REN = 0
         MOV    SBUF,#40H       ;发送数据区首地址高位
SOUT1:   JNB    TI,$            ;等待一帧发送完毕
         CLR    TI              ;清发送中断标志
         MOV    SBUF,#00H       ;发送数据区首地址低位
SOUT2:   JNB    TI,$            ;等待一帧发送完毕
         CLR    TI
         MOV    SBUF,#40H       ;发送数据区末地址高位
SOUT3:   JNB    TI,$            ;等待一帧发送完毕
         CLR    TI              ;清发送中断标志
         MOV    SBUF,#1FH       ;发送数据区末地址低位
         MOV    DPTR,#4000H     ;数据区地址指针
         MOV    R7,#20H         ;数据个数
         SETB   ES              ;开放串行中断
AHALT:   AJMP   $               ;等待中断
```

甲机中断服务程序：

```
         ORG    8100H
ACINT:   MOVX   A,@DPTR         ;读数据
         CLR    TI              ;清发送中断
         MOV    SBUF,A          ;发送字符
         DJNZ   R7,AEND1        ;未发送完,则转
         CLR    ES              ;发送完,禁止串行中断
         CLR    TR1             ;定时器 T1 停止计数
         AJMP   AEND2
AEND1:   INC    DPTR
AEND2:   RETI                   ;中断返回
```

乙机接收主程序：

```
         ORG    0023H
         AJMP   BCINT
         ORG    8030H
         MOV    TMOD,#20H       ;设置定时器 T1 为工作方式 2
         MOV    TH1,#0F3H       ;定时器 T1 计数初值
         MOV    TL1,#0F3H       ;计数值重装
         SETB   EA              ;中断总允许
         CLR    ES              ;禁止串行中断
         MOV    PCON,#00H       ;波特率不倍增
         SETB   TR1             ;启动定时
```

```
        MOV   SCON,#50H        ;设置串行口方式1,REN=1
        MOV   DPTR,#5000H      ;数据存放首地址
        MOV   R7,#20H          ;接收数据个数
SIN1:   JNB   RI,$             ;等待
        CLR   RI               ;清接收中断标志
        MOV   A,SBUF           ;接收数据区首地址高位
        MOVX  @DPTR,A          ;存首地址高位
        INC   DPTR             ;地址指针增量
SIN2:   JNB   RI,$
        CLR   RI
        MOV   A,SBUF           ;接收数据区首地址低位
        MOVX  @DPTR,A          ;存首地址低位
        INC   DPTR
SIN3:   JNB   RI,$
        CLR   RI
        MOV   A,SBUF           ;接收数据区末地址高位
        MOVX  @DPTR,A          ;存末地址高位
        INC   DPTR
SIN4:   JNB   RI,$
        CLR   RI
        MOV   A,SBUF           ;接收数据区末地址低位
        MOVX  @DPTR,A          ;存末地址低位
        INC   DPTR
        SETB  ES               ;开放串行中断
BHALT:  AJMP  $                ;等待中断
```

乙机中断服务程序:

```
        ORG   8100H
BCINT:  MOV   A,SBUF           ;接收数据
        MOVX  @DPTR,A          ;存数据
        CLR   RI               ;清接收中断标志
        DJNZ  R7,BEND          ;未接收完,转BEND
        CLR   ES               ;禁止串行中断
        CLR   TR1              ;定时器T1停止计数
BEND:   INC   DPTR
        RETI                   ;中断返回
```

8.5.4 多机通信

虽然 UART 只能进行点对点的串行数据传送,但是在软件配合下也可以实现一对多方式的多机通信。

1. 多机通信系统

一对多式的多机通信可以构成一个主从结构的分布式单片机系统,常在规模较大的工业过程控制系统中使用。在这样的系统中,出于集中管理和控制的需要,主机可随时向各从机发布命令,并把现场状态和检测数据等通过从机及时传输回主机进行处理。图 8.10 为多机通信的连接形式。

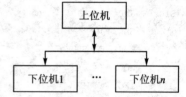

图 8.10 单片机多机通信连接形式

在系统中,只有一台主机,其余皆为从机,主机和从机通过公共传输线进行连接,主从机之间的通信也是通过公共传输线进行,并且以主机为主导方。要给每台从机编码,以便主机能按编码呼叫从机,有效的从机编码范围是 01H～FEH,而把 FFH 作为一条控制命令使用。所以在 80C51 多机通信系统中,从机数目最多可达 254 台。

2. 多机通信技术要点说明

与双机通信相比,多机通信的复杂性在于主机如何呼叫从机以及如何从呼叫状态转入到通信状态。为此多机通信有 3 个技术要点:第 9 数据位,串行口控制寄存器 SCON 中的多机通信控制位 SM2,串行工作方式 2 或方式 3。

(1) 第 9 数据位

第 9 数据位是供主机使用的标识位。因为在多机通信中主机既发送从机编码(地址帧),又发送数据(数据帧),为区分地址帧和数据帧,设置了第 9 数据位。第 9 数据位为 1 时,表明主机发送的是从机编码;第 9 数据位为 0 时,表明主机发送的是数据。

使用时,首先应通过程序把第 9 数据位的状态写到主机串行控制寄存器 SCON 的 TB8 位中。然后在主机发送过程中,第 9 数据位从 TB8 位自动插入到发送的帧格式中。假定要呼叫的从机编码为 01H,则第 9 数据位设置和地址帧发送的指令序列如下:

```
MOV SCON,#0D8H        ;TB8=1,串行工作方式 3
MOV R3,#01H
MOV A,R3
MOV SBUF,A
```

从机接收到地址帧后与本机编码比较,若相符,则再把该机编码返回,作为应答码,以示呼叫成功。然后主机把 TB8 位清 0(CLR TB8),接着进行命令和数据传输。

(2) 串行口控制寄存器 SCON 的多机通信控制位 SM2

在从机方,对于主机发送过来的从机编码和数据,应该有不同的反映。对于地址帧,各从机都要接收,以便知道主机是否在呼叫自己;而对于数据帧,情况却有所不同,只有被选中的从机才接收,其余从机都不接收。为此,在串行口控制寄存器 SCON 中定义一个多机通信控制位 SM2,以 SM2 位的状态来通知从机是否进行接收操作。

如果 SM2=1,只有接收到的第 9 数据位为 1 时,才将接收到的从机编码送入 SBUF,并置位 RI;否则,接收到的数据被丢弃。如果 SM2=0,则不论第 9 数据位状态如何,都将所接收的内容装入 SBUF 中,并置位 RI。

各从机初始化时应将串行控制寄存器 SCON 的 SM2 位置 1,等待主机呼叫。各从机都能接收到主机发送的地址帧,自动把其中的第 9 数据位送串行口控制寄存器 SCON 的 RB8 位,并把 RI 置 1,以便通过中断或查询程序进行编号比较,判断主机是否在呼叫自己。确认之后,再把从机编码返回作为应答,并把本身的 SM2 位复位为 0,为后面的数据传输作准备。从机接收地址帧的指令序列如下:

```
          MOV   SCON,#0F0H      ;SM2=1,串行工作方式3
QWE:      JBC   RI,ASD          ;等待主机呼叫
          SJMP  QWE
ASD:      MOV   A,SBUF          ;判断是否为本机
          XRL   A,#01H
          JZ    ZXC
          ⋮
ZXC:      CLR   SM2             ;确认后应答,SM2=0
          MOV   A,#01H
          MOV   SBUF,A
```

(3) 串行工作方式 2 或方式 3

多机通信的主机和从机均应工作于方式 2 或方式 3,主要目的是为了传送和处理第 9 数据位。所设定的工作方式应一直保持,因为主机可能随时结束当前通信,再呼叫另一个从机。

3. 多机通信的格式约定

呼叫成功后,主从机双方即可进行通信,通信流程可根据需要确定。多数情况是主机首先发出"方向"命令,通知从机数据传送的方向。例如,用 00H 表示要求从机发送数据,用 01H 表示要求从机接收数据。从机接收到命令后,要作出应答,并报告自己的状态。例如,从机状态的应答格式可约定为:

D7	D6	D5	D4	D3	D2	D1	D0
ERR	0	0	0	0	0	TRDY	RRDY

其中，ERR=1 表示从机接收到非法命令，TRDY=1 表示从机发送准备就绪，RRDY=1 表示从机接收准备就绪。主机接收到状态应答后，若判断状态正常，紧接着就可以进行数据传送。发送或接收数据的第 1 个字节一般是传送数据块的长度，然后才是具体的数据字节。

练习题

（一）填空题

1. 异步串行数据通信的帧格式由（　　）位、（　　）位、（　　）位和（　　）位组成。若串行异步通信每帧为 11 位，串行口每秒传送 250 个字符，则波特率应为（　　）。
2. 串行通信有（　　）、（　　）和（　　）共 3 种数据通路形式。
3. 串行接口电路的主要功能是（　　）化和（　　）化，把帧中格式信息滤除而保留数据位的操作是（　　）化。
4. 串行异步通信，传送速率为 2400 b/s，每帧包含 1 个起始位、7 个数据位、1 个奇偶校验位和 1 个停止位，则每秒传送字符数为（　　）。
5. 80C51 串行口使用定时器 1 作波特率发生器时，应定义为工作方式 2，即（　　）方式。假定晶振频率为 12 MHz，则可设定的波特率范围是（　　）~（　　）。
6. 在 80C51 串行通信中，方式（　　）和方式（　　）的波特率是固定的，波特率大小只与（　　）频率有关。而方式（　　）和方式（　　）的波特率是可变或可设置的，波特率大小与定时器（　　）的（　　）率有关。

（二）单项选择题

1. 下列特点中，不是串行数据传送所具有的是（　　）
   (A) 速度快　　　　　　(B) 成本低
   (C) 传送线路简单　　　(D) 适用于长距离通信
2. 在下列有关串行同步通信与异步通信的比较中，错误的是（　　）
   (A) 它们采用相同的数据传输方式，但采用不同的数据传输格式
   (B) 它们采用相同的数据传输格式，但采用不同的数据传输方式
   (C) 同步方式适用于大批量数据传输，而异步方式则适用于小批量数据传输
   (D) 同步方式对通信双方同步的要求高，实现难度大。而异步方式的要求则相对较低
3. 调制解调器的功能是（　　）
   (A) 数字信号与模拟信号的转换　　　(B) 电平信号与频率信号的转换
   (C) 串行数据与并行数据的转换　　　(D) 基带传输方式与频带传输方式的转换
4. 帧格式为 1 个起始位、8 个数据位和 1 个停止位的异步串行通信方式是（　　）
   (A) 方式 0　　(B) 方式 1　　(C) 方式 2　　(D) 方式 3
5. 通过串行口发送或接收数据时，在程序中应使用（　　）
   (A) MOV 指令　(B) MOVX 指令　(C) MOVC 指令　(D) SWAP 指令
6. 以下有关第 9 数据位的说明中，错误的是（　　）

(A) 第 9 数据位的功能可由用户定义
(B) 发送数据的第 9 数据位内容在 SCON 寄存器的 TB8 位中预先准备好
(C) 帧发送时使用指令把 TB8 位的状态送入发送 SBUF 中
(D) 接收到的第 9 数据位送 SCON 寄存器的 RB8 中保存

7. 下列有关串行通信的说明中,错误的是(　　)
(A) 80C51 串行口只有异步方式而无同步方式,因此,只能进行串行异步通信
(B) 80C51 串行口发送和接收使用同一个数据缓冲寄存器 SBUF
(C) 双机通信时要求两机的波特率相同
(D) 偶校验是指给校验位写入一个 0 或 1,以使得数据位和校验位中 1 的个数为偶数

第 9 章

单片机串行扩展

9.1 单片机串行扩展概述

前面讲过的存储器扩展和 I/O 扩展都采用并行方式。因为并行扩展具有速度快和协议简单等优点,然而现在单片机系统串行扩展也越来越受到重视。

9.1.1 单片机需要串行扩展的原因

串行扩展一直存在,但逐渐普及则是单片机控制应用的需要和技术发展的结果,主要表现在以下几个方面:

① 远距离大范围多目标的单片机控制应用,只能以串行方式进行。例如,社区安全报警系统,要对社区内众多地点的多个项目(例如,煤气泄漏、门磁开关、红外人体移动、温度、烟雾、玻璃破碎振动等)进行检测和报警,一旦出现异常情况能及时传送到物业管理部门或公安机关。在这样一个庞大的监视网络中,众多的检测节点只能以串行方式接入系统。

② 手持无线化单片机控制系统。例如,正在推广使用的无线抄表技术,由于无线化的要求,不但要串行方式而且还必须采用串行无线数据传输的蓝牙(Blue Tooth)接口。

③ 单片机 Internet 技术的发展,更使串行化变得不可缺少。单片机 Internet 技术是为了把单片机接入互联网,进行控制信息的互联网传送,以实现更远距离以至异地自动检测与控制。要把单片机接入互联网只能以串行方式。

虽然串行系统有速度较慢的缺点,但是随着单片机工作频率和性能的不断提高,速度问题已被逐渐淡化。另外,串行方式还有连线简单,结构简化和成本低等优点,所以串行扩展已逐渐被广泛应用。

9.1.2 单片机串行扩展实现方法

单片机串行扩展的实现方法主要有 3 种,即专用串行标准总线方法、串行通信口 UART 方法和软件模拟方法。

1. 通过专用串行标准总线实现

使用专用串行标准总线是串行扩展的主要方法。目前,常用的串行总线标准主要有:I^2C总线、串行总线 SPI 和通用串行总线 USB 等。本章将重点讲述 I^2C 总线,对于其他总线标准只在本节作一些简要说明。

(1) 串行外围设备接口总线 SPI

SPI(Serial Peripheral Interface)是一个同步串行接口标准,3 线结构,使用时只需 4 条线就可以与多种标准的外围设备进行接口。它采用全双工 3 线同步数据传输方式,多主从机结构形式。除此之外,SPI 还具有可程控的主机位传送频率、发送完成中断标志、写冲突保护标志等功能。SPI 标准由摩托罗拉(Motorola)公司制定,所以最初主要用于摩托罗拉的单片机产品上,但现在在其他型号的单片机系统中也得到广泛应用。

(2) 通用串行总线 USB

USB(Universal Serial Bus)标准是由 Intel 公司为主,联合几家世界著名的计算机和通信公司共同制订的串行接口总线标准,于 1995 年推出。USB 总线具有如下优点:

① 连线简单,使用方便。可热插拔;对新接入的设备能自动检测和配置,即插即用,不需要重新启动,也无须定位和安装驱动程序;具有内置电源,可自供电,也可为其连接的外部设备供电(5 V、100 mA)。

② 传输速率从几 kbps 到几 Mbps,适用于中低速设备接口。一个 USB 系统可支持不同速率的物理设备,最多可达 127 个。

③ 具有较强的纠错功能,所以可靠性高。

因此,USB 取得了广泛应用,现在 PC 机几乎都配备有 USB 接口,此外,在单片机系统和各类数字设备(例如数码相机和便携式存储设备等)中也在使用。USB 接口的使用有两种形式。一种是把接口控制器集成在微处理器(单片机)芯片中,另一种是独立的 USB 接口芯片,例如,Philips 公司的 PDIUSBD12 就是其中之一。

(3) 存取(访问)总线 ACCESS

ACCESS 总线由 DEC 公司开发,是一种双向总线,最多可把 125 台外部设备接入系统。凡支持该总线的外部设备都具有一种与电话接插头类似的端口连接器,并以菊花型连接方式接入设备。该总线对接入设备能自动识别和配置,设备可在计算机运行时动态接入,并自动产生访问地址。

2. 通过串行通信口 UART 实现

使用 80C51 的串行通信口 UART 的工作方式 0 可以实现串行 I/O 接口功能,在单片机与外部设备或控制设备之间进行数据传输。

3. 通过软件模拟实现

通过并行口线使用软件模拟方法也可以实现串行接口。但接口功能会受到限制,所以只适用于最简单的串行接口应用。

9.2 I²C 总线

I²C(Inter Integrated Circuit)总线是一种串行同步通信技术,是 Philips 公司针对单片机需要而研制的,用于实现单片机串行外围扩展。I²C 总线通过两条线以及两组信号的相互配合,就可以实现串行数据传输。I²C 总线具有完善的总线协议,其内容涉及多个方面,这里只介绍其中的相关内容。

9.2.1 I²C 总线结构和信号

I²C 总线具有严格的规范,具体表现在接口的电气性能、信号时序、信号传输的定义、总线状态设置和处理,以及总线管理规则等方面。

1. I²C 总线结构

I²C 总线是由串行时钟线 SCL(Serial Clock Line)和串行数据线 SDA(Serial Data Line)构成的双向数据传输通路,其中 SCL 用于传送时钟信号,SDA 用于传送数据信号。通过 I²C 总线构成的单片机串行系统中,挂接在总线上的单片机以及各种外围芯片和设备等统称为器件,其系统结构如图 9.1 所示。

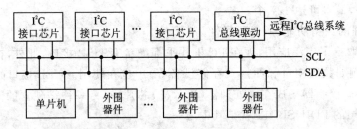

图 9.1 I²C 总线系统结构

一个 I²C 总线系统允许接入多个器件,传输速率不同也可以,甚至还可以是另一个远程 I²C 系统的驱动电路,从而形成两个 I²C 系统的相互交接。I²C 总线系统中的器件都具有独立的电气性能,相互之间没有影响,可用独立电源供电(但需共地),并且可以在系统工作的情况下插拔。

2. I²C 总线器件接入

I²C 总线的两条线 SCL 和 SDA 都是通过上拉电阻(一般为 10 kΩ)以漏极开路或集电极开路输出的形式接入 I²C 总线的,如图 9.2 所示。

I²C 总线如此连接产生如下硬件关系:总线系统中各器件对 SCL 线是逻辑"与"的关系,对 SDA 线也是逻辑"与"关系。反之,对于低电平是逻辑"或"的关系,即系统中任一器件输出

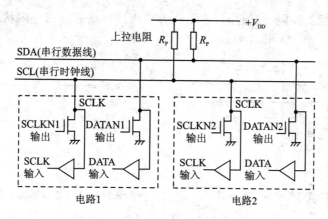

图 9.2 器件与 I^2C 总线的连接

低电平都会使与之相连的总线变低。这种关系使得 I^2C 总线具有一大优点,即器件可以随时接入或移出,而不会对系统产生任何不良影响。此外,从图中还可以看出 SCL 和 SDA 均为双向传输线,因为各器件中都有输入和输出控制。

3. I^2C 总线的状态和信号

I^2C 总线中的状态和信号有严格的配合规则,并为相互配合关系赋予固定的含义。它们是 I^2C 总线的基本元素,使用中应给予认真对待。

(1) 总线空闲

SCL 和 SDA 均处于高电平状态,即为总线空闲状态,表明尚未有器件占有它。总线空闲的高电平状态是线路连接造成的,因为它们通过上拉电阻与电源相连。

(2) 占有总线和释放总线

器件若想使用总线应当先占有它,占有总线的主控器件向 SCL 线发出时钟信号。数据传输完成后应当及时释放总线,即解除对总线的控制(或占有),使其恢复为空闲状态。

(3) 时钟信号和数据信号

时钟信号出现在 SCL 线上,而数据信号在 SDA 线上传输。数据传输以位为单位,一个时钟周期只能传输一位数据。SDA 线上高电平为数据位 1,低电平为数据位 0。时钟信号和数据信号的配合关系是:在时钟信号高电平期间数据线上的电平状态必须保持稳定,只有在时钟信号为低电平时,才允许数据位状态发生变化。如图 9.3 所示。

(4) 启动信号和停止信号

串行数据传输的开始和结束由总线的启动信号和停止信号控制,启动信号和停止信号只能由主控器件发出,它们所对应的是 SCL 的高电平与 SDA 的跳变。当 SCL 线为高电平时,主控器件在 SDA 线上产生一个电平负跳变,这便是启动信号,总线启动后,即可进行数据传输。当 SCL 线为高电平时,主控器件在 SDA 线上产生一个电平正跳变,这便是总线的停止信号。停止信号出现后要间隔一定时间,才能认为总线被释放并返回空闲状态。I^2C 总线的启动信号和停止信号如图 9.4 所示。

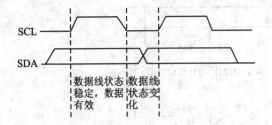

图 9.3　I^2C 总线的时钟信号和数据信号　　　图 9.4　I^2C 总线的启动信号和停止信号

通常启动信号用 S 表示,停止信号用 P 表示。启动信号之后便开始 I^2C 总线上的数据传输操作。此外,在数据传输过程中也可能出现启动信号,但这个启动信号称为重复启动信号,用 Sr 表示,发出重复启动信号是为了开始一次与前面不同的新的数据传输,例如,改变数据传输方向或寻址一个新的从器件等。

(5) 应答信号和非应答信号

应答信号是对字节数据传输的确认,每当一个字节数据传输完成后,应当由接收器件返回一个应答信号。例如在主发送方式下,应答信号的发出过程是:主发送器释放 SDA 线并在 SCL 线上发出一个时钟脉冲(相当于本字节传送的第 9 个时钟脉冲),被释放而转为高电平的 SDA 线转由接收器控制并将 SDA 线拉低。所以,对应于第 9 个时钟脉冲高电平期间的 SDA 低电平就是应答信号,如图 9.5 所示。

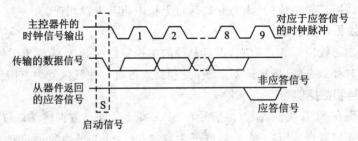

图 9.5　I^2C 总线的应答信号和非应答信号

对应于第 9 个时钟脉冲,SDA 线仍保持高电平,则为非应答信号。在使用时,应答信号以 ACK(或 A)表示,非应答信号以 $\overline{ACK}$(或 NA)表示。

(6) 等待状态

在 I^2C 总线中,赋予接收数据的器件使系统进入等待状态的权力,但等待状态只能在一个数据字节完整接收之后进行。例如,当进行主发送从接收的数据传输操作时,如果从器件在接收到一个数据字节之后,由于中断处理等各种原因而不能按时接收下一个字节。对此从接收器件可以通过把 SCL 线下拉为低电平,强行使系统进入等待状态。在等待状态下,发送方不能发送数据,直到接收器件认为自己能继续接收数据时,再释放 SCL 线,使系统退出等待状态,发送方才可以继续进行数据发送。

等待状态也称为延时状态,其实质是通过延长时钟脉冲周期而改变数据传输速率。设置等待状态有两个作用:一是为接收器件留出进行其他操作的机会,二是允许系统接入速度不同的器件。正因为如此,I²C 总线系统对接入器件的速度没有要求。

9.2.2 I²C 总线数据传输方式

I²C 总线上的数据传输,与并行方式完全不同,与串行通信也有区别,似乎有点串行通信和网络相结合的味道。

1. 基本数据传输格式

I²C 总线上的数据传输按位进行,高位在前,低位在后,每传输一个数据字节通过应答信号进行一次联络,传送的字节数不受限制。其传输格式如图 9.6 所示。

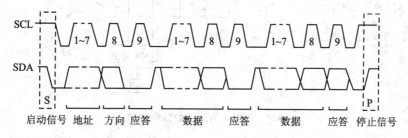

图 9.6　I²C 总线数据传输格式

启动信号由主控器件发出。在发出启动信号之前,主控器件要通过检测 SCL 和 SDA 来了解总线状况。若总线处于空闲状态,即可发出启动信号,启动数据传输。在启动信号之后发出的必定是寻址字节,寻址字节由 7 位从地址和 1 个方向位组成。其中从地址用于寻址从器件(关于器件地址问题在 9.2.3 小节中有介绍),而方向位则用于规定(通知从器件)数据传输的方向。寻址字节通常写为 $SLA+R/\overline{W}$,其中 R 代表读,W 代表写。$R/\overline{W}=1$ 时,表示主控器件读(接收)数据;$R/\overline{W}=0$ 时,表示主控器件写(发送)数据。所以通过寻址字节即可知道要寻哪个器件以及进行哪个方向的数据传输。

其实总线上的器件随时都在忙于检测总线状态。所以主控器件发出寻址字节后,其他各器件都接收到了总线上的寻址字节,并与自己的从地址进行比较。当某器件比较相等确认自己被寻址后,该器件就返回应答信号,以作为被寻址的响应。此时,进行数据传输的主从双方以及传输方向就确定下来了,然后进行数据传输。

数据传输同样以字节为单位,数据字节传输需要通过应答信号进行确认。所以每传输一个字节就有一个应答信号,直到数据传输完毕,主控器件发出停止信号(P),结束数据传输,释放总线。

I²C 总线共有 4 种数据传输方式：主发送方式、主接收方式、从接收方式和从发送方式。为简化起见，我们只介绍其中的主发送方式和主接收方式。

2. 主发送方式

主发送方式是指主控器件向被控的从器件发送数据。主发送方式的数据传输格式如图 9.7 所示。

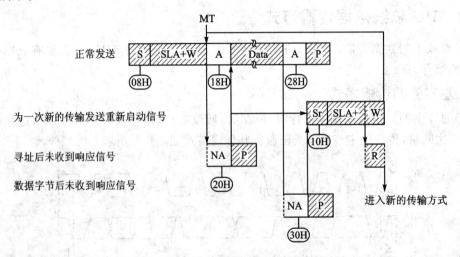

图 9.7　主发送方式的数据传输格式

图中带阴影线的内容为主控器件发出的，不带阴影线的内容为从器件返回给主控器件的应答信号，椭圆中的数字为状态码。

启动信号之后，主控器件发送的寻址字节用 SLA＋W 表示，其中 SLA 表示从器件地址，W 表示写。寻址后，被寻址的器件返回应答信号，以表明它已认可自己的从器件地位，并准备接收数据。

收到从器件的应答信号之后，主控器件接着就按字节发送数据。正常情况下，从器件每接收完一个数据字节就返回一个应答信号，直到主控器件发出停止信号结束传输。

3. 主接收方式

主控器件接收被控从器件发送来的数据，就是主接收方式，其数据传输格式如图 9.8 所示。

在主接收方式下，启动信号和寻址字节仍由主控器件发出，寻址字节为 SLA＋R。虽然主接收方式的数据传输格式与主发送方式有相似之处，但数据传输的方向改变了，除寻址字节的应答信号之外，其他应答信号都是由主控器件返回给从器件。

主接收方式数据传输的结束，是由主控器件在接收完最后一个数据字节后返回一个非应答信号，以此来告知从器件终止数据发送，然后主控器件送出停止信号。可见非应答信号并不

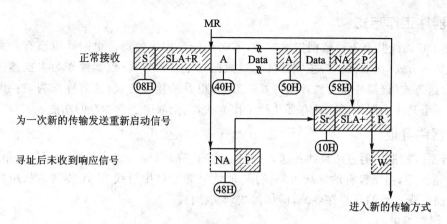

图 9.8 主接收方式的数据传输格式

一定代表数据传输的不正常。

9.2.3 器件与器件寻址

构建 I^2C 总线系统的最终目的是要实现器件之间的控制和数据传输,因此,器件是 I^2C 总线系统的主体,而总线本身只不过是数据传输的通路。

1. 器件分类

单片机芯片以及单片机系统的扩展芯片和外围部件都可能是 I^2C 总线的器件,其中包括存储器、显示器、转换器、驱动器和接口电路等。

总线系统中的各器件之间存在着一定的关系。可从两个角度来划分器件之间的关系。一种是按控制关系划分,器件之间存在着控制与被控制的关系(或主从关系)。其中起控制作用的称为主器件(或主控器件),而被控制的则称为从器件(或被控器件)。另一种是按数据的传输关系划分,器件之间存在着发送与接收的关系,其中发送数据的器件称为发送器,而接收数据的器件则称为接收器。

一个器件在 I^2C 总线中扮演什么角色,首先要看器件本身是否具有 CPU。具有 CPU 的器件(例如,单片机等),因为能对 I^2C 总线进行主动控制,所以它们既可以作为主控器件,又可以成为被控的从器件,既可以发送数据又可以接收数据。反之,那些没有 CPU 的器件因不能对 I^2C 总线进行主动控制,则只能作为被控从器件。至于是发送数据的从器件还是接收数据的从器件,完全取决于器件本身的性能。例如,LCD 驱动器只能作从接收器,而键盘接口则只能作从发送器。

对于只有一个主控器件的 I^2C 总线系统,称为单主系统;而有多个主控器件的系统则称为多主系统。但即使在多主系统中,一次数据传输过程也只能在一个主器件和一个从器件之间进行。也就是说,尽管在系统中能成为主控器件的器件有多个,但当前的主控器件却只能有一个。

2. 器件工作方式

既然 I²C 总线共有 4 种数据传输方式,那么总线系统中的器件也同样应该有 4 种工作方式,即主发送方式(该器件作为主控器件发送数据)、主接收方式(该器件作为主控器件接收数据)、从发送方式(该器件作为被控器件发送数据)以及从接收方式(该器件作为被控器件接收数据)。一个具体的器件可能具有哪几种工作方式,完全取决于它本身的功能。

3. 器件寻址

并行系统的地址通过地址线传送,寻址操作一次完成,即一步到位直达存储器单元;而在 I²C 总线系统中,由于没有地址线可供使用,地址只能通过串行线 SDA 传送。从用户的角度出发,我们首先关心的是器件寻址,即如何找到从器件。

(1) 器件编址

在 I²C 总线中,器件编址也称为器件从地址。I²C 总线启动后主控器件发送的第一个字节是寻址字节,以 SLA+R/$\overline{W}$ 表示,其中 SLA 表示的前 7 位即为器件从地址。I²C 器件编址由"I²C 总线委员会"统一分配,并且遵循一定的规则。一些常用 I²C 器件的编址如表 9.1 所列。

表 9.1 常用 I²C 器件编址

器件型号	器件名称	器件编址(A6~A0)
PCF8566	96 段 LCD 驱动器	011111A0
PCF8568	LCD 点阵显示列驱动器	011110A0
PCF8569	LCD 点阵显示行驱动器	011110A0
PCF8570	256×8 静态 RAM	1010A2A1A0
PCF8570C	256×8 静态 RAM	1011A2A1A0
PCF8571	128×8 静态 RAM	1010A2A1A0
PCF8574	I²C 总线到 8 位并行总线转换器	0100A2A1A0
PCF8574A	I²C 总线到 8 位并行总线转换器	0111A2A1A0
PCF8576	160 段 LCD 驱动器	011100A0
PCF8577	64 段 LCD 驱动器	0111010
PCF8577A	64 段 LCD 驱动器	0111011
PCF8578	LCD 点阵显示行/列驱动器	011110A0
PCF8579	LCD 点阵显示行/列驱动器	011110A0
PCF8581	128 字节 E²PROM	1010A2A1A0
PCF8582	256 字节 E²PROM	1010A2A1A0
PCF8591	4 通道 8 位 A/D,1 路 8 位 D/A	1001A2A1A0
PCF8594	512 字节 E²PROM	1010A2A1A0
SAA1064	4 位 LED 驱动器	01110A1A0

表中所列举的 I^2C 器件在系统中只能作为从器件使用,都是被寻址的对象。而对于单片机芯片则没有编址的必要,因为在绝大多数情况下,它们都是在单主系统中作为主控器件使用的,不存在被寻址的可能性。即使在多主系统中有可能成为从器件,也可以通过程序给它们写入临时从地址来解决。

(2) 引脚地址

在上述器件编址表中,编址位中的 A2A1A0、A1A0 和 A0 表示其对应位的编码是通过外接电平得到的。为此,芯片上应有同名的引脚,使用时把引脚分别接高、低电平,在对应位就可以得到 1 或 0 编码。因为这几位器件编码是通过引脚设定的,所以就称为引脚地址。芯片的引脚地址总是从最低位开始安排。

在器件编址中引入引脚地址的概念,是为了把系统中同类器件的不同芯片加以区别。一个 I^2C 总线系统中有多个同类器件芯片的最典型情况莫过于存储器扩展,当外扩展存储器容量较大时,就需要接入多个同类芯片。为了能把这些芯片区分开来,就需要采用引脚地址的办法。例如,引脚地址为 3 位时,通过外接高低电平组合可以得到 8 个器件地址,能把 8 个同类芯片区分开来,所以在一个系统中就可以接入 8 个同类芯片。

此外,LED 和 LCD 驱动芯片等也存在同样问题,但由于同类芯片的数目一般不会超过 4 个,所以引脚地址只有 2 位或 1 位。而对于那些在一个系统中只能有惟一一个的器件,没有必要设置引脚地址,所以它们的器件编址全部是固定码。

到此,I^2C 总线器件寻址问题已经全部解决。但最后还须说明,除引脚地址之外的其他器件编码,是在芯片生产过程中写入的,并固化在其从地址寄存器中。对用户来说,只须使用而不能改动。

9.3 单片机 8×C552 的 I^2C 总线

单片机芯片 8×C552 带 I^2C 总线接口,具有完整的 I^2C 总线功能。通过它便于对 I^2C 总线做进一步说明。

9.3.1 8×C552 的 I^2C 总线接口电路

1. I^2C 总线接口的结构

单片机芯片 8×C552 是在保留原 UART 串行通信口的基础上,另外增加了一个 I^2C 总线接口。通常把原来用于串行通信的串行口叫 SIO0,而把 I^2C 总线接口命名为 SIO1。SIO1 的电路结构如图 9.9 所示。

8×C552 的 I^2C 总线接口的基本逻辑由总线输入/输出电路、比较器、串行时钟发生器、总线竞争和同步逻辑以及定时和控制逻辑等组成,下面作一些介绍。

① 总线输入/输出电路。总线输入/输出电路用于时钟信号 SCL 和数据信号 SDA 的输

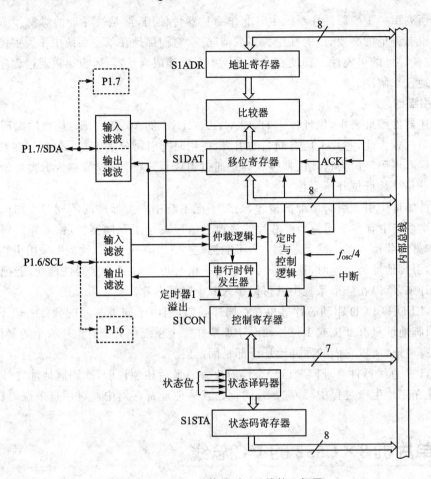

图9.9 8×C552芯片的I²C总线接口框图

入/输出,图中标为"输入滤波"和"输出滤波",这表明SCL和SDA都是双向线。SCL的双向性是由于主控器件要通过它发送时钟信号,同时还要随时监测其电平变化,用以确定SDA线上的信号变化。

② 比较器。比较器用于地址比较,即将SDA线上传送的7位寻址地址与本芯片的从地址进行比较;如果相同,则本芯片即为被寻址的从器件;否则不予理睬。

③ 总线竞争和同步逻辑。I²C总线竞争的仲裁与时钟同步完全依靠硬件电路实现,无须人工干预。为此,在I²C总线工作时,总线竞争逻辑将随时检测在SDA线上是否有高电平信号出现,以便当总线竞争出现时进行仲裁。

④ 串行时钟发生器。SCL时钟脉冲是由主控器件提供的,为此8×C552有一个可编程的串行时钟发生器,以便当它作为主控器件时能向总线发出时钟脉冲。而当8×C552作为被控从器件时,则切断时钟发生器。时钟脉冲的频率选择是通过对总线接口电路中控制寄存器

S1CON 的相关位进行设置实现的。

⑤ 定时和控制逻辑。定时和控制逻辑产生串行数据传输时使用的定时和控制信号，例如，数据移位寄存器 S1DAT 的移位信号、比较器的使能信号等都是由它提供的。定时和控制逻辑还用于产生启动信号和停止信号、检测启动信号和停止信号、检测应答信号等。此外，数据传输的主从关系、中断请求和 I²C 总线的状态译码等也是由定时控制逻辑控制的。

8×C552 芯片中没有设置专用的 I²C 时钟信号和数据信号引线，而是借用 P1 口的两条口线，列表如下：

口线	第 1 功能	第 2 功能
P1.6	开漏输出口线	SCL(I²C 总线时钟信号线)
P1.7		SDA(I²C 总线数据信号线)

2. I²C 总线专用寄存器

8×C552 的 I²C 总线接口电路中还包含 4 个专用寄存器：地址寄存器 S1ADR、数据寄存器 S1DAT、控制寄存器 S1CON 和状态码寄存器 S1STA。由于篇幅所限，这里只介绍其中的地址寄存器。

地址寄存器为 8 位可读/写寄存器，地址为 0DBH，用于存放 7 位器件编址和广播呼叫识别位 GC 的状态。其位格式表示如下：

D7	D6	D5	D4	D3	D2	D1	D0
			器件从地址				GC

S1ADR 寄存器的内容由用户通过程序写入，其中最低位 GC 用于规定对广播呼叫是否作出响应，GC=1 为响应；GC=0 为不予理睬。

下面简单介绍广播呼叫的概念。广播寻址是 I²C 总线的一种特殊工作方式。前面讲过，I²C 系统器件联系是通过主控器件的主动寻址来实现的。但在实际应用中，光有主控器件的主动寻址还不够，有时还需要有其他建立器件联系的方法，这就是广播寻址方式。

适用于广播方式建立器件联系的最典型例子是键盘。键盘用于输入命令和数据，但这种输入是随机的，主控器件无法知道它什么时候有输入，因此无法对它进行主动寻址，而键盘也不知道应该把键码发送给谁。为此就出现了一种与主动寻址相反的方法，即键盘把自己要传送数据的请求和本器件编址在总线上"广播"出去，通过自我推介表达："你们中谁应当接收我的数据"。这就是广播寻址方式，所谓广播就是发送信息让大家"听"的意思。

虽然广播是针对整个系统的全呼叫，但系统中各器件"听不听"广播却是可控的，具体由器件地址寄存器中最低位 GC 的状态来控制。

3. I²C 总线中断

带有 I²C 接口的单片机芯片 8×C552 中，增加了一个新的中断类型，即 I²C 中断，它是专

门为 I^2C 总线的数据传输服务的。每当总线上一个基本操作完成后,便在产生状态码的同时,由硬件置位中断允许寄存器 IE0 的 ESI 位。这时如果中断系统开放且 I^2C 中断允许,则产生一个 I^2C 中断请求。

9.3.2 8×C552 的 I^2C 总线控制机制

I^2C 总线的数据传输是在接口电路控制基础上再通过执行程序实现的。因此,8×C552 的 I^2C 总线控制机制的核心思想是按基本操作编写子程序,再通过状态码和中断把相关的子程序联系起来,形成一个基本操作的链条,以实现完整的数据传输过程。

1. I^2C 总线状态码

所谓状态是指一个基本操作子程序运行后 I^2C 总线接口中电路的状态,而状态码则是该状态的二进制编码。

为此,在 8×C552 的 I^2C 总线接口电路中有状态译码电路和状态码寄存器,每当一个基本操作结束后,就由状态译码电路产生 5 位状态码。状态码保存在 8 位状态码寄存器中,并占据其高 5 位,而将其低 3 位以 0 填补,从而得到 8 位状态码。由于低 3 位为 0,所以各状态码的码值依次相差 8。I^2C 总线共有 26 种基本操作,因而也就有 26 个相应的状态码。现汇总于表 9.2 中。

表 9.2 I^2C 总线状态码

状态码	对应的基本操作或总线状态
00H	总线错误
08H	发出启动信号
10H	发出重复启动信号
18H	主发送方式下,发出 SLA+W 后收到应答信号
20H	主发送方式下,发出 SLA+W 后未收到应答信号
28H	主发送方式下,发送一个数据字节后收到应答信号
30H	主发送方式下,发送一个数据字节后未收到应答信号
38H	主接收方式下,发出 SLA+R 后未接收到应答信号
40H	主接收方式下,发出 SLA+R 后收到应答信号
48H	主接收方式下,发出 SLA+R 后未收到应答信号
50H	主接收方式下,接收到一个数据字节后回送了应答信号
58H	主接收方式下,接收到一个数据字节后未回送应答信号
60H	从接收或从发送方式下,收到自己从地址并回送了应答信号

续表 9.2

状态码	对应的基本操作或总线状态
68H	从接收或从发送方式下,主方发出 SLA+R/$\overline{W}$ 后失去总线,收到自己的从地址并回送了应答信号
70H	收到广播呼叫,回送了应答信号
78H	从接收方式下,主方发出 SLA+W 后失去总线,但收到了广播呼叫,并回送了应答信号
80H	从接收方式下,接收到一个数据字节并回送了应答信号
88H	从接收方式下,接收到一个数据字节后未回送应答信号
90H	广播呼叫方式下,接收到一个数据字节并回送应答信号
98H	广播呼叫方式下,接收到一个数据字节后未回送应答信号
A0H	从接收或从发送方式下,接收到停止信号或重复启动信号
A8H	从发送方式下,收到了自己的从地址(SLA+R)并回送了应答信号
B0H	从发送方式下,主方失去总线,但同时收到了自己的从地址(SLA+R)并回送了应答信号
B8H	从发送方式下,发送了一个数据字节并收到应答信号
C0H	从发送方式下,发送完一个数据字节后未收到应答信号
C8H	从发送方式下,发送完最后一个数据字节并收到应答信号

2. I²C 总线协议驱动程序

I²C 总线采用的是利用前面操作得到的状态码、通过中断来引导后续操作的思路来进行数据传输。所以在讲完状态码和中断之后,紧接着就要讲后续操作的子程序。加"后续"两字只是为了强调状态码是当前操作的,而通过中断调用的子程序,则是后续进行的操作。

8×C552 把全部 26 个状态操作子程序,连同调用的下一级子程序,作为总线协议驱动程序提供给用户。此处因受篇幅限制,仅列出程序清单的一部分,仅共参考。为清楚起见,每个程序段开头的起始地址伪指令使用粗体字。

```
        ORG    0000H
STRT:   LJMP   MAIN           ;系统复位后转应用程序
        ORG    002BH
IICI:   PUSH   PSW            ;I²C中断服务程序
        PUSH   S1STA
        PUSH   HADD
        RET                   ;返回到相应的后续处理子程序
        ORG    00A0H
INITS1: MOV    PSW,#18H       ;选择寄存器组
        MOV    R1,#MTD        ;发送数据缓冲区首址
```

```
            MOV   R0,#MRD        ;接收数据缓冲区首址
            MOV   BACKUP,NUMBYT  ;字节数
            POP   PSW            ;恢复程序状态字
            RETI
            ORG   00B0H
NOLD1:      MOV   PSW,#18H
            MOV   S1DAT,@R1
CON:        MOV   S1CON,#0C5H
            INC   R1
RETMT:      POP   PSW
            RETI
            ORG   00C0H
REC1:       DJNZ  NUMBYT,NOLD2
            MOV   S1CON,#0C1H
            SJMP  RETMR
NOLD2:      MOV   S1CON,#0C5H
RETMR:      INC   R0
            POP   PSW
            RETI
            ORG   00D0H
INITRD:     MOV   R0,#SRD
            MOV   R1,#08H
            POP   PSW
            RETI
            ORG   00D8H
REC2:       DJNZ  R1,NOLD3
LDAT:       MOV   S1CON,#0C1H
            POP   PSW
            RETI
            ORG   00E0H
NOLD3:      MOV   S1CON,#10C5H
            INC   R0
RETSR:      POP   PSW
            RETI
            ORG   00E8H
INITS2:     MOV   PSW,#18H
            MOV   R1,#STD
            INC   R1
```

	POP	PSW	
	RETI		
	ORG	**00F8H**	
SCTN:	MOV	S1CON,#0C5H	
	INC	R	
	POP	PSW	
	RETI		
	ORG	**0100H**	
SI00:	MOV	S1CON,#0D5H	;总线错误。进入非寻址从方式,释放总线
	POP	PSW	
	RETI		
	ORG	**0108H**	
SI08:	MOV	S1DAT,SLA	;启动信号正常发出。准备发送 SLA+R/$\overline{W}$ 和接收应答信号
	MOV	S1CON,#0C5H	
	AJMP	INITS1	
	ORG	**0110H**	
SI10:	MOV	S1DAT,SLA	;发出重复启动信号。准备发送 SLA+R/$\overline{W}$ 和接收应答信号
	MOV	S1CON,#0D5H	
	AJMP	INIS1	
	ORG	**0118H**	
SI18:	MOV	PSW,#18H	;主发送方式下,发出 SLA+W 后收到应答信号
	MOV	S1DAT,@R1	;准备发第 1 个数据字节
	AJMP	CON	
	ORG	**0120H**	
SI20:	MOV	S1CON,#0D5H	;主发送方式下,发出 SLA+W 后未收到应答信号。发停止信号
	POP	PSW	
	RETI		
	ORG	**0128H**	
SI28:	DJNZ	NUMBYT,NOLD1	;主发送方式下,发送一个数据字节后收到应答信号。准备继
	MOV	S1CON,#0D5H	;续发送数据字节或停止信号
	AJMP	RETMT	
	ORG	**0130H**	
SI30:	MOV	S1CON,#0D5H	;主发送方式下,发送数据字节后未收到应答信号。发停止信号
	POP	PSW	
	RETI		
	ORG	**0138H**	
SI38:	MOV	S1CON,#0E5H	;失去总线,进入非寻址方式,总线空闲时,再发启动信号
	MOV	NUMBBYT,BACKUP	

```
              AJMP  RETMT
        ORG   0140H
SI40:   MOV   S1CON,#0C5H      ;主接收方式下,发出 SLA+R 后收到应答信号。准备接收数据
        POP   PSW              ;字节并回送应答信号
        RETI
        ORG   0148H
SI48:   MOV   S1CON,#0D5H      ;主接收方式下,发出 SLA+R 后未收到应答信号。发出停止信号
        POP   PSW
        RETI
        ORG   0150H
SI50:   MOV   PSW,#18H         ;主接收方式下,接收到数据字节并回送了应答信号。读出
        MOV   @R0,S1DAT        ;数据,准备接收下一个数据字节。若是最后一个字节不回送
        AJMP  RECI             ;应答信号
        ORG   0158H
SI58:   MOV   PSW,#18H         ;主接收方式下,接收到一个数据字节后不回送应答信号。发
        AJMP  SI48             ;停止信号
          ⋮
        ORG   01C8H
SIC8:   MOV   S1CON,#0C5H      ;发送完最后一个数据,收到应答信号,进入非寻址从方式
        POP   PSW
        RETI
```

其中标号 SI00 开头的为总线错误子程序段,SI08~SIC8 表示对应状态码 08H~C8H 的后续操作子程序,其余为执行状态操作子程序时可能要调用的下级子程序。

9.3.3 由 8×C552 构成的单主 I²C 总线系统

单主系统是只有一个主控器件的 I²C 总线系统,最简单也最常见。单主系统中的主控器件通常是单片机,被控从器件可以是存储器或接口电路等。单主 I²C 总线系统的数据传送只有主发送和主接收两种方式。在 I²C 总线全部 26 个状态码中,单主方式的数据发送和接收操作只涉及 10 个,即 08H、10H、18H、20H、28H、30H、40H、48H、50H 和 58H。

1. 单主系统应用举例

假定主控器件为单片机 8×C552,被控从器件为存储器芯片,只能采用主发送方式。

(1) 传输程序设计

在传输程序中要使用一些数据缓冲区和存储单元,它们的名称和地址已根据 I²C 总线驱动程序作了约定,现列于表 9.3 中,使用时一般无须改动。

表 9.3 缓冲区和存储单元的名称和地址

符号	名称	地址
BACKUP	原始传送字节数备份单元	53H
NUMBYT	传送字节数存放单元	52H
SLA	寻址字节存放单元	51H
HADD	配套程序地址高位字节	50H
STD	从发送缓冲区首址	48H~4FH
SRD	从接收缓冲区首址	40H~47H
MRD	主接收缓冲区首址	38H~3FH
MTD	主发送缓冲区首址	30H~37H

下面是主发送程序 MAIN,其名称在 I^2C 总线配套程序中已经规定好了。程序中首先对数据缓冲区和存储单元使用 EQU 伪指令进行赋值(在程序中用粗体字显示)。

```
MAIN: MTD     EQU    30H
      MRD     EQU    38H
      SRD     EQU    40H
      STD     EQU    48H
      HAAD    EQU    50H
      SLA     EQU    51H
      NUMBYT  EQU    52H
      BACKUP  EQU    53H
      MOV     S1ADR, #××H     ;8×C552 的器件地址写入
      SETB    P1.6            ;口线锁存器置1,供 I²C 总线使用
      SETB    P1.7
      MOV     HAAD, #01H      ;配套程序地址高 8 位
      ORL     IE0, #0A0H      ;开放 I²C 总线中断系统
      CLR     0BDH            ;设置为低优先级
      MOV     S1CON, #0C5H    ;I²C 总线接口使能,设置时钟频率
      MOV     NUMBYT, #08H    ;传送数据字节数
      MOV     SLA, #0A0H      ;寻址字节 SLA+W
      SETB    STA             ;启动 I²C 总线操作
```

使用时,系统复位后即转入刚刚讲过的总线驱动程序,执行第一条跳转指令 LJMP 后,就转向本传输程序 MAIN。在程序中,除数据缓冲区和存储单元赋值外,还要进行一系列的初始化操作,然后执行"SETB STA"指令,启动 I^2C 总线。STA 是 8×C552 芯片 I^2C 接口控制寄存器 S1CON 中的启动位,置 1 后将启动 I^2C 总线操作。

由于在单主系统中不存在总线竞争问题,所以 I²C 总线启动后即产生 08H 状态码,并随之产生中断请求,中断响应后执行中断处理程序,进行相关的后续操作。总结起来,单主系统的操作流程如图 9.10 所示。

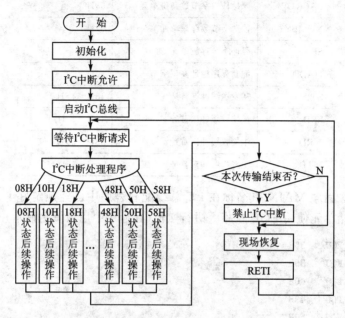

图 9.10 单主 I²C 总线系统的操作流程

(2) 中断处理程序

中断处理程序位于总线驱动程序中,名为 IICI。该中断处理程序很有特点,为便于说明,我们不妨在此重新列出。

```
IICI: PUSH PSW
      PUSH S1STA
      PUSH HADD
      RET
```

程序执行时,进栈数据的顺序依次为:断点地址、PSW、S1STA 和 HADD。而执行到 RET 指令时,按"后进先出"的规则,出栈的顺序变为:HADD、S1STA、PSW 和断点地址。结果把 HADD 和 S1STA 的内容作为断点送入 PC,所以从子程序返回后能转向当前状态码所对应的后续操作子程序中去。其思路非常巧妙。

在本例中,HADD 的内容为 01H,I²C 总线启动后得到的状态码为 08H。经中断处理后,转向 0108H 去执行程序,而这正是 08H 状态码的后续操作子程序。由于各状态码的码值依次相差 8,因此,也就给各操作子程序预留了只有 8 个单元的地址空间。

可见，在 I²C 总线系统中，中断不是数据处理的需要，而是操作衔接的需要，因此，每一步 I²C 基本操作都会产生中断请求。

2. 数据传送过程说明

下面对本应用举例中主发送过程所需要的几个基本操作子程序进行说明，以加深对 I²C 总线数据传送过程的了解。

(1) **SI08**（启动信号正常发出，准备发送 SLA＋R/W 和接收应答信号）

中断处理完成后，PC＝0108H，转去执行 SI08 操作子程序。在 SI08 程序中，首先用一条 MOV 指令向接口的数据寄存器写入 SLA＋W，并发送出去，再用一条 MOV 指令设置时钟频率并为接收应答信号作准备。然后调用下级子程序 INITS1。

在 INITS1 子程序中，4 条 MOV 指令的功能依次为：先选择寄存器组 3（18H～1FH），再设置发送数据缓冲区指针 R1 和接收数据缓冲区指针 R0（在寄存器组 3 中，R0 地址为 18H，R1 地址为 19H），然后再设置数据字节个数和恢复程序状态字，最后以 RETI 指令结束。

请注意两条返回指令的奇妙使用。在中断程序中用 RET 指令返回，而在子程序 INITS1 中却用 RETI 指令返回。初看起来似乎有点不可思议，但仔细一想却很有道理。在中断程序中使用 RET 指令只是为了转状态操作子程序，真正的中断结束是在 INITS1 子程序最后的 RETI 指令，不但返回而且还把与中断相关的状态复位。

寻址字节发送后，存储芯片因器件地址相符而被选中，并回送应答信号。8×C552 接收到应答信号后，I²C 总线译码电路产生状态码 18H，并发出中断请求。

(2) **SI18**（发出 SLA＋W 后收到应答信号，准备发第一个数据字节）

执行中断程序后，转向 SI18 状态操作子程序。在 SI18 子程序中，同样先选择寄存器组，再将发送数据送入数据寄存器 S1DAT 中，然后跳转下级子程序 CON。在 CON 子程序中，通过写入控制寄存器 S1CON 把数据发送出去，然后数据指针增量，恢复程序状态字。数据发送完并接收到应答信号后，8×C552 的 I²C 总线接口电路产生状态码 28H 和发出中断请求。执行中断程序后，转向 SI28 状态操作子程序。

(3) **SI28**（发送一个数据字节后收到应答信号，准备继续发送数据字节或停止信号）

在 SI28 子程序中，字节数减 1，结果不为 0，转向下级子程序 NOLD1。通过 NOLD1 发送下一个数据。接收到应答信号后得到的状态码还是 28H，从而使数据发送得以多次重复。

当数据发送完时，在 NOLD1 子程序中字节数减 1 后等于 0，程序顺序执行，向 I²C 总线发出停止信号，再转向 RETMT，以恢复程序状态字并返回。发送停止信号后就不会产生状态码，所以这次返回后也就结束了整个数据传输，同时释放 I²C 总线。

9.4　单片机 8×C552 的串行扩展

由于 8×C552 有 I²C 总线接口，所以使用时应尽量使用 I²C 总线进行串行扩展。

9.4.1 通过 I²C 总线扩展串行数据存储器

串行数据存储器扩展应使用带 I²C 总线接口的静态 RAM 芯片,现以 Philips 公司的 PCF8571/8570/8570C 为例进行介绍。

1. PCF8571/8570/8570C 芯片概述

PCF8571/8570/8570C 是具有 I²C 总线接口的低功耗 CMOS 静态 RAM 芯片,其中 PCF8571 容量为 128 字节,器件编码是 1010;PCF8570 为 256 字节,器件编码也是 1010;PCF8570C 为 256 字节,器件编码是 1011。它们的主要特性如下:

- 工作电压为 2.5～6 V,最小维持电压为 1 V;
- 3 位引脚地址(A_2、A_1、A_0);
- 内部存储单元地址自动增量。

在 I²C 总线系统中,PCF8571/8570/8570C 芯片只能作为被控从器件,所以它们的硬件结构比较简单,只有 8 条引脚,如图 9.11 所示。在引脚图中,A_2、A_1、A_0 为 3 个地址引脚,SDA 为数据线,SCL 为时钟线,TEST 为测试引脚(不用时接地),V_{DD} 为电源正端,V_{SS} 为电源负端(地)。

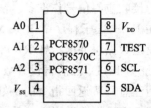

图 9.11　PCF8571/8570/8570C 引脚图

硬件结构如图 9.12 所示。其中,存储阵列、行选择、列选择、多路开关和读/写控制等电路构成了芯片的存储部分,而输入滤波器、字地址寄存器、移位寄存器和总线控制等则组成 I²C 总线的接口电路。

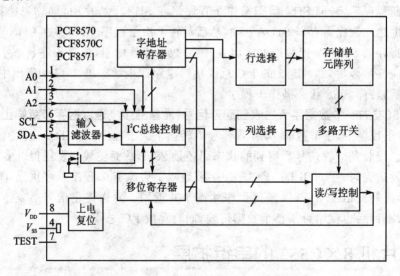

图 9.12　PCF8571/8570/8570C 硬件结构图

2. 数据读/写操作

PCF8571/8570/8570C 存储芯片只有 3 种数据操作形式，即指定地址写、指定地址读和现行地址读。

(1) 指定地址写

指定地址写是从指定的存储单元开始，按地址增量顺序依次写入 n 个字节数据，其操作格式如下：

| S | SLA+W | A | 指定地址 | A | 写入数据1 | A | 写入数据2 | A |

| 写入数据3 | A | … | 写入数据n | A | P |

(2) 指定地址读

指定地址读是从指定的存储单元开始，按地址增量顺序依次读出 n 个字节数据。其操作格式如下：

| S | SLA+W | A | 指定地址 | A | S | SLA+R | A | 读出数据1 | A |

| 读出数据2 | A | … | 读出数据n | NA | P |

(3) 现行地址读

现行地址读是不指定单元地址的读操作，读出从当前地址开始，然后再沿地址增量顺序依次读出 n 个字节数据。其操作格式如下：

| S | SLA+R | A | 读出数据1 | A | 读出数据2 | A |

| 读出数据3 | A | … | 读出数据n | NA | P |

3. 串行数据存储器扩展连接

由于 PCF8571/8570/8570C 存储芯片的容量较小，所以当外扩展存储容量较大时，常需要接入多个芯片。图 9.13 就是一个多片数据存储器扩展系统。

虽然 PCF8570 和 PCF8570C 都是存储芯片，但由于它们的器件编址高 4 位不同，就认为它们是不同类的器件，所以可同时接入一个总线系统中。即在一个 I^2C 总线系统中可同时扩展最多 8 片 PCF8571/8570 和 8 片 PCF8570C，共 16 片 RAM 芯片。

对于地址引脚的使用，以最上面的那片 PCF8570 为例进行说明。它的器件编址高 4 位为 1010，3 个地址引脚均接地，所以器件地址为 1010000。主控器件选择该芯片作从接收器使用时，SLA+W=1010000(A0H)；作从发送器使用时，SLA+R=1010001(A1H)。

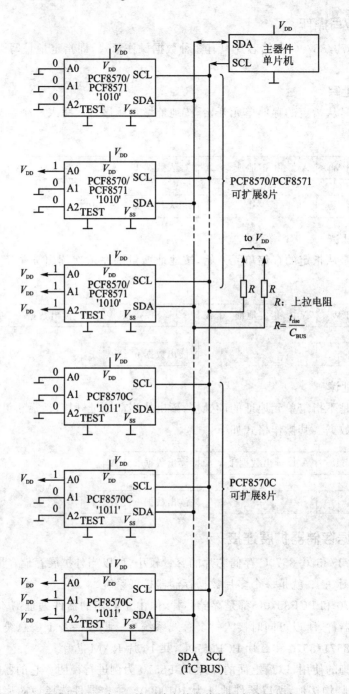

图 9.13 I^2C 总线系统中的多片数据存储器扩展

9.4.2 I²C 总线的发展

扩充系统,增加器件数目,提高存储容量,是 I²C 总线发展的一个重要方面。下面介绍在 I²C 总线中增加器件数目的一些方法。

1. 页地址

在 I²C 总线系统中,常把器件内部的存储单元地址称为子地址。器件寻址后,主控器件再通过串行线传送子地址给被寻址的存储芯片,以读/写其中的存储单元。但 8 位子地址只能寻址 256 个存储单元,所以早期串行存储芯片的容量都在 256 B 之下。

此后,为了增加串行存储芯片的容量,又引出了"页地址"的概念。下面是 3 个带页地址的串行 E²PROM 芯片:

AT24C04 芯片以 P0 为页地址,1 位页地址只能表示 2 页,即 P0=0 时,指向低 256 单元,P0=1 时,指向高 256 单元;而 AT24C08 和 AT24C16 芯片分别有 2 位和 3 位页地址,分别能表示 4 页和 8 页。

存储芯片型号	存储容量/B	器件编址
AT24C04	512	1010A2A1P0
AT24C08	1024	1010A2P1P0
AT24C16	2048	1010P2P1P0

但须说明,P2、P1 和 P0 作页地址位使用时,就不用它们作引脚地址区分芯片了,所以在电路连接时应作悬空处理。另外,还可以看到,虽然页地址有利于在 I²C 总线系统中使用大容量存储芯片,但页地址是用地址引脚定义的,在加大芯片存储容量的同时也就意味着减少系统中的芯片数量。所以页地址的使用并不能增加总的扩展容量,要想增加系统总的存储容量,I²C 总线发展了 10 位地址方式。

2. 10 位地址方式

所谓 10 位地址方式,就是把器件编址从 7 位增加到 10 位。10 位地址方式是 I²C 总线的发展趋势,目的在于增加系统的器件数目。I²C 总线最初使用 7 位器件地址,只有 128 个编码,再减掉一些预留的特殊编码,剩下供器件使用的编码不过百十来个,对于大型系统来说,这个数目显然偏小。而采用 10 位地址方式,可有 1024 个编码,即使减去一些特殊编码,也能把器件编码扩充到 1000 个左右。

(1) 10 位地址方式的寻址过程

为了保持与 7 位地址方式兼容,寻址增位必须在不改变原 I²C 总线协议的前提下进行。为此,在启动信号之后,主控器件发送的仍是寻址字节,但为适应寻址位数的增加,把寻址字节由一个增加到两个,进行两次发送。这两个字节依据发送顺序分别称为第一寻址字节和第二寻址字节。

第一寻址字节的内容是固定的,为 11110××W。其中高 5 位 11110 是 10 位地址方式的标志,"××"是 10 位器件编址中的最高 2 位,W 是方向位(写),为了紧接着发送第二寻址字节,第一字节的方向位必须固定为"写"。

第一寻址字节发送后,系统要对它的高 5 位进行检测。检测后若不是 10 位地址标志,仍按原来的 7 位寻址方式进行接下来的操作。若是 10 位地址标志,则应接着发送第二寻址字节,然后以第一寻址字节的 2 位"××"作高位,以第二寻址字节的全部作低 8 位,组成 10 位寻址地址。

在 10 位寻址过程中,从器件要进行两次地址比较。当从器件接收到第一寻址字节并且其中有 11110 标志后,就把自己从地址的 2 个高位与"××"位进行比较。然后接收第二寻址字节,再进行从地址低 8 位与第二寻址字节的比较。两次比较均相符的器件才是被寻址器件。

(2) 10 位地址方式的数据传送格式

10 位地址数据传送格式的特殊性就在于它的两次寻址上。下面以主发送方式和主接收方式为例进行说明。

▶ 主控器件发送数据

发送数据不需要改变第一寻址字节的方向位状态,所以在第二寻址字节后紧接着就向从器件发送数据。其数据传输格式为:

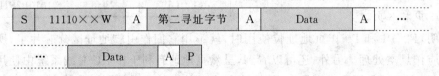

▶ 主控器件接收数据

为接收数据,需要在寻址成功后改变因寻址而形成的数据传送方向。所以在第二寻址字节后,要通过重复启动再重发一次改变方向的第一寻址字节,然后才可以接收从器件发送来的数据。其数据传输格式为:

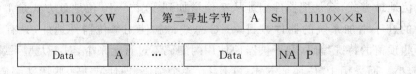

9.4.3 通过 I²C 总线扩展 LED 显示器

在以 8×C552 为主控器件的系统中,通过 I²C 总线串行扩展 LED 显示器,须使用带 I²C 总线接口的 LED 驱动芯片,例如 SAA1064 芯片。

1. LED 驱动芯片 SAA1064

SAA1064 是 I²C 总线系统中比较典型的专用 LED 驱动芯片,器件编址为 0111,共有 2 组 8 位段码驱动输出,采用 24 引脚双列直插式封装,如图 9.14 所示。

各引脚功能如下:

- ADR：模拟引脚地址输入端；
- P8～P1：LED 段码驱动引线组 1，P8 为高位；
- P16～P9：LED 段码驱动引线组 2，P16 为高位；
- MX1：动态显示公共极驱动信号 1；
- SCL、SDA：I²C 总线信号；
- Cext：时钟振荡器外接电容；
- MX2：动态显示公共极驱动信号 2；
- V_{CC}、V_{EE}：电源。

2. SAA1064 的接口连接和操作

SA1064 有静态和动态两种显示控制方式，其中静态方式可驱动 2 位 LED 显示器，动态方式可驱动 4 位 LED 显示器。它们的接口连接分别如图 9.15 和图 9.16 所示。

在 SAA1064 中有一个 5 单元的可寻址存储区，用于存放控制字和 4 位显示器的段码。通过主控器件向 SAA1064 写入控制字和数据来启动它的驱动操作及其控制功能。数据操作格式如下：

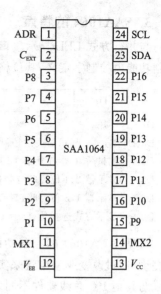

图 9.14　SAA1064 的引脚排列

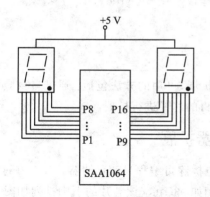

图 9.15　SAA1064 静态显示方式接口连接

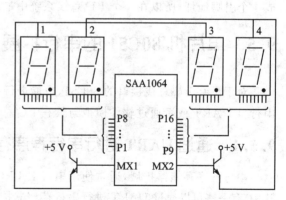

图 9.16　SAA1064 动态显示方式接口连接

S	SLA+W	A	首单元地址	A	控制字	A

数据 1	A	…	数据 4	A	P

其中首单元地址是指片内存储区的首地址，指定首地址是为了把紧接其后的控制字和显示数据写入这个存储区中。因为 SAA1064 具有地址自动加 1 功能，所以写入操作只要指出首地址就可以了。

3. SAA1064 的特点

与并行方式 LED 显示接口相比，SAA1064 除能驱动 LED 显示外，还具有一些控制功能。控制功能由控制字定义，其位格式表示如下：

D7	D6	D5	D4	D3	D2	D1	D0

D7——不用；

D6、D5、D4——显示器亮度控制，D6D5D4=111 时最亮；

D3——测试位，D3=1 所有 LED 的各段都亮；

D2——显示器 2、4 位亮暗选择位，D2=1 为亮；

D1——显示器 1、3 位亮暗选择位，D1=1 为亮；

D0——显示方式选择位，D0=1 为动态方式，D0=0 为静态方式。

可见，SAA1064 的控制功能包括：选择显示方式，按位选择点亮和熄灭，调节 LED 的显示亮度（通过改变驱动电流来实现）等。

与其他 I^2C 总线器件不同之处在于，SAA1064 有一个模拟地址引脚 ADR，按接入模拟电压值的大小对应 4 个引脚地址，分别为 A1A0=00，A1A0=01，A1A0=10 和 A1A0=11。结果一个 ADR 引脚与 2 个地址引脚 A1 和 A0 的作用相当，从而减少了引脚数目。正因为能形成 4 个引脚地址，所以在一个 I^2C 总线系统中最多可挂接 4 片 SAA1064。

9.5 单片机 80C51 的串行扩展

对于没有 I^2C 总线接口的 80C51，也能进行串行扩展，可用的方法包括：通过自身具有的串行口 UART 或者通过软件模拟与具有 I^2C 总线接口的芯片进行扩展。

9.5.1 通过 UART 进行串行程序存储器扩展

串行程序存储器扩展，通常使用串行 E^2PROM 电擦除可编程只读存储器芯片。在这类芯片中，有一些可以通过 UART 进行串行存储器扩展，例如 93C46。该芯片的引脚排列如图 9.17 所示。

引脚 ORG 为结构信号，其功能是当 ORG 接高电平或悬空时，片内为 16 位存储结构；当 ORG 接地时，片内改为 8 位存储结构。

通过 80C51 的串行口 UART 进行串行存储器的扩展连接并不复杂，例如，93C46 的连接如图 9.18 所示。

通过 80C51 的 TXD 为 93C46 提供时钟信号 CLK，但要经过反相再连接到 93C46 的 CLK 引脚，这是 E^2PROM 芯片时序的要求。读存储器操作时，串行数据由 DO 读出，再经 RXD 送给 80C51。编程操作时，写入数据由 TXD 送出，通过"与"门控制再送入 DI。口线 P1.0 提供的是系统读/写控制信号,通过"与"门控制写操作。当写操作时,P1.0=1,"与"门开启,命令、地址或数据可以写入93C46;当读操作时,P1.0=0,三态门开启,读数据可以送入80C51。本图中使用三态门表示,系统中可以有多个串行存储芯片经RXD接入。

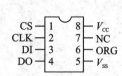

图 9.17　93C46 芯片引脚排列

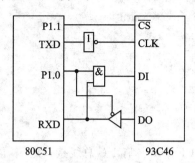

图 9.18　通过 UART 的串行存储器扩展连接

从此例中可以看到,串行存储芯片的引脚数目比并行芯片少很多,这有利于简化硬件连接,但读/写操作要复杂一些。因为没有硬件提供的读/写信号,所以它的读/写操作是通过程序命令控制的。因此,93C46用命令来控制存储器的读/写和擦除等操作,其中包括读命令、写命令、单元擦除命令、整个存储器擦除命令、写整个存储器命令、擦/写允许命令和擦/写禁止命令等。

9.5.2　串行接口的软件模拟

串行接口功能也可以通过软件模拟实现,即在并行口线上通过软件驱动来实现串行数据传输,这就是串行接口的软件模拟方法,在一些简单的没有串行接口的小系统中常使用这种方法。现以80C51与PCF8582的串行接口为例,说明I^2C总线接口的软件模拟方法。PCF8582是具有I^2C总线接口的E^2PROM存储芯片,而80C51没有I^2C总线接口,为实现存储器读/写的串行数据传输,就要使用软件来模拟80C51的I^2C总线功能。

以80C51的P3.4和P3.5分别作为I^2C的串行时钟线SCL和串行数据线SDA,其电路连接如图9.19所示。

在80C51芯片上,由于P3口线内有上拉电阻,所以不用外接上拉电阻。在PCF8582芯片上,A2、A1、A0接地,即引脚地址为000。

下面写出一些程序段落,借以对编程思路作简单说明。程序首先从启动I^2C总线开始。为启动I^2C总线,应先把SCL和SDA线都置高,经一段时间延迟后,再把SDA线变低。为此可使用如下指令序列。但应注意,以下各指令

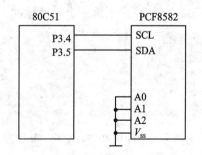

图 9.19　80C51 与 PCF8582 的模拟 I^2C 总线连接

序列中调用或跳转的延迟子程序 DELAY,只是为了说明在该处需要有时间延迟,不考虑具体的延迟时间。

```
SCL    EQU 0B4H
SDA    EQU 0B5H
SETB   SCL
NOP
NOP
SETB   SDA
ACALL  DELAY
CLR    SDA
```

PCF8582 具有 I²C 总线接口电路,能检测到总线上的启动信号,并随后进入工作状态,接收 80C51 发送来的寻址字节。在 I²C 总线中,数据传送是高位在前低位在后,所以使用循环左移指令 RLC 先把数据位移入标志位 C,再用位传送指令发送出去。2 条指令如下:

```
RLC A
MOV SDA,C
```

PCF8582 每接收到一个字节数据后应当返回应答信号,为了迎接 PCF8582 的应答信号,80C51 的模拟程序应释放 SDA 线,使其变为高电平。同时也应将 SCL 线先变高再变低,以产生第 9 个时钟脉冲。指令序列如下:

```
SETB   SDA
ACALL  DELAY
SETB   SCL
ACALL  DELAY
CLR    SCL
```

如果是读 PCF8582 操作,80C51 每接收到一个数据字节后,向 PCF8582 发送应答信号,即把 SDA 变低,并产生第 9 个时钟脉冲。为此可使用如下指令序列:

```
CLR    SDA
ACALL  DELAY
SETB   SCL
ACALL  DELAY
CLR    SCL
```

停止信号应当由 80C51 发出,指令序列如下:

```
CLR    SDA
NOP
NOP
```

```
SETB    SCL
ACALL   DELAY
SETB    SDA
```

注意：SDA 和 SCL 的信号配合关系。每次状态改变总是 SDA 信号在前,然后才是 SCL 信号变化,这正符合前述"在时钟信号高电平期间,数据线上的电平状态必须保持稳定;只有在时钟信号为低电平时,才允许数据位状态发生变化"的原则。

9.5.3　I^2C 总线接口芯片 PCF8584

对于像 80C51 这样没有 I^2C 总线接口的单片机,可借用 I^2C 总线接口芯片实现 I^2C 总线操作。一个比较典型的 I^2C 总线接口芯片是 PCF8584,它的基本功能是实现从并行总线到 I^2C 总线的转换,所以该芯片也被称为并行总线——I^2C 总线转接器。

1. PCF8584 的逻辑结构

由 PCF8584 接口的单片机应能在 I^2C 总线系统中作为主控器件,所以为它接口的 PCF8584 芯片硬件结构比较复杂。其逻辑结构如图 9.20 所示。

PCF8584 的主要组成部分有专用寄存器组(包括数据寄存器、自地址寄存器、控制寄存器/状态寄存器、时钟寄存器和中断向量寄存器)、并行总线控制逻辑以及 I^2C 总线接口逻辑等。

并行总线与 I^2C 总线之间的转换是通过数据寄存器实现的。数据寄存器是数据缓冲器和移位寄存器的综合,它一方面通过数据缓冲器与并行总线连接,另一方面又通过移位寄存器与 I^2C 总线相连。但两者共用一个地址,所以合称为数据寄存器。当 PCF8584 接口芯片要向 I^2C 总线发送数据时,并行数据直接写入串行移位寄存器,然后通过移位送上 SDA 线。接收数据时,串行数据从 SDA 线移入移位寄存器中,在应答信号出现的时刻,数据从移位寄存器复制到数据缓冲器,然后通过并行总线读入 CPU。

对 PCF8584 芯片,用户最关心的是控制寄存器、状态寄存器和自地址寄存器,下面分别介绍。其中控制寄存器和状态寄存器因共用一个地址可写为控制/状态寄存器。

控制寄存器为 8 位只写寄存器,位格式及主要控制位定义表示如下:

D7	D6	D5	D4	D3	D2	D1	D0
PIN	ES0	ES1	ES2	ENI	STA	STO	ACK

PIN——中断控制位；　　　　ES2~ES0——寄存器选择位；
ENI——中断允许位；　　　　STA——启动信号控制位；
STO——停止信号控制位；　　ACK——应答信号控制位。

状态寄存器为 8 位只读寄存器,位格式及主要控制位定义表示如下:

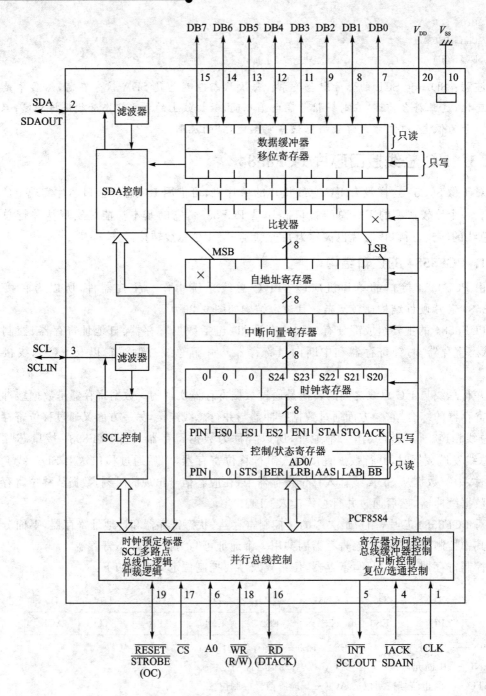

图 9.20 PCF8584 芯片的逻辑结构图

D7	D6	D5	D4	D3	D2	D1	D0
PIN	0	STS	BER	AD0/LRB	AAS	LAB	BB

PIN——中断控制位； STS——停止状态标志位；
BER——总线故障标志位； AD0——零地址位；
LRB——最后接收标志位； AAS——从器件寻址位；
LAB——仲裁失败位； $\overline{BB}$——总线忙标志位。

自地址寄存器也可称为从地址寄存器，它同样是 8 位寄存器（只用 7 位），用于存放本芯片的器件编码。自地址寄存器的存在表明：对于 PCF8584 这类用于单片机接口的芯片没有固定的器件编码，它的器件编码须在使用时通过程序写入。至于具体编码，只要既不与其他器件编码重复，又不是被保留的特殊编码就可以了。自地址寄存器的存在还表明 PCF8584 芯片可用于多主系统中。这时，PCF8584 可成为被寻址的从器件。

2. 通过 PCF8584 将 80C51 接入 I^2C 总线

PCF8584 的主要接口功能是将单片机接入 I^2C 总线系统，它与 80C51 的连接如图 9.21 所示。

PCF8584 的地址位为 A0，这个 A0 与前面讲过的引脚地址有些不同，它用于选择自身的寄存器。A0＝1 时，选择控制寄存器；A0＝0 时，选择状态寄存器。图中使用 P0.0 为 A0 提供状态。PCF8584 有一个片选信号 $\overline{CS}$，但它不是供 I^2C 总线系统使用的，而是为并行系统的选择需要而准备的。

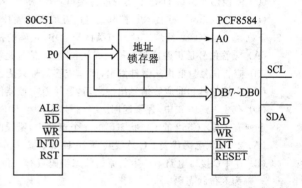

图 9.21 80C51 与 PCF8584 接口连接

练习题

（一）填空题

1. 在 I^2C 总线中，对应 SCL 高电平 SDA 负跳变的信号是（　　），对应 SCL 高电平 SDA 正跳变的信号是（　　），对应第 9 个 SCL 脉冲 SDA 低电平的信号是（　　），对应第 9 个 SCL 脉冲 SDA 高电平的信号是（　　），对应 SCL 高电平 SDA 低电平代表（　　），对应 SCL 高电平 SDA 高电平代表（　　）。
2. I^2C 总线的寻址字节包含两个信息，一是（　　），二是（　　）。假定从器件地址为 1010100，要从该器件读数据，则主控器件发送的寻址字节应当是（　　）。
3. 在 I^2C 总线中，总线启动后，以主发送方式只传送 1 个数据字节，其传送格式中的信息依次为：

( ),( ),( ),( )和( )。

4. I²C 总线系统中,数据由( )器件发送给( )器件即为从发送方式。在从发送方式中,启动信号和寻址字节由( )器件发出,应答信号由( )器件发出。若一次数据传送结束,应由( )器件返回( )信号,最后再由( )器件发出停止信号。

5. I²C 总线系统中,( )器件从( )器件接收数据即为从接收方式。在从接收方式中,启动信号和寻址字节由( )器件发出,应答信号由( )器件发出。若一次数据传送结束,应由( )器件发出停止信号。

6. 在 8×C552 的 I²C 总线操作中,假定状态码为 40H,设置的配套程序地址高位字节 HADD 为 50H。中断响应后,转去执行的操作子程序入口地址为( )。

(二) 单项选择题

1. 下列有关单片机系统串行化的叙述中,错误的是( )
   (A) 远程和多目标是单片机系统串行化的重要理由
   (B) 单片机系统串行化需采用串行总线接口标准,例如,I²C、SPI 和 USB 等
   (C) 能使用通信口 UART 实现串行接口功能,所以 RS-232 也是串行总线接口标准
   (D) 嵌入式 Internet 技术是控制信息的互联网传输技术

2. 下列 4 个与 I²C 总线应答信号有关的概念中,正确的是( )
   (A) 应答信号是正确接收数据的确认,非应答信号是接收数据不正确的表示
   (B) 应答信号只能由从器件发出,而非应答信号只能由主控器件发出
   (C) 应答信号和非应答信号出现之后,紧接着主控器件应发出停止信号
   (D) 在主发送方式中,为了返回应答信号,有一个对 SDA 线控制权的转换过程

3. 下列有关 8×C552 的 I²C 状态码的 4 个概念中,错误的是( )
   (A) 26 个状态码代表 I²C 总线共有 26 种基本操作
   (B) 在 I²C 接口电路中产生的原始状态编码只有 5 位,送状态寄存器存放时由于后 3 位恒为 0,才变为 8 位状态码
   (C) I²C 中断处理后,要跳转到 I²C 驱动程序的一个子程序去。该跳转地址的低位字节是状态码,高位字节根据驱动程序位置设定(以 HADD 表示)
   (D) I²C 中断处理后,通过状态码跳转到 I²C 驱动程序中的一个子程序,其执行结果经译码得到本状态码

4. 下列有关 8×C552 的 I²C 中断的 4 个概念中,错误的是( )
   (A) I²C 中断处理程序是驱动程序中的一个子程序
   (B) I²C 中断逻辑是 I²C 接口电路的一部分
   (C) I²C 中断也有相应的中断允许和中断优先级设置
   (D) I²C 中断在芯片内部发生,因此,在芯片上没有相应的中断引脚

第 10 章 单片机 A/D 及 D/A 转换接口

10.1 单片机测控系统与模拟输入通道

现代技术的基础是信息技术,构成信息技术的 3 大支柱分别是计算机技术、测控技术和通信技术。单片机的应用在这 3 个领域中都有涉足,特别是测控技术。

10.1.1 单片机测控系统概述

测控包含"测"与"控"两个过程。所谓"测"就是实时采集被控对象的物理参量,诸如温度、压力、流量、速度和转速等。这些参量通常都是模拟量,即连续变化的物理量。这里的"连续"具有双重含义:一是时间意义上的连续,即量值随时间连续变化;二是数值意义上的连续,即量值本身连续变化。模拟量不能直接送给单片机,必须通过模/数转换器把它们转换成数字量,才能送入单片机进行存储和处理。

所谓"控"就是把采集的数据经单片机计算、比较等处理后得出结论,以对被控对象实施校正控制。但经单片机处理后得到的是数字量结果,而绝大多数控制执行部件所需要的是模拟量。因此,又需要通过数/模转换器把数字量转换为模拟量。

可见,测控系统离不开模拟量与数字量的相互转换,因此,模/数与数/模转换也就成了测控系统的重要内容。其中模/数转换是把模拟量转换为数字量,用 A/D 表示;反之,数/模转换则是把数字量转换为模拟量,用 D/A 表示。A/D 转换与 D/A 转换在测控系统中形成了两个模拟通道,即模拟输入通道和模拟输出通道。

10.1.2 模拟输入通道

模拟输入通道的工作从采集信号开始。由于传感器采集到的模拟信号幅值通常很小,而且连续变化的信号容易受到干扰,因此,要对传感器采集到的原始信号进行放大、采样、保持、滤波等处理后,才能送给 A/D 转换器。这一系列的处理过程构成了模拟输入通道,如图 10.1 所示。

通常情况下,一个测控系统有多个模拟输入通道,可进行多个模拟信号的采集。但这些通道共用一个单片机进行计算、分析、处理或判断,然后通过输出控制信号对多个被控对象进行控制。下面对 A/D 转换器之前的各组成部分作简单说明。

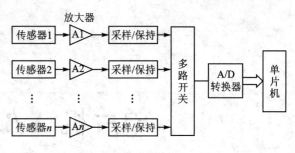

图 10.1 模拟输入通道

1. 传感器

传感器的主要功能是采集信号,也兼有信号转换功能,即把采集到的非电信号转换为电信号(电压或电流),以便于后续处理。传感器的种类繁多,常用的传感器有如下几种:

① 温度传感器:用于将温度转换为电信号。在各种传感器中,温度传感器用量最多,大约占到 50%。

② 光电传感器:利用光电效应将光信号转换为电信号。常用的光电器件包括光敏电阻、光敏二极管、光敏三极管、光电池等。

③ 湿度传感器:常用的湿度传感器有毛发湿度计、干湿球湿度计、金属氧化物湿敏元件等。

④ 流量传感器:用于测量液体和气体的流量。常用的流量传感器有速度式流量计和容积式流量计等。

⑤ 压力传感器:用于大气压力(气压)测量和容器壁压力测量等。

⑥ 机械量传感器:常用的机械量有拉力、压力、位移、速度、加速度、扭矩及荷重等。常见的机械量传感器有电阻应变片、力传感器、荷重传感器、位移传感器和转速传感器等。

⑦ 成分分析传感器:用于对混合气体或混合物的成分进行自动分析。

⑧ pH 值传感器:用于测量水溶液的酸碱度。

传感器是测控系统的起点或入口,所以传感器采集和转换信号的能力与质量,将直接影响测控系统的性能。高质量传感器的输入与输出信号间应具有稳定且重复性好的函数关系、较好的灵敏度和精确度以及较强的抗干扰能力。传感器的发展方向是新原理、集成化和功能器件化,半导体敏感技术正是这一发展方向的典型代表。因为半导体敏感技术具有微型化、集成化、灵敏度高、稳定可靠性好等优点,而且也便于与单片机配合使用。

2. 放大器

传感器得到的电压或电流信号往往幅度较小,难以直接进行 A/D 转换,因此需要使用放大器对模拟信号进行放大处理。

放大器的种类很多,但在模拟输入通道中使用的是一种具有高放大倍数并带深度负反馈的直接耦合放大器,由于它可以对输入信号进行多种数学运算(例如比例、加、减、积分和微分等),所以称为运算放大器。运算放大器具有输入阻抗高,增益大,可靠性高,价格低和使用方便等特点。现在已有各种专用或通用的运算放大器可供选择。

3. 采样/保持电路

采样是为了跟踪输入信号的变化,其实质是将一个连续变化的模拟信号转换为时间上离散的采样信号,所以信号采样要按一定时间间隔进行,并且采样频率要远高于模拟信号中的最高频率成分(一般为 2.5 倍),所以得到的采样脉冲是一个宽度很窄的脉冲序列。而保持则是为了把采样信号保持一段时间,因为其后的 A/D 转换需要有一个时间过程。在保持期间要维持信号的稳定,尽可能保持信号不变。

在模拟输入通道中,采样电路和保持电路是合在一起的,称为采样/保持电路。其电路原理如图 10.2 所示。

图 10.2 中 A1 是一个高增益输入放大器,传感器获取的模拟信号经它输入。采样开关是一个模拟开关,启动 A/D 转换时将采样开关闭合。开关闭合后,输入放大器通过采样开关为保持电容快速

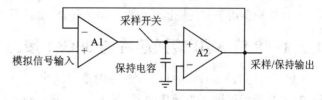

图 10.2 采样/保持电路原理图

充电,这就是 A/D 转换的采样阶段。随后采样开关断开,进入信号电压保持阶段。通常把采样开关从接通到断开这一段时间称为采样时间。

跟随器 A2 和保持电容构成一个放电回路,但由于 A2 的输入阻抗很高,所以保持电容的放电很慢,基本上可以满足维持采样信号不变的要求。保持电压经 A2 输出后就可以经滤波器送 A/D 转换器进行转换。

4. 滤波器

测控系统工作时可能会受到环境影响,存在温度、电场和磁场等多种干扰因素,从而造成模拟信号中混有多种频率成分的噪声信号。严重时,干扰信号甚至可能会淹没有用信号。为了抑制干扰信号,提高信噪比,在模拟输入通道中还应使用滤波器。

从原理上讲,滤波可分为模拟滤波和数字滤波两种。模拟滤波由电子元器件搭建的滤波电路完成,模拟滤波又可分为无源和有源两种。无源滤波是使用无源器件(电感、电容和电阻)构成的滤波电路,其中由电感和电容构成的电路称为 LC 谐振电路,由电阻和电容构成的电路称为 RC 谐振电路。而有源滤波器则是用放大器和电容、电阻构成的滤波电路,有源滤波电路不但能补充能源损耗,而且还兼有信号放大功能,其低频滤波效果更好。

所谓数字滤波,就是通过程序对采样信号进行平滑加工,以提高其有用信号,消除或抑制干扰信号。有多种数字滤波程序,例如,程序判断滤波程序、中值滤波程序、算术平均滤波程序、加权平均滤波程序、一阶滞后滤波程序以及复合滤波程序等,设计者可以根据需要选用。与模拟滤波相比,数字滤波具有众多优点,所以在现代测控系统中广泛使用数字滤波。数字滤

波不但不需要硬件设备,而且使用也很方便,只需在程序进入数据处理或控制算法前,附加一段滤波程序即可。

5. 多路转换

许多测控系统都是多路系统,以便进行多路参量采集。在多路系统中,只要速度允许,就应该采用多通道共用一个 A/D 转换器的方案,以简化结构降低成本。为此,需要在模拟输入通道中设置一个多路开关进行通道切换,以实现各通道逐个、分时地被轮流接通。

10.2 A/D 转换器接口

A/D 转换器用于实现模拟量向数字量的转换,也常写为 ADC(Analog to Digital Converter)。

10.2.1 8 位 A/D 转换芯片与 80C51 接口

8 位 A/D 转换芯片以 ADC0809 为例进行说明。ADC0809 是 ADC08×× 系列中的一员,ADC08×× 是美国国家半导体公司(National Semiconduct)的一个 A/D 转换芯片系列,具有多种芯片型号,其中包括 8 位 8 通道 CMOS 型芯片 ADC0808 和 ADC0809 以及 8 位 16 通道 CMOS 型芯片 ADC0816 和 ADC0817 等。

1. ADC0809 芯片

ADC0809 采用逐次逼近式 A/D 转换原理,可实现 8 路模拟信号的分时采集,片内有 8 路模拟选通开关,以及相应的通道地址锁存与译码电路,转换时间为 100 μs 左右。ADC0809 的内部逻辑结构如图 10.3 所示。

图 10.3 中多路开关可选通 8 个模拟通道,允许 8 路模拟量分时输入,共用一个 A/D 转换芯片进行转换。地址锁存与译码电路完成对 A、B、C 3 个地址位进行锁存和译码,其译码输出用于通道选择。8 位 A/D 转换器是逐次逼近式,由控制与时序电路、逐次逼近寄存器、树状开关以及 256R 电阻阶梯网络等组成。输出锁存器用于存放和输出转换得到的数字量。ADC0809 芯片为 28 引脚双列直插式封装,其引脚排列如图 10.4 所示。

各引脚功能如下:

IN7~IN0:模拟量输入通道。ADC0809 对输入模拟量的要求主要有:信号单极性,电压范围为 0~5 V。

A、B、C:地址线,模拟通道的选择信号。A 为低位地址,C 为高位地址。其地址状态与通道对应关系见表 10.1。

ALE:地址锁存允许信号。对应 ALE 上跳沿,A、B、C 地址状态送入地址锁存器中。

START:转换启动信号。START 上跳沿时,所有内部寄存器清 0;START 下跳沿时,开始进行 A/D 转换;在 A/D 转换期间,START 应保持低电平。

单片机 A/D 及 D/A 转换接口

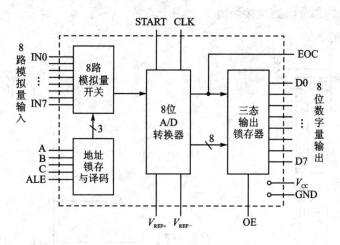

图 10.3 ADC0809 内部逻辑结构

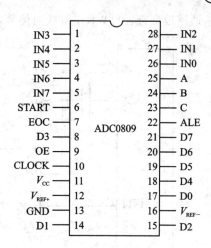

图 10.4 ADC0809 引脚图

D7~D0：数据输出线。为三态缓冲输出形式，可以与单片机的数据线直接相连。D0 为最低位，D7 为最高位。

OE：输出允许信号。用于控制三态输出锁存器向单片机输出转换得到的数据。OE=0，输出数据线呈高电阻；OE=1，输出转换得到的数据。

CLK：外部时钟信号引入端。ADC0809 的内部没有时钟电路，所需时钟信号由外界提供，因此，有时钟信号引脚。简单应用时可由 80C51 的 ALE 信号提供。

EOC：转换结束信号。EOC=0，正在进行转换；EOC=1，转换结束。使用中该状态信号既可以作为查询的状态标志，又可以作为中断请求信号使用。

V_{CC}：+5 V 电源。

V_{REF}：参考电源。参考电压用来与输入的模拟信号进行比较，作为逐次逼近的基准。其典型值为 +5 V（V_{REF+} = +5 V，V_{REF-} = 0 V）。

表 10.1 通道选择表

C	B	A	选择的通道
0	0	0	IN0
0	0	1	IN1
0	1	0	IN2
0	1	1	IN3
1	0	0	IN4
1	0	1	IN5
1	1	0	IN6
1	1	1	IN7

2. ADC0809 与 80C51 接口

A/D 转换器芯片与单片机的接口是数字量输入接口，其原理与并行 I/O 输入接口相同，需要有三态缓冲功能，即 A/D 转换器芯片必须通过三态门"挂上"数据总线。ADC0809 芯片已具有三态输出功能，因此，ADC0809 与 80C51 的接口比较直接，如图 10.5 所示。

8 路模拟通道选择信号 A、B、C 分别接最低 3 位地址 A0、A1、A2（即 P0.0、P0.1、P0.2），而地址锁存允许信号 ALE 由 P2.0 控制，则 8 路模拟通道的地址为 FEF8H~FEFFH。此外，

通道地址选择以 $\overline{WR}$ 作写选通信号,这部分电路连接如图 10.6 所示。

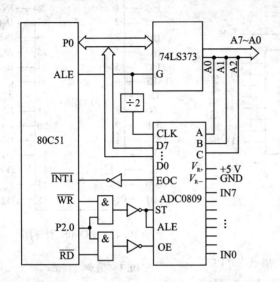

图 10.5 ADC0809 与 80C51 的连接

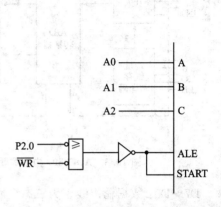

图 10.6 ADC0809 的部分信号连接

【例 10.1】 设有一个 8 路巡回检测系统,其采样数据依次存放在外部 RAM A0H～A7H 单元中,按图示的接口电路,ADC0809 的 8 个通道地址为 FEF8H～FEFFH。试进行程序设计。

执行一条"MOVX @DPTR,A"指令,产生 $\overline{WR}$ 信号,使 ALE 和 START 有效,就可以启动一次 A/D 转换。但一次启动只能进行一个通道的转换,8 个通道的 A/D 转换需按通道顺序逐个进行。为此,在程序中应当有改变通道号的指令,并且每改变一次就执行一次启动 A/D 转换指令。据此数据采样的参考程序如下:

➤ 初始化程序

```
        MOV R0, #A0H        ;数据存储区首址
        MOV R2, #08H        ;通道计数
        SETB IT1            ;边沿触发方式
        SETB EA             ;中断允许
        SETB EX1            ;外部中断 1 允许
        MOV DPTR, #FEF8H    ;通道首地址
        MOVX @DPTR, A       ;启动 A/D 转换
HERE:   SJMP HERE           ;等待中断
```

➤ 中断服务程序

```
        MOVX A,@DPTR        ;读一个通道数据
        MOVX @R0,A          ;存数据
        INC DPTR            ;指向下一通道
        INC R0              ;指向下一存储单元
        DJNZ R2,NEXT
        RETI
NEXT:   MOVX @DPTR,A        ;启动下一通道 A/D 转换
        RETI
```

10.2.2 12 位 A/D 转换芯片与 80C51 接口

对于多于 8 位的 A/D 转换芯片,接口时要考虑转换结果的分时读出问题。现以 12 位 A/D 转换芯片 AD574A 为例进行说明。

AD574A 是美国模拟器件公司(Analog Devices)的产品,由于芯片内有三态数据输出缓冲器,所以接口时无需外加三态缓冲器。由于内部的缓冲器为 12 位,所以其转换数据既可以一次读出,也可以分两次读出。AD574A 与 80C51 接口的信号线连接部分如图 10.7 所示。

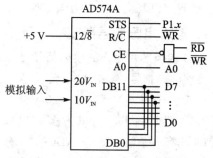

图 10.7 AD574A 与 80C51 接口的信号线连接

AD574A 有两个模拟输入端,其中 $10V_{IN}$ 的电压范围是 $0\sim10$ V,$20V_{IN}$ 的电压范围是 $0\sim20$ V。在 80C51 系统中使用 AD574A 芯片,其转换数据应该分两次读出,并按高 8 位和低 4 位分次。分次读出由 A0 控制,该引脚一般接地址线的最低位 A0。A0=0 时,读高 8 位;A0=1 时,读低 4 位。其他的相关控制信号如下:

$R/\overline{C}$:读/启动转换信号。$R/\overline{C}=0$ 时为启动转换信号;$R/\overline{C}=1$ 时为读信号。接口时可通过 80C51 的写命令 $\overline{WR}$ 进行控制。

STS:转换结束信号。转换期间为高电平,转换结束时下跳为低电平。转换结束信号为输出的状态信号,供单片机查询或中断使用。图中 STS 与 P1 口的一根口线相连,这是使用查询方法读取转换数据。

$12/\overline{8}$:输出位数选择信号。$12/\overline{8}=1$ 时,为 12 位输出,$12/\overline{8}=0$ 时,为 8 位输出。使用时可接电源或地。

CE:允许信号,高电平有效。参与启动转换和读数据的控制。

10.2.3 A/D 转换芯片应用说明

各类 A/D 转换芯片很多,但由于篇幅所限,不可能作更多介绍。下面从应用角度出发,对

A/D 转换芯片的一些相关内容作进一步说明。

1. 按原理划分的芯片类型

在数字技术广泛采用的今天,各类 A/D 转换器越来越多,新产品新技术不断出现。按照转换原理不同,主要有以下几种类型的 A/D 转换器。

▶ 积分型 A/D 转换器。也称双斜率或多斜率 A/D 转换器。应用最为广泛,具有精度高、抗干扰能力强等优点。比较适合于对转换速度要求不高,环境恶劣的应用场合。

▶ 逐次逼近型 A/D 转换器。原理简单,便于实现,不存在时间延迟问题。适用于中等速率且分辨率要求较高的应用场合。

▶ 闪烁型 A/D 转换器。最大特点是速度快,但功耗大且电路复杂,所以芯片尺寸也比较大。

▶ Σ-△型 A/D 转换器。又称为过采样 A/D 转换器。虽然出现得较晚,但却具有分辨率高、价格便宜以及抗干扰能力强等优点。所以其应用已日渐增多。

2. 输入电压信号形式

A/D 转换芯片输入的模拟信号可能有单极、双极和差分等多种形式。最简单的输入形式是单极性电压信号,各种 A/D 转换芯片都具有这种输入形式。一般可允许电压变化范围是 0~+5 V、0~+10 V 和 0~+20 V 等。这种单极性的输入电路简单,只需一条信号线和一个公共接地端即可构成,所以大多数单极性输入形式的转换芯片都具有多输入通道,例如,ADC0809 有 8 条输入通道,ADC0816 有 16 条输入通道。

双极形式的电压信号可正可负,虽然还是通过一条引线输入,但芯片上需要有一对极性相反的工作电源与之配合。

差分信号(例如,从热电偶获取的电压信号)是不共地的电压信号,两个极性的差分信号需要两条信号线输入,在芯片上表示为 V_{IN+} 和 V_{IN-}。差分电压信号可以从非 0 V 开始,其变化范围可以是 ±2 V、±4 V、±5 V 和 ±10 V 等。对于这类芯片,只要把 V_{IN-} 端接地,就可变为单极输入形式。

3. 输出二进制代码形式

A/D 转换器输出的数字量有二进制和 BCD 两种代码形式,从而形成两种类型芯片,即二进制码 A/D 转换芯片和 BCD 码 A/D 转换芯片。在使用时要注意区分。

二进制码 A/D 转换芯片输出的是二进制代码,其位数可分为 8 位、10 位、12 位、14 位、16 位、20 位和 24 位等。

BCD 码 A/D 转换芯片输出的是多位 BCD 码,这类转换芯片的典型应用是在数字电压表中,输出的 BCD 码可直接送 LED 或 LCD 进行显示。常见的 BCD 码 A/D 转换芯片的位数有 3 位半($3\frac{1}{2}$)、4 位半($4\frac{1}{2}$)和 5 位半($5\frac{1}{2}$)等。

关于BCD码的半位,下面以$3\frac{1}{2}$位A/D转换器为例进行说明。所谓$3\frac{1}{2}$位,实际上是4组BCD码(每组4位共16位二进制数),分别为十进制数的千位、百位、十位和个位。但其中对应百位、十位和个位的BCD码都用来表示数字,即能表示0~9共10个数字;而对应千位的BCD码中,只用其最低位二进制数表示数字,其值只能为0或1,而剩余的3个高位用于表示数值的正负或被测参量的欠量程和过量程等标志,故有"半位"之称。这样一来,$3\frac{1}{2}$位的A/D转换芯片输出数据的绝对值最大为1999。

4. A/D转换器分辨率

分辨率是转换器对被转换量变化敏感程度的描述,或者说转换器对被转换量变化的分辨能力,也可以说输入量有多大的变化量转换器输出端才能作出反应。对于A/D转换器,被转换量是电压,所以分辨率是对输入电压信号变化的分辨能力,即输入电压有多大的变化量才能使输出量改变1个二进制数单位,因此,A/D转换器的分辨率是电压值。

对于n位的A/D转换器,其分辨率为满量程输入电压与2^n之比,或满量程电压的$1/2^n$。例如,输入电压满量程为10 V的12位A/D转换芯片,由于10 V的$1/2^{12}$(或0.0245%)为2.4 mV,所以这个A/D转换芯片的分辨率为2.4 mV。

可见,位数不但影响转换器的接口,而且与分辨率有直接关系。A/D转换器位数越多,分辨率的值越小,分辨能力就越强,亦即转换器对输入量变化的敏感程度也就越高。所以选择A/D转换器时,要把位数放在重要的位置。

5. A/D转换器的控制信号

A/D转换芯片中有一些控制信号,包括时钟信号、转换启动信号和转换结束信号等,接口连接时要对这些信号进行处理。下面说明时钟信号和转换启动信号。

(1) 时钟信号

A/D转换需要时钟信号的配合,所以,有些A/D转换芯片(例如AD571等)内部有时钟电路。这类芯片无需时钟信号引入,因此,没有时钟信号引脚,接口和应用时无需考虑时钟信号问题;而另外一些A/D转换芯片(例如ADC0808/0809等)内部没有时钟电路,所需时钟信号由外界提供,因此,芯片上有时钟信号引脚,例如ADC0809的CLK。由这类芯片组成系统时,要注意时钟信号的提供问题,例如可以由80C51的ALE信号提供。

(2) 转换启动信号

转换启动信号应由CPU提供,不同型号的A/D转换芯片对转换启动信号的要求不尽相同。有的要求脉冲信号启动,例如ADC0804、ADC0809等芯片,对此可通过执行一条数据传送指令产生的$\overline{WR}$信号来作为启动信号;而有的芯片则要求电平信号启动,并且在整个转换过程中电平要一直保持,为此,可使用一个D触发器产生启动信号,例如AD570、AD571和AD574等就是这样的A/D转换芯片。

6. 转换结束与数据读取

A/D 转换后得到的数字量数据应及时传送给单片机进行处理,数据传送的关键是如何确认转换完成,因为只有在数据转换完成后,才能进行读取。据此,共有 3 种读取转换数据的控制方式。

(1) 定时等待方式

对于一个 A/D 转换芯片来说,转换时间作为一项技术指标是已知且固定的,因此,可用延时的方法等待转换结束,此即定时等待方式。A/D 转换芯片完成一次转换所需要的时钟周期数是固定的,只要知道了芯片固有的或引入的时钟频率,就可以计算出转换时间。

例如,ADC0809 完成一个通道的一次转换需要 128 个时钟周期,假定 ADC0809 的时钟信号由 80C51 的 ALE 直接提供,80C51 使用 6 MHz 晶振,则 ADC0809 的时钟频率为 1 MHz,时钟周期为 1 μs,128 个时钟周期为 128 μs,即 ADC0809 的 A/D 转换时间为 128 μs。可据此设计一个 128 μs 的延时子程序,A/D 转换启动后即调用此延时子程序,延迟时间到即转换完成,接着就可以读取转换数据。

(2) 查询方式

A/D 转换芯片都提供表明转换完成的状态信号,例如 ADC0809 的 EOC 信号。因此,可以用查询方式,通过测试 EOC 的状态就可以知道转换是否完成,可否进行数据传送。

(3) 中断方式

表明转换是否完成的状态信号(ADC0809 为 EOC)都可作为中断请求信号使用,从而可采用中断方式进行转换数据的传送。

不管使用上述哪种方式,只要确认转换完成,即可通过指令进行数据传送。其过程是首先送出口地址并以 $\overline{RD}$ 作选通信号,当 $\overline{RD}$ 信号有效时,OE 信号(ADC0809 芯片)即有效,把转换数据送上数据总线,供单片机读取。

10.3 D/A 转换器接口

测控系统中的一些控制对象需要模拟信号进行驱动,例如电动机、变频压缩机、音响、电视等,于是就要把单片机输出的数字量转换为模拟量,以满足模拟控制的需要。所以在模拟输出通道中就要有 D/A 转换器,D/A 转换器也常写为 DAC(Digital to Analog Converter)。

10.3.1 D/A 转换芯片

D/A 转换芯片很多,现以 DAC0832 为例进行说明,它是美国国家半导体公司 DAC0830 系列中的一个芯片。

DAC0832 为 8 位 D/A 转换芯片,单一+5 V 电源供电,基准电压的幅度范围为±10 V,电流建立时间为 1 μs,采用 CMOS 工艺,低功耗(20 mW),芯片为 20 引脚双列直插式封装。

引脚排列如图10.8所示。各引脚名称及其功能说明如下：

DI7～DI0：转换数据输入。

$\overline{CS}$：片选信号（输入），低电平有效。

ILE：数据锁存允许信号（输入），高电平有效。

$\overline{WR1}$：第1写信号（输入），低电平有效。该信号与ILE信号共同控制输入寄存器是数据直通方式还是数据锁存方式。当ILE＝1且$\overline{WR1}$＝0时，为输入寄存器直通方式；当ILE＝1且$\overline{WR1}$＝1时，为输入寄存器锁存方式。

$\overline{XFER}$：数据传送控制信号（输入），低电平有效。

$\overline{WR2}$：第2写信号（输入），低电平有效。该信号与$\overline{XFER}$信号合在一起控制DAC寄存器是数据直通方式还是数据锁存方式：当$\overline{WR2}$＝0且$\overline{XFER}$＝0时，为DAC寄存器直通方式；当$\overline{WR2}$＝1且$\overline{XFER}$＝0时，为DAC寄存器锁存方式。

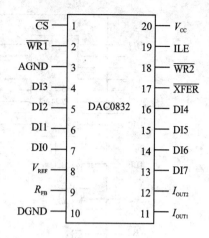

图 10.8　DAC0832 引脚图

I_{OUT1}：电流输出1。当数据为全1时，输出电流最大；为全0时，输出电流最小。

I_{OUT2}：电流输出2。

R_{FB}：反馈电阻端，即运算放大器的反馈电阻端，电阻（15 kΩ）已固化在芯片中。因为DAC0832是电流输出型D/A转换器，为得到电压的转换输出，使用时需在两个电流输出端接运算放大器，R_{FB}即为运算放大器的反馈电阻。

V_{REF}：基准电压，是外加高精度电压源，与芯片内的电阻网络相连接，该电压可正可负，范围为－10～＋10 V。基准电压决定D/A转换器的输出电压范围，例如，若V_{REF}接＋10 V，则输出电压范围为0～－10 V。

- DGND：数字地。
- AGND：模拟地。

DAC0832的D/A转换采用T型电阻解码网络，转换电路为R－2R T型电阻网络，网络中的电阻阻值只有R和2R两种，容易实现集成化。其转换过程是先将各位数码按权的大小转换为相应的模拟分量，然后再以叠加方法把各分量相加，其和即为转换结果。DAC0832的内部结构框图如图10.9所示，电阻解码网络包含在图中的8位D/A转换器中。

由图10.9可知，输入通道由输入寄存器和DAC寄存器构成两级数据输入锁存，由3个"与"门电路组成控制逻辑，产生$\overline{LE1}$和$\overline{LE2}$信号，分别对两个输入寄存器进行控制。当$\overline{LE1}$（$\overline{LE2}$）＝0时，数据进入寄存器被锁存；当$\overline{LE1}$（$\overline{LE2}$）＝1时，锁存器的输出跟随输入。这样在使用时就可根据需要，对数据输入采用两级锁存（双锁存）形式、单级锁存（另一级直通）形式或直接输入（两级直通）形式。

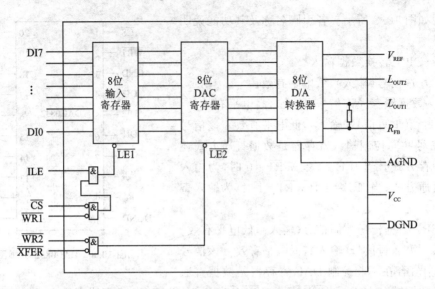

图 10.9　DAC0832 内部结构框图

两级输入锁存,可使 D/A 转换器在转换前一个数据的同时,将下一个待转换数据预先送到输入寄存器,以提高转换速度。此外,在使用多个 D/A 转换器分时输入数据时,两级缓冲可以保证同时输出模拟电压。

10.3.2　DAC0832 单缓冲连接方式

D/A 转换器与单片机的接口是数字量输出接口,与并行 I/O 输出接口一样,必须通过数据缓冲(锁存)器"挂"到数据总线上。下面从数据转换的角度做一些说明。

D/A 转换有一个过程,所需要的时间称为建立时间,不同 D/A 转换芯片建立时间的长短不同,从几纳秒到几微秒不等。转换时被转换数据由单片机通过输出指令送出,送出数据在数据总线上的存在时间比较短,例如 80C51 只有 1 个机器周期左右。为了在两者之间进行时间协调,在单片机与 D/A 转换器之间必须加数据缓冲(锁存)器,先把单片机送出的数据放在缓冲器中保存,供转换器使用。所以 D/A 转换器接口的重点是缓冲器问题。出于简化接口的原因,许多 D/A 转换器芯片自带缓冲器。

DAC0832 自带了两级缓冲器,所以 DAC0832 与 80C51 的接口十分简单,并且有单缓冲和双缓冲两种连接方式。

所谓单缓冲连接方式,就是使 DAC0832 的两个输入寄存器中有一个(多为 DAC 寄存器)处于直通状态,另一个处于受控的锁存状态。在实际应用中,如果只有一路模拟量输出,或虽是多路模拟量输出但并不要求输出同步的情况下,就应当采用单缓冲方式。其连接如图 10.10 所示。

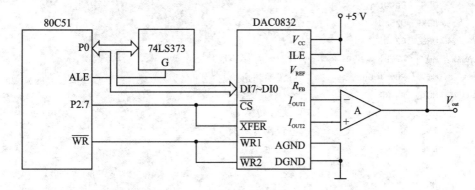

图 10.10　DAC0832 单缓冲方式连接

为使 DAC 寄存器处于直通方式,应该使 $\overline{WR2}=0$,$\overline{XFER}=0$。因此,可以把这两个信号端固定接地,或者如图 10.10 所示把 $\overline{WR2}$ 与 $\overline{WR1}$ 相连,把 $\overline{XFER}$ 与 $\overline{CS}$ 相连。

为使输入寄存器处于受控锁存状态,应把 $\overline{WR1}$ 接 80C51 的 $\overline{WR}$,ILE 接高电平。此外还应把 $\overline{CS}$ 接高位地址线或地址译码输出,以便对输入寄存器进行选择。

【例 10.2】　锯齿波的生成。在一些控制应用中,需要有一个线性增长的电压(锯齿波)来控制检测过程,移动记录笔或移动电子束等。对此可通过在 DAC0832 的输出端接运算放大器,由运算放大器产生锯齿波来实现,其电路连接如图 10.11 所示。

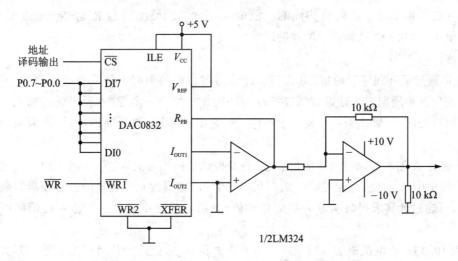

图 10.11　用 DAC0832 产生锯齿波电路

图 10.11 中的 DAC0832 工作于单缓冲方式,其中输入寄存器受控,而 DAC 寄存器直通。假定输入寄存器地址为 5000H,产生锯齿波的程序清单如下:

```
            ORG   8000H
            AJMP  DASAW
            ORG   8200H
    DASAW:  MOV   DPTR, #5000H      ;输入寄存器地址
            MOV   R0, #00H          ;转换初值
    WW:     MOV   A, R0
            MOVX  @DPTR, A          ;D/A 转换
            INC   R0                ;转换值增量
            NOP                     ;延时
            NOP
            NOP
            AJMP  WW
```

可见,在单缓冲方式下,完成一次 D/A 转换只需 3 条基本指令,即地址指向受控的寄存器、转换量装入累加器 A 和启动 D/A 转换。执行上述锯齿波程序,在运算放大器的输出端就能得到如图 10.12 所示的锯齿波。

对锯齿波的产生作如下几点说明:

① 程序每循环一次,R0 加 1,因此,锯齿波的上升边是由 256 个小阶梯构成的。但由于阶梯很小,宏观上看就如图中所画的线性增长锯齿波。

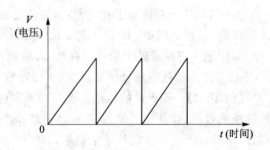

图 10.12　D/A 转换产生的锯齿波

② 可通过循环程序段的机器周期数,计算出锯齿波的周期。并可根据需要,通过延时的办法来改变波形周期。当延迟时间较短时,可用 NOP 指令来实现(本程序就是如此);当需要延迟时间较长时,可以使用一个延时子程序。延迟时间不同,波形周期不同,锯齿波的斜率就不同。

③ 通过 A 加 1 可以得到正向锯齿波;若要得到负向锯齿波,改为 A 减 1 即可实现。

④ 程序中 A 的变化范围是 0~255,因此,得到的锯齿波是满幅度的。若要求得到非满幅锯齿波,可通过计算求得数字量的初值和终值,然后在程序中通过置初值判终值的办法即可实现。

【例 10.3】 小电机驱动。对于小功率直流电机驱动,使用单片机极为方便。其方法就是控制电机定子电压接通和断开时间的比值(即占空比),以此来驱动电机并改变电机的转速,这种方法称为脉冲宽度调速法(或简称脉宽调速法)。其占空比以及占空比与电机转速的关系如图 10.13 所示。

如图 10.13(a)所示,电压变换周期为 τ,电压接通时间为 t,则占空比表示为 $D=t/\tau$。设

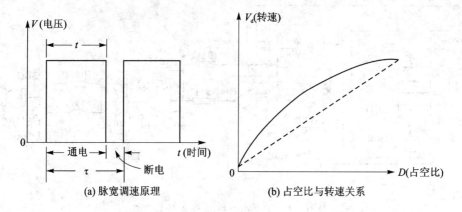

图 10.13　脉宽调速原理及占空比与转速关系

电机固定接通电源时的最大转速为 V_{max}，则用脉冲宽度调速的电机转速为：

$$V_d = V_{max} \times D$$

V_d 与 D 的函数曲线如图 10.13(b) 所示。可以看出，V_d 与 D 并不完全是线性关系（如图中实线所表示），但可以近似地看成是线性关系，因此，可以采用控制加电脉冲宽度的办法来驱动电机并调节其转速。

现以玩具小电机为例，不要求电机转速十分精确，只是为了说明实现方法，可用图 10.14 表示不同转向的脉宽调速。

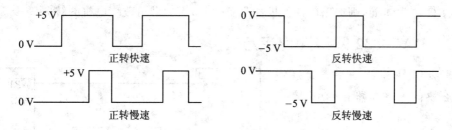

图 10.14　脉宽调速法的正反转及转速控制

在实际应用中，可通过 D/A 转换产生脉冲序列，再通过程序控制占空比。图 10.15 是使用 DAC0832 以 D/A 转换方法产生脉冲序列的电路图。

如图 10.15 所示的连接方法，DAC0832 输入寄存器的地址应为 9000H。则 80C51 电机驱动程序清单如下：

```
        ORG   8000H
        AJMP  DAMOT
        ORG   8100H
```

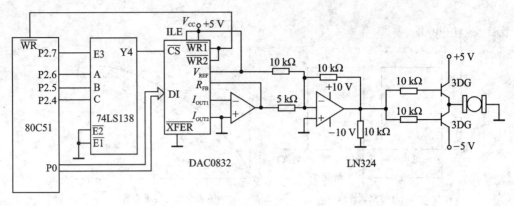

图 10.15　驱动小电机的 D/A 转换电路

```
DAMOT: MOV    DPTR, #9000H    ;输入寄存器地址
       MOV    A, #80H
       MOVX   @DPTR, A        ;输出 0 V 电平
       ACALL  DELAY1          ;维持 0 V 电平
       MOV    A, #0FFH
       MOVX   @DPTR, A        ;输出 +5 V 电平
       ACALL  DELAY2          ;维持 +5 V 电平
       AJMP   DAMOT
```

按上述程序,改变延时子程序的延迟时间就可以改变电机的转速。若把第二次转换的数字量从 FFH 改为 00H,则输出脉冲的极性改变(0～5 V),即可改变电机的转向。

10.3.3　DAC0832 双缓冲连接方式

所谓双缓冲连接方式,就是把 DAC0832 的输入寄存器和 DAC 寄存器都接成受控锁存方式。在多路 D/A 转换中,如果要求同步输出,就应当采用双缓冲连接方式。DAC0832 的双缓冲方式连接如图 10.16 所示。

为了实现对寄存器的控制,应当给两个寄存器各分配一个地址,以便能单独进行操作。图 10.16 中是使用地址译码输出分别接 $\overline{CS}$ 和 $\overline{XFER}$ 实现的。由 80C51 的 $\overline{WR}$ 为 $\overline{WR1}$ 和 $\overline{WR2}$ 提供写选通信号。这样就完成了两个寄存器

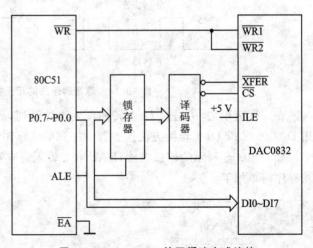

图 10.16　DAC0832 的双缓冲方式连接

都可控的双缓冲接口方式。

由于两个寄存器各占据一个地址,因此,在程序中需要使用两条传送指令,才能完成一个数字量的模拟转换。假定输入寄存器地址为 0EH,DAC 寄存器地址为 0FH,则完成一次 D/A 转换的程序段如下:

```
MOV   R0,#0EH       ;装入输入寄存器地址
MOVX  @R0,A         ;转换数据送输入寄存器
INC   R0            ;产生 DAC 寄存器地址
MOVX  @R0,A         ;数据通过 DAC 寄存器
```

最后一条指令,表面上看来是把 A 中的数据送 DAC 寄存器,实际上这种数据传送并没有真正进行,该指令只是起到打开 DAC 寄存器使输入寄存器中数据通过的作用,数据通过后就去进行 D/A 转换。

双缓冲方式的最典型应用,是在多路 D/A 转换系统中通过双缓冲方式实现多路模拟信号的同步输出。例如,X-Y 绘图仪由 X、Y 两个方向的步进电机驱动,其中一个电机控制绘笔沿 X 轴方向运动,另一个电机控制绘笔沿 Y 轴方向运动。因此,对 X-Y 绘图仪的控制就有两点基本要求:一是需要两路 D/A 转换器分别给 X 通道和 Y 通道提供驱动信号,驱动绘图笔沿 X-Y 轴作平面运动;二是两路模拟信号要保证同步输出,以使绘制出的曲线光滑。否则,绘制出的曲线就会呈台阶状,如图 10.17 所示。

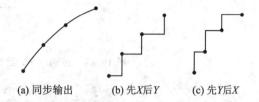

(a) 同步输出　　(b) 先X后Y　　(c) 先Y后X

图 10.17　单片机控制下的 X-Y 绘图仪输出

在使用单片机控制绘图仪时,要使用两片 DAC0832,并采用双缓冲方式连接,如图 10.18 所示。电路中以译码法产生地址。两片 DAC0832 共占据 3 个单元地址,其中两个输入寄存器各占一个地址,而两个 DAC 寄存器则合用一个地址。

编程时,先用一条传送指令把 X 坐标数据送到 X 向 D/A 转换器的输入寄存器,再用一条传送指令把 Y 坐标数据送到 Y 向 D/A 转换器的输入寄存器。最后再用一条传送指令打开两个转换器的 DAC 寄存器,进行数据转换,即可实现 X、Y 两个方向坐标量的同步输出。

假定 X 方向 DAC0832 输入寄存器的地址为 F0H,Y 方向 DAC0832 输入寄存器的地址为 F1H,两个 DAC 寄存器公用地址为 F2H。X 坐标数据存于 Data 单元中,Y 坐标数据存于 Data+1 单元中。则绘图仪的驱动程序为:

```
MOV   R1,#DATA      ;X 坐标数据单元地址
MOV   R0,#0F0H      ;X 向输入寄存器地址
MOV   A,@R1         ;X 坐标数据送 A
```

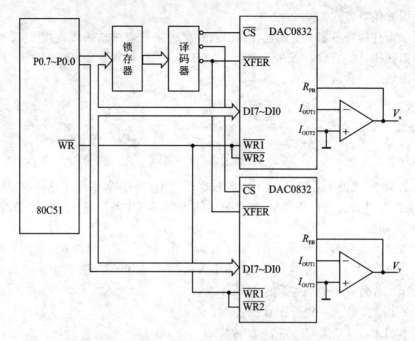

图 10.18 控制 X-Y 绘图仪的双片 DAC0832 接口

```
MOVX    @R0,A          ;X 坐标数据送输入寄存器
INC     R1             ;指向 Y 坐标数据单元地址
INC     R0             ;指向 Y 向输入寄存器地址
MOV     A,@R1          ;Y 坐标数据送 A
MOVX    @R0,A          ;Y 坐标数据送输入寄存器
INC     R0             ;指向 DAC 寄存器地址
MOVX    @R0,A          ;X、Y 转换数据同步输出
```

双缓冲方式的另一个特点是可以通过输入寄存器快速修改 DAC 寄存器的内容,供特殊需要时使用。

10.4 A/D 与 D/A 转换器芯片的串行接口

前面涉及的 A/D 与 D/A 转换芯片都是并行接口,除并行芯片外,还有一些串行的 A/D 和 D/A 转换芯片,使用它们时要进行串行接口。

10.4.1 通过 I²C 总线的串行接口

对于有 I²C 总线接口的 A/D 或 D/A 转换芯片,可以通过 I²C 总线实现接口,现以 A/D 和

D/A 混合芯片 PCF8591 为例进行说明。

PCF8591 由 Philips 公司生产,是一个比较典型的带 I^2C 总线接口的 A/D 和 D/A 转换混合芯片,CMOS 半导体工艺。A/D 转换部分的模拟输入通道为 4 路,转换结果为 8 位,采用具有采样/保持电路的逐次逼近转换方式。D/A 转换部分为 1 路模拟输出。双列直插式芯片的引脚排列如图 10.19 所示。

各引脚功能如下:

- AIN3~AIN0:模拟信号输入。
- A3~A0:引脚地址。
- SCL、SDA:I^2C 总线接口信号。
- OSC:外部时钟输入,内部时钟输出。
- EXT:内外时钟选择,EXT=0 选择内部时钟,EXT=1 选择外部时钟。
- Aout:D/A 转换模拟量输出。
- V_{DD}、V_{SS}:芯片电源。
- V_{REF}:参考电源。
- AGND:模拟地。

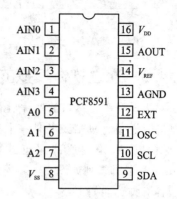

图 10.19 PCF8591 芯片的引脚排列

PCF8591 的器件地址为 1001,引脚地址由 A2、A1 和 A0 设定。对于 8×C552 这样具有 I^2C 总线接口的单片机,可利用 PCF8591 进行 A/D 和 D/A 的串行扩展,构成一个数据转换与数据采集系统。由于 PCF8591 有 3 位引脚地址,所以一个系统最多可扩展 8 片 PCF8591。

PCF8591 片内有控制寄存器,单片机通过向该寄存器写入控制字来控制 A/D 和 D/A 转换,为此在转换前要进行写控制字传送。其 A/D 转换部分读数据的操作格式为:

即寻址后首先要写控制字,以进行模拟通道选择、通道增量位和模拟信号输入形式(单端输入与差分输入)等设置。操作过程中,在 PCF8591 接收到的每个应答信号的后沿触发 A/D 转换,随后就是读出转换结果,但读出的是前一次的转换结果。所以"读数据 0"是一次无效的操作。

PCF8591 芯片 D/A 转换部分写数据操作格式表示如下。其中控制字的主要内容是设置模拟量输出允许位为 1。随后每写入一个数据字节,转换结果就在 AOUT 端输出。

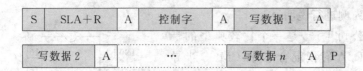

10.4.2 通过软件模拟的串行接口

对于没有串行接口的单片机芯片,可以使用软件模拟方法实现串行接口。现以 MAX187 为例进行说明。MAX187 是一个具有 SPI 总线的 12 位单模拟通道 A/D 转换芯片,内部有采样/保持电路,采用逐次逼近式转换方式,转换时间为 10 μs。其引脚排列如图 10.20 所示。

各引脚功能如下:

- AIN:模拟信号输入,有效电压范围为 0 V~V_{REF}。
- DOUT:转换结果串行输出。
- SCLK:时钟信号输入。
- $\overline{CS}$:片选信号。
- $\overline{SHDN}$:控制信号。该引脚接低电平,芯片处于低功耗状态;该引脚接高电平,芯片使用内部参考电源;该引脚悬空,芯片使用外部参考电源。
- V_{REF}:参考电源。
- V_{DD}:芯片电源。
- GND:数字地和模拟地。

图 10.20 MAX187 的引脚排列

软件模拟串行接口的连接十分简单,只需 80C51 的 3 根口线分别连接 MAX187 的 $\overline{CS}$、SCLK 和 DOUT 信号引脚,如图 10.21 所示。

当 $\overline{CS}$(P1.0 输出)为高电平时,MAX187 不被选中,DOUT 处于高阻抗状态,保持 SCLK (P1.1 输出)为低电平。当 $\overline{CS}$ 变为低电平时,MAX187 被选中,模拟信号从 AIN 引脚输入,并由 $\overline{CS}$ 的下降沿启动 A/D 转换。延时等待,或通过检测 DOUT 的上升沿出现以判定转换是否结束。再通过 P1.1 输出正时钟脉冲序列给 SCLK,对应每个时钟脉冲的下降沿,就出现一位转换数据,然后在下一个时钟脉冲的上升沿处该位数据稳定,由 80C51 通过 P1.2 串行读入。

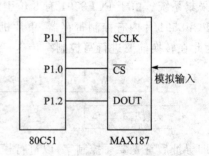

图 10.21 MAX187 的软件模拟串行接口连线

转换数据是从最高位开始逐位出现的。因此,为了读出全部 12 位转换数据,需要 13 个时钟脉冲。在第 13 个时钟脉冲之后,将 $\overline{CS}$ 变为高电平,一次转换结束。然后再使 $\overline{CS}$ 变低,启动下一次转换。

练习题

(一) 填空题

1. A/D 转换器分辨率的含义是(   ),满量程输入电压为 10 V 的 10 位 A/D 转换芯片的分辨率是(   )。转换器位数越多,分辨率就越(   ),转换也就越逼真。
2. 在大型数据采集系统中,使用双缓冲方式的 D/A 转换器,可以实现多路模拟信号的(   )输出。
3. 在测控系统中,模拟输入通道的起点是(   ),用于(   );模拟输入通道的终点是(   ),用于(   )。
4. 常用的 A/D 转换原理有(   )式、(   )式和(   )式。
5. 参照本教材中用 D/A 转换器产生锯齿波的程序,填空回答如下问题:在程序中增加 NOP 指令的数目,则锯齿波的周期(   );如果要把锯齿波从正向改为负向,应把(   )指令改为(   )指令;改变初值设置,可改变锯齿波的(   )。

(二) 单项选择题

1. 下列概念中错误的是(   )
   (A) 输出数字量变化一个相邻值所对应的输入模拟量变化值是 A/D 转换器的分辨率
   (B) 如果 A/D 转换器的转换速度足够快就可以省略锁存器而直接与单片机总线相连
   (C) ADC0809 可以通过转换结束信号 EOC 向单片机发出中断请求
   (D) 当输入的模拟信号变化很慢时,可以在模拟输入通道中省略采样/保持电路
2. A/D 转换芯片中需要编址的是(   )
   (A) 用于转换数据输出的三态锁存器 (B) A/D 转换电路
   (C) 模拟信号输入通道 (D) 地址锁存器
3. 在模拟输入通道中,低通滤波器的作用是(   )
   (A) 检测参量信号 (B) 抑制电信号中的干扰
   (C) 传感器输出信号放大 (D) 多路切换
4. 数据缓冲(锁存)器在(   )
   (A) D/A 转换器接口时需要 (B) A/D 转换器接口时需要
   (C) D/A 和 A/D 转换器接口时都需要 (D) D/A 和 A/D 转换器接口时都不需要
5. 三态缓冲器在(   )
   (A) D/A 转换器接口时需要 (B) A/D 转换器接口时需要
   (C) D/A 和 A/D 转换器接口时都需要 (D) D/A 和 A/D 转换器接口时都不需要
6. 在测控系统中,与模拟量对应的是数字量,下列 4 对状态中不能用数字量表示的是(   )
   (A) 开与闭 (B) 通与断 (C) 亮与灭 (D) 大与小

(三) 其他类型题

1. A/D 转换芯片有"转换启动"和"转换结束"信号,为什么 D/A 转换芯片没有?
2. 参考本书中产生锯齿波的程序,编写产生负向锯齿波、方波、三角波和梯形波的程序。
3. 使用 ADC0809 以中断方式进行 8 路模拟信号的循环采集,每隔 1 s 采集一次(有延时程序 DELAY 可供调用),采集数据分别存入外部 RAM 的 8 个数据区中。试画出电路连接图并编写数据采集程序。

第 11 章

8 位单片机的发展

11.1 80C51 单片机的发展

从 20 世纪 70 年代到现在,单片机已经走过了近 30 年的发展历程。但到目前为止,8 位单片机仍居主流地位,特别是 80C51 系列及其兼容芯片。

11.1.1 在 MCS-51 基础上发展起来的 80C51

Intel 公司 20 世纪 70 年代末推出的 MCS-51 单片机系列,因其品种齐全,兼容性强以及软硬件资源丰富而被广泛使用。到 20 世纪 80 年代初,该公司又推出了 80C51。虽然最早推出 80C51 单片机的是 Intel 公司,但随后 Philips 公司也逐渐成为 80C51 系列芯片的主要生产商。

MCS-51 是单片机系列的名称,其中包含有多种芯片型号;而 80C51 则既是系列名称又是其中一个具体芯片的型号。在本书中若无特殊说明,"80C51"一般是指单片机系列。早期的 80C51 系列芯片型号与 MCS-51 完全对应。它们都有两个子系列,即基本型 51 子系列和增强型 52 子系列。增强型子系列资源数量有所增加,因此,芯片功能也随之增强。每个子系列中都有 3 个典型芯片,各芯片型号和基本性能列于表 11.1 中。

表 11.1 芯片型号和基本性能

芯片及子系列		基本特性 片内 ROM 形式			片内 ROM/KB	片内 RAM/B	定时器	中断源
		无	ROM	EPROM				
8051 芯片	8051 子系列	8031	8051	8751	4	128	2	5
	8052 子系列	8032	8052	8752	8	256	3	6
80C51 芯片	80C51 子系列	80C31	80C51	87C51	4	128	2	5
	80C52 子系列	80C32	80C52	87C52	8	256	3	6

MCS-51 和 80C51 两个单片机系列中,按内部程序存储器 ROM 的配置情况共有如下 3 种芯片型号:

- 8031 和 80C31 内部没有程序存储器。
- 8051 和 80C51 为掩模型只读存储器。
- 8751 和 87C51 为可擦除可编程只读存储器。

80C51 是对 MCS-51 的改进，具体表现在所使用的半导体集成电路工艺上。MCS-51 采用的是 HMOS（Higher performance Metal-Oxide-Semiconductor）工艺，即高密度短沟道 MOS 半导体集成工艺，而 80C51 则采用 CHMOS（Complementary Higher performance Metal-Oxide-Semiconductor）工艺，即互补金属氧化物的 HMOS 半导体集成工艺。集成工艺的改进，使得 80C51 具有抗干扰能力强和低功耗等明显优势。

但 80C51 以 8051 的 CPU 为内核，所以两者之间具有兼容性。兼容性在硬件方面表现为：具有相同的 CPU 结构、兼容的信号引脚和总线系统等。而软件兼容则表现为：具有相同的指令系统，以及地址空间和寻址方式的一致性。从硬件到软件的全面兼容性，使 MCS-51 的"血统"得以延续，同时也保证了它们在应用和系统扩展等方面的一致性以及程序的可移植性。

11.1.2 80C51 的衍生芯片

80C51 系列芯片的成功吸引了众多厂家去生产与 80C51 具有一定兼容性的衍生芯片。概况起来，这些数目众多的衍生芯片共有 3 种类型，即功能简化型、功能增强型和专用型。

1. 功能简化芯片

尽管 80C51 的软硬件资源配置并不高，但对许多简单应用仍有富余。为实现资源的最优化配置且降低成本，一些功能和结构简化的简化型芯片应运而生。

硬件方面的简化内容涉及片内存储器、定时器、并行口或串行口等。例如，一些单片机应用只需要串行口而不用并行口，因此，就可以把并行 I/O 内容（口电路和口线引脚）去掉，从而出现了没有并行总线的所谓非总线型芯片。80C51 芯片的引脚为 40 个，而同系列的非总线型芯片的引脚只有 20 个，其引脚对比如图 11.1 所示。

除简化硬件之外，也有简化指令系统的简化型芯片。例如，Microchip 公司生产的 RISC（精简指令集计算机）型系列芯片，就减少了指令条数，只保留一些常用的基本指令。

2. 功能增强芯片

为满足复杂控制应用的需要，出现了许多功能增强的 8 位单片机芯片，所增强的内容包括增加定时器数目，增加中断类型，以及增添其他功能部件等。例如，Philips 公司的 80C550 和 87C550 增加了监视定时器 WDT 和 A/D，80C552 和 87C552 增加了 I^2C、WDT、A/D 和脉宽调制器 PWM 等。此外，功能增强还表现在速度上，例如，SST 公司生产的芯片 SST89E/V58RD2，其晶振频率可高达 40 MHz。

增强型芯片不但扩大了 8 位单片机的队伍，而且也提高了 8 位单片机的总体性能。甚至可以说，8 位单片机的发展和进步在很大程度上就体现在这些增强型芯片上。

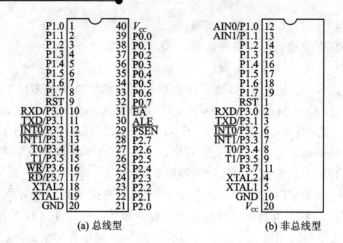

图 11.1 总线型与非总线型 80C51 芯片引脚比较

3. 专用型芯片

可把单片机芯片划分为通用型和专用型两类。通用型芯片的软硬件资源相对比较丰富,性能全面而且适应性强,能满足普遍性控制应用的需要。但通用型芯片存在二次开发问题,只有通过用户层面的二次开发,才能构建成一个有针对性的实用控制系统。

然而在单片机的控制应用中,更多的还是专门针对某一种特定产品或特定需要的专用型芯片。这些芯片在设计时已经对系统结构的最简化、软硬件资源利用的最优化、可靠性和成本的最佳化等方面都作了通盘的考虑和论证,所以专用型芯片具有十分明显的性能和价格优势,而且使用起来也十分方便。

今后,随着单片机应用的广泛和深入,各种专用型芯片将会越来越多,同时也将成为单片机发展的重要方向。然而也应当说明,不管专用型芯片有多么"专",其原理和结构都是建立在通用单片机基础之上的。

衍生芯片的发展,说明以 8051 为内核的 8 位单片机仍然充满活力,而这也正是 8 位单片机繁荣兴旺、长盛不衰的原因所在。

11.2 从 8×C522 看 8 位单片机功能的增强

有关 8 位单片机芯片功能的增强情况,我们再以 8×C522 为例具体说明。8×C522 是 80C51 系列中最具代表性的一组芯片,按片内程序存储器类型,有如下 3 种芯片型号:

80C552   片内无 ROM。
83C552   片内带 8 KB 掩膜 ROM。
87C552   片内带 8 KB 的 EPROM。

11.2.1 8×C552 的硬件结构

8×C552 芯片的硬件结构是在 80C51 内核的基础上再增加一些功能部件构成的,现以 83C552 芯片为例进行说明,硬件结构框图如图 11.2 所示。

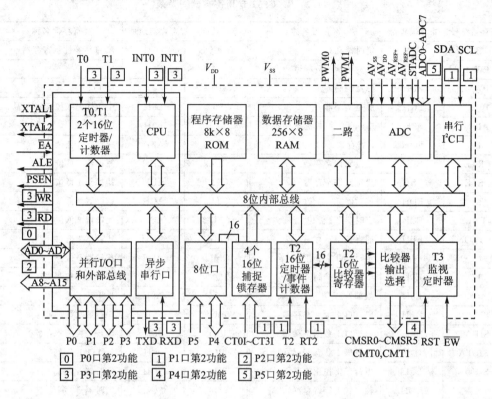

图 11.2　83C552 芯片硬件结构框图

1. 8×C552 的基本组成

同样以 83C552 为例来说明 8×C552 芯片的基本组成。在 83C552 芯片的硬件资源中,中央处理器 CPU、256 个寄存器(RAM)单元、8 KB 掩膜 ROM、两个 16 位的定时器/计数器(T0 和 T1)、全双工异步串行口 UART 以及外部可扩展 64 KB 存储空间等,都与 80C51 系列的 83C51 芯片一样。但 83C552 在性能增强方面也作了许多工作,出现了一些新的功能部件,其中包括:附加定时器 T2,捕捉输入/定时输出逻辑,A/D 转换器,两路 8 位分频的脉宽调制器 PWM,监视定时器 WDT,15 个中断源的中断结构,以及 I^2C 总线接口电路等。

此外,83C552 还增加了两个 8 位并行口 P4 和 P5,并行口总数达到 6 个。但 P5 为单方向的输入口,不具有输出功能,其 8 位口线除作为数字量输入外,还与模拟输入共享,是 8 路模拟信号的输入引线。

2. 8×C552 的专用寄存器

80C51 只有 21 个专用寄存器 SFR，而到了 8×C552，随着功能的增强，寄存器的数目也增加了许多，达到 56 个，现把这些寄存器列于表 11.2 中。

表 11.2 8×C552 专用寄存器一览表

寄存器符号	寄存器地址	寄存器名称	寄存器符号	寄存器地址	寄存器名称
T3	FFH	定时器 T3	ADCON	C5H	A/D 转换控制寄存器
PWMP	FEH	脉宽调制预分频器	P5	C4H	输入口 5
PWM1	FDH	脉宽调制器 1	P4	C0H	I/O 口 4
PWM0	FCH	脉宽调制器 0	IP0*	B8H	中断优先级控制寄存器 0
IP1	F8H	中断优先级控制寄存器 1	P3*	B0H	I/O 口 3
B*	F0H	B 寄存器	CTL3	AFH	捕捉器 3 低位
RTE	EFH	复位允许寄存器	CTL2	AEH	捕捉器 2 低位
STE	EEH	置位允许寄存器	CTL1	ADH	捕捉器 1 低位
TMH2	EDH	定时器 T2 高位	CTL0	ACH	捕捉器 0 低位
TML2	ECH	定时器 T2 低位	CML2	ABH	比较器 2 低位
CTCON	EBH	捕捉控制寄存器	CML1	AAH	比较器 1 低位
TM2CON	EAH	定时器 T2 控制寄存器	CML0	A9H	比较器 0 低位
IE1	E8H	中断允许控制寄存器 1	IE0*	A8H	中断允许控制寄存器 0
ACC*	E0H	累加器	P2*	A0H	I/O 口 2
S1ADR	DBH	串行口 1 地址寄存器	S0BUF*	99H	串行数据缓冲器
S1DAT	DAH	串行口 1 数据寄存器	SUCON*	98H	串行口控制寄存器
S1STA	D9H	串行口 1 状态寄存器	P1*	90H	I/O 口 1
S1CON	D8H	串行口 1 控制寄存器	TH1*	8DH	定时器 T1 高位
PSW*	D0H	程序状态字寄存器	TH0*	8CH	定时器 T0 高位
CTH3	CFH	捕捉器 3 高位	TL1*	8BH	定时器 T1 低位
CTH2	CEH	捕捉器 2 高位	TL0*	8AH	定时器 T0 低位
CTH1	CDH	捕捉器 1 高位	TMOD*	89H	定时器方式选择寄存器
CTH0	CCH	捕捉器 0 高位	TCON*	88H	定时器控制寄存器
CMH2	CBH	比较器 2 高位	PCON*	87H	电源控制寄存器
CMH1	CAH	比较器 1 高位	DPH*	83H	数据指针高位
CMH0	C9H	比较器 0 高位	DPL*	82H	数据指针低位
TM2IR	C8H	T2 数据标志寄存器	SP*	81H	堆栈指示器
ADCH	C6H	A/D 转换高位寄存器	P0*	80H	I/O 口 0

* 表示该寄存器与 80C51 兼容。

3. 8×C552 的 A/D 转换器

出于控制应用的需要,8×C552 芯片内置有 A/D 转换器,它由 8 路模拟输入多路开关、10 位线性逐次逼近 A/D 转换器等构成。模拟电压的波动范围是 0~+5 V,一次转换需 50 个机器周期,当振荡频率为 12 MHz 时,转换时间为 50 μs。

与 A/D 转换器有关的电源引脚共有 4 个,即独立的模拟电源引脚 AV_{SS} 和 AV_{DD},以及参考电压引脚 AV_{REF+} 和 AV_{REF-}。使用时,要把模拟电源的模拟地 AV_{DD} 引脚接到无干扰的地线上,并尽量靠近系统电源。逐次逼近式 A/D 转换是通过输入信号与参考电压的比较来实现的,参考电源又直接连接到梯形电阻网络上,所以参考电源的稳定对 A/D 转换的精度有直接影响。为此在使用 A/D 转换器时,要采用稳定度高的电源作参考电源。

供 A/D 转换使用的寄存器有转换结果高位寄存器 ADCH 和转换控制寄存器 ADCON。8×C552 为 10 位 A/D 转换,转换结果的高 8 位在 ADCH 中,低 2 位在 ADCON 中。

4. 8×C552 的中断结构

8×C552 的中断源增加到 15 个,各中断名称、符号及向量列于表 11.3 中,其中前 5 个带星号的为 80C51 的中断。中断系统结构如图 11.3 所示。

表 11.3 8×C552 中断向量表

中断源	中断符号	向量地址	中断源	中断符号	向量地址
外部中断 0*	X0	0003H	捕捉 2 中断	CT2	0043H
定时器 0 中断*	T0	000BH	捕捉 3 中断	CT3	004BH
外部中断 1*	X1	0013H	A/D 中断	ADC	0053H
定时器 1 中断*	T1	001BH	比较 0 中断	CM0	005BH
串行中断*	S0	0023H	比较 1 中断	CM1	0063H
I^2C 中断	S1	002BH	比较 2 中断	CM2	006BH
捕捉 0 中断	CT0	0033H	定时器 2 中断	T2	0073H
捕捉 1 中断	CT1	003BH			

* 表示该中断为 80C51 的中断。

由于中断源增多,所以中断允许寄存器和中断优先级控制寄存器都增加到两个。对于中断允许寄存器,把 80C51 原有的改称为 IE0,而把新增加的称为 IE1。它们的位定义如下:

D7	D6	D5	D4	D3	D2	D1	D0	
ET2	ECM2	ECM1	ECM0	ECT3	ECT2	ECT1	ECT0	IE1

D7	D6	D5	D4	D3	D2	D1	D0	
EA	EAD	ES1	ES0	ET1	EX1	ET0	EX0	IE0

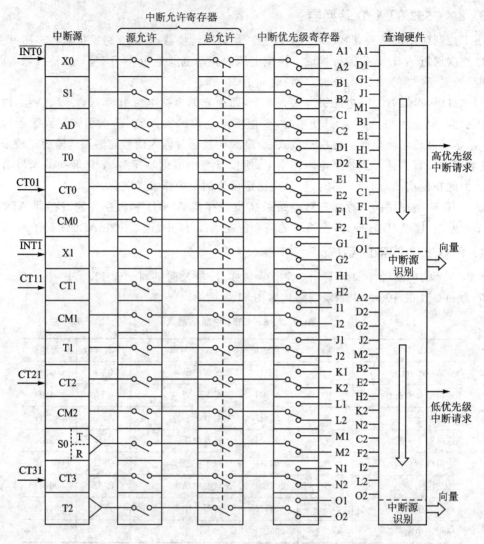

图 11.3　8×C552 中断系统结构

8×C552 仍为二级优先结构。对于中断优先级控制寄存器,把 80C51 原有的改称为 IP0,而把新增加的称为 IP1。它们的位定义如下:

D7	D6	D5	D4	D3	D2	D1	D0	
PT2	PCM2	PCM1	PCM0	PCT3	PCT2	PCT1	PCT0	IP1

D7	D6	D5	D4	D3	D2	D1	D0	
—	PAD	PS1	PS0	PT1	PX1	PT0	PX0	IP0

硬件查询顺序为：外部中断 0(X0)→定时器 0 中断(T0)→外部中断 1(X1)→定时器 1 中断(T1)→串行中断(S0)→I^2C 中断(S1)→捕捉 0 中断(CT0)→捕捉 1 中断(CT1)→捕捉 2 中断(CT2)→捕捉 3 中断(CT3)→A/D 中断(AD)→比较 0 中断(CM0)→比较 1 中断(CM1)→比较 2 中断(CM2)→定时器 2 中断(T2)。

11.2.2　事件捕捉与事件定时输出

8×C552 具有事件捕捉与事件定时输出电路，其功能是以硬件方式对外部事件进行检测和记录以及按设定的时间输出事件，这一功能增强了单片机进行实时多任务处理的能力。

1. 事件捕捉与事件定时输出逻辑

8×C552 的事件捕捉与事件定时输出逻辑由一个 16 位定时器 T2、4 个 16 位捕捉寄存器和 3 个 16 位比较寄存器组成，并有相应的输入和输出引脚配合。其逻辑结构如图 11.4 所示。

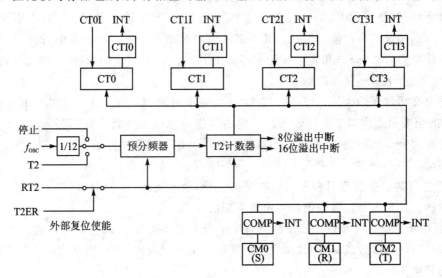

图 11.4　8×C552 事件捕捉与事件定时输出逻辑结构

其中，定时器 T2 是一个 16 位的加法计数器，由高字节寄存器 TMH2 和低字节寄存器 TML2 组成。另外，加在定时器之前有一个预分频器。定时器 T2 有 8 位溢出中断和 16 位溢出中断。

2. 事件捕捉

在事件捕捉逻辑电路中共有 4 个只读的 16 位捕捉寄存器，分别为 CT3(CTH3‑CTL3)、CT2(CTH2‑CTL2)、CT1(CTH1‑CTL1) 和 CT0(CTH0‑CTL0)。4 个捕捉寄存器可以捕捉 4 个事件，因此，芯片上有 4 个事件输入引脚 CT3I、CT2I、CT1I 和 CT0I。捕捉逻辑电路中还有一个捕捉控制寄存器 CTCON，用于规定被捕捉事件的信号形式等。8×C552 能捕捉的事件形式比较简单,只有电平的上升跳变和下降跳变。

事件捕捉逻辑随时对外部事件信号进行检测。当输入引脚上出现与定义的事件形式相符合的信号时,就进行事件捕捉。事件捕捉的具体内容是把定时器 T2 的当前内容送相应的捕捉寄存器中保存,以记录事件的发生时间,并产生一个中断请求,对事件进行处理。

事件捕捉功能常用于测量脉冲信号,包括脉冲的高低电平持续时间,正负跳变发生次数,从而可计算出脉冲的频率、周期和占空比以及脉冲个数等。

3. 事件定时输出

所谓事件定时输出就是按在程序中预先设定的时刻去触发外部事件。8×C552 定时输出逻辑主要由 1 个时间比较电路和 3 个 16 位的比较寄存器 CM2(CMH2-CML2)、CM1(CMH1-CML1)和 CM0(CMH0-CML0)组成,表明 8×C552 一次最多可设置 3 个事件。输出事件的状态由一组电信号组成,信号形式有置位、复位和脉冲触发。

输出事件时,要使用 P4 口的 8 条口线 P4.7~P4.0 作为输出引脚。为输出事件,要预先设置输出时刻和定义事件信号形式。其中事件输出时刻写入比较寄存器中,而定义事件则需通过置位使能寄存器 STE 和复位使能寄存器 RTE 进行,所定义的内容包括:使用哪些输出引脚,高电平、低电平还是脉冲触发等。

事件定义后就开始生效。以定时器 T2 作为基准时间,T2 每进行一次加 1,时间比较电路就把 T2 的当前值逐次与 3 个比较寄存器的内容进行比较。当其中有相等者时,表明某个事件的定时时间到,就通过相应的输出引脚输出事件。这种近乎硬件触发事件的方法,比通过运行程序驱动 I/O 口触发事件有明显优势。所以事件定时输出有广泛的应用,例如:

① 产生脉冲。通过定时控制引脚电平的变化,就能得到一个脉冲序列,而且脉宽和周期都是可控的。这是事件定时输出最简单最典型的应用。

② 驱动步进电机。步进电机是控制系统中最常用的执行部件,通过对各相线圈电流的顺序切换就可以使其步进旋转,而线圈电流的切换可由定时输出实现,用单片机的事件定时输出功能控制其电流的通断即可。

11.2.3 监视定时器 WDT

为监视系统的程序运行,并为系统提供一种从故障中快速恢复的能力,8×C552 中增加了一个监视定时器 WDT(Watch Dog Timer)。

1. 程序运行的监视

对单片机应用系统来说,可靠性是至关重要的。这是因为单片机应用的现场环境通常比较恶劣,极易因受到干扰而出现故障;而一旦出现故障,就有可能导致系统失控,甚至造成极其严重的后果。

为了提高系统的可靠性,除采取足够的硬件措施外,还应对程序运行进行监视,因为系统可靠与否最终体现在程序运行上。最常见的程序运行故障是"跑飞"和死循环,对于这些程序运行故障,在及时发现的同时,还要能够自动恢复,以实现系统自救。为此,最常见的方法有如下两种:

(1) 插入陷阱程序

设置陷阱是一种纯软件的方法。程序跑飞就意味着程序执行顺序不正确,为此可在各程序模块间或程序后,插入陷阱程序段。陷阱程序段通常由几条空操作指令和无条件转移指令组成,一旦程序跑飞,就会"落入"陷阱,通过执行陷阱程序使其转入初始化程序或恢复处理程序,以恢复程序的正常运行。

(2) 设置"看门狗"

所谓"看门狗"(Watch Dog)只是一种监视程序运行的形象化比喻。这是一种软硬件结合的监视方法,把其中用来感知程序失控的硬件电路比作"狗"。在程序执行过程中,通过指令不断地给该电路发送脉冲信号(喂狗),以使其维持在一个固定的状态(狗处于安静状态)。当程序失控时,不能在规定时刻"喂狗",硬件电路的预定状态也就不能维持(狗叫)了。

可以用单稳触发器或时基电路构成的单稳电路等作为"狗",通过指令"喂"给它脉冲信号,使其保持单稳状态,一旦程序失控,不能按时"喂狗","狗"电路就要发生状态翻转,并在状态翻转的过程中产生复位脉冲,对系统进行复位处理,重新执行程序。

此外,还可以用定时器作为"狗"电路。在程序中每隔一个固定时间对其进行一次赋初值操作,以维持其不溢出状态。当程序失控时,由于不能按时为定时器赋初值,就会发生定时器溢出。定时器的溢出信号,除可以用作复位脉冲进行系统初始化操作外,还可以用于触发中断,通过执行中断服务程序实现系统恢复。

"看门狗"可以通过外电路构造,也可以集成在单片机芯片内,例如 8×C552 中的监视定时器 WDT,就是通过程序配合构成的"看门狗"。

2. 8×C552 的监视定时器

8×C552 的监视定时器由 8 位定时器 T3 和 11 位预分频器组成,其中预分频器为计数结构的低位,定时器为其高位。监视定时器的计数脉冲来自芯片内部时钟,每个机器周期进行一次加 1 计数。如果 8×C552 的晶振为 12 MHz(机器周期为 1 μs),则 11 位预分频器的溢出间隔为 2048 个时钟周期,即 2048 μs。在预分频的基础上,再通过给 T3 赋值来确定监视定时器监视周期的大小。当 T3 的装入值为 FFH 时,监视定时器具有最小监视周期,时间为 2048 μs;当 T3 的装入值为 00H 时,监视定时器具有最大监视周期,时间约为 524 ms。

监视定时器计数溢出时,能产生有效的复位信号,从而使单片机系统复位,这就是监视定时器的功能。为实现这一功能,程序应在小于监视周期的时间间隔内,通过指令:

```
MOV T3,XXXXH
```

对监视定时器进行一次赋值,以使其不发生溢出。当出现故障程序不能正常运行时,监视定时器就会因不能按时赋值而出现溢出,并将系统复位。如果系统复位所具有的初始化功能能使程序重新执行,则监视定时器不但能监视程序的运行,而且还能在程序出现故障后重新启动程序,从而更加提高系统的可靠性。此外,如果能通过监视定时器去触发外接的报警器进行报警以提醒用户,则效果更好。

11.2.4 脉宽调制器 PWM

PWM(Pulse Width Modulation)用于产生宽度可调的方波脉冲,这种方波脉冲序列既可直接使用,也可经滤波变为模拟信号使用,从而间接实现 D/A 转换。

1. 8×C552 脉宽调制器的构成

8×C552 具有两路脉宽调制输出,由预分频器(PWMP)、8 位加法计数器、两个脉冲宽度寄存器(PWM1、PWM0)、两个比较器及相关逻辑电路等组成,其结构框图如图 11.5 所示。

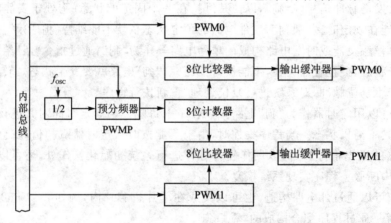

图 11.5 8×C552 芯片的 PWM 结构框图

脉宽调制器输出的方波脉冲宽度间隔(占空比)是可编程的,其数据通过程序写入 PWM1 和 PWM0 中。而重复频率由预分频器 PWMP 确定。工作时,PWMP 的内容送 8 位加法计数器,由比较器对计数值与 PWM(PWM0 或 PWM1)的内容进行比较。当 PWM 内容大于计数值时,脉宽调制输出为低电平;当 PWM 内容小于或等于计数值时,脉宽调制输出为高电平。

2. PWM 方波分析

PWM 产生的方波具有以下 3 个特点:

(1) 周期可调

脉宽调制器输出的方波脉冲周期(或频率)由预分频器 PWMP 控制。PWM 计数器每一个状态周期进行一次加 1,8 位计数器最大计数值为 255,故脉宽调制器输出的方波脉冲频率 f_{PWM} 的计算公式为:

$$f_{\text{PWM}} = f_{\text{osc}}/2 \times (\text{PWMP}+1) \times 255$$

按此公式,只要知道时钟频率和预分频器的值,便可计算出以微秒为单位的 PWM 方波周期。假定 8×C552 的晶振频率为 6 MHz,PWMP 的值为 1,则 PWM 方波周期约为 170 μs。

(2) 宽度可控

PWM 方波脉冲的宽度由脉冲宽度寄存器(PWM1 和 PWM0)确定。而 PWM 是通过计数和比较来产生方波的,所以只要改变脉冲宽度寄存器的内容,方波宽度就会随之改变,因此常把脉冲宽度寄存器的内容称为宽度参数。对于晶振频率为 6 MHz 的 8×C552 芯片来说,当宽度参数为 00H 时,PWM 输出为恒定的高电平;当宽度参数为 01H 时,方波宽度最小,为 0.333 μs;当宽度参数为 FEH 时,方波宽度大小约为 169 μs;当宽度参数为 FFH 时,输出恒定的低电平。

(3) 占空比可调

方波宽度在整个方波周期中所占的百分比称为占空比。因为 PWM 方波的宽度是可控的,所以它的占空比也是可调的,改变了方波宽度其占空比也会随之改变。

3. PWM 应用概述

PWM 的最基本应用是产生方波,而绝大多数 PWM 应用都是建立在对 PWM 方波进行滤波的基础上。例如,把 PWM 波经过简单处理就可以得到连续变化的模拟信号,实现 D/A 转换功能,其电路如图 11.6 所示。

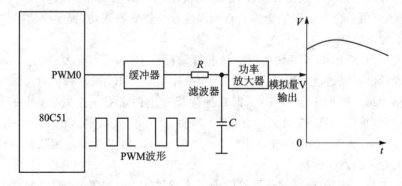

图 11.6 利用 PWM 实现 D/A 转换

图 11.6 中缓冲器的作用是把 PWM 波进一步加工,使波形达到标准的 0～+5 V 范围。RC 滤波器用于抑制干扰信号,功率放大器具有高输入阻抗,用以提高输出模拟信号的驱动能力。

除方波外,利用 PWM 还能产生许多特殊的电压波形,其中最简单的是锯齿波。在锯齿波程序的基础上,先把送 PWM 控制寄存器的宽度参数逐次增加到 0FFH,然后再逐次减少到 00H,产生的脉冲序列经滤波后,即可得到三角波。如果在宽度参数逐次增加到一定值后,保持一段时间,再逐次减少,其脉冲序列经滤波后,即可得到梯形波。

PWM技术的更深远意义在于实现模拟控制的数字化,广泛应用于电机、开关电源和可控硅等功率开关器件的运行控制。例如,通过PWM信号来控制功率开关器件的通断时间,就可以控制电机的速度和转矩。

11.3 闪速存储器及其在单片机中的应用

闪速存储器全称为快闪可编程/擦除只读存储器,简称闪速存储器或FlashROM,也可简写为FPEROM(Flash Programmable and Erasable Read Only Memory),20世纪80年代后期由Intel公司研制成功。

11.3.1 闪速存储器概述

闪速存储器的出现是计算机存储器技术的一大进步。它是在E^2PROM的基础上经改进发展起来的,它们的技术有些相近,甚至可以把Flash ROM看成是E^2PROM的变种。由于闪速存储器具有可写性和非易失性,所以常用做只读存储器。

闪速存储器除具有高密度、低功耗、非易失、高可靠性、长保存时间和超强的加密功能等特点外,它的优势更表现在在线编程功能上。作为单片机中的程序存储器,在线编程功能很重要,虽然E^2PROM也具有在线编程功能,但速度很慢,字节的擦除和写入时间一般都需10 ms左右,这在许多应用场合是难以接受的。直到闪速存储器研制成功,程序存储器的在线编程问题才算取得了真正突破。

Flash ROM与E^2PROM都使用电信号进行编程和擦除,并可重复进行。Flash ROM编程既可在线进行也可以通过编程器进行,写入一个字节只需10 μs左右。对于32 KB的Flash ROM芯片,整个编程时间不到0.5 s。但在擦除操作上两者有一定差别,具体表现在Flash ROM不能按字节擦除,只能按扇区进行,即一次擦除一个扇区,扇区的大小一般为256 B~16 KB之间。Flash ROM的擦除速度很快,一个Flash ROM芯片整片擦除时间只需大约1 s,而且不必使用专用的擦除设备。

另外需要说明一点,闪速存储器虽然能进行读/写操作,但仍不能与RAM的读/写操作同等看待。闪速存储器不能连续进行写操作,在每次写入操作之前要先进行擦除操作。擦除操作使所有位变为1,写操作时,再把某些位从1变为0。所以Flash ROM实质上还是只读存储器而不是随机存储器。

11.3.2 闪速存储芯片

闪速存储芯片的存储容量可达2~16 KB,近期更有16~64 MB的芯片出现。这里介绍一个比较典型的闪速存储芯片28F010。

1. 芯片封装及信号引脚

闪速存储芯片 28F010 的存储容量为 128 KB,引脚排列如图 11.7 所示。

各引脚功能如下:

A16~A0:地址引脚。在写周期中,其内容被内部地址锁存器锁存。

DQ7~DQ0:数据引脚。当芯片未选中时,引脚为高阻抗状态。

$\overline{CE}$:片选信号,低电平有效。当 $\overline{CE}=0$ 时,芯片被选中,将激活芯片内的控制逻辑和相关电路。当 $\overline{CE}=1$ 时,芯片不被选中,功耗将降低到预备状态。

$\overline{OE}$:输出选通控制信号,低电平有效。在读周期中,当 $\overline{OE}=0$ 时,输出缓冲器被选通,读出的数据通过缓冲器输出。

$\overline{WE}$:写信号,低电平有效。用于控制对命令寄存器和存储阵列的写入操作,在 $\overline{WE}$ 脉冲的下降沿,地址被锁存;在其上升沿时,数据被锁存。

V_{PP}:擦除/编程电压。

V_{CC}:主电源,+5 V。

V_{SS}:地线。

NC:空引脚。

图 11.7　28F010 的信号引脚

2. 硬件结构

28F010 的核心是一个 1048576 位的存储阵列,以及相应的译码和选通电路。其他部分则是在线擦除和编程的辅助电路。28F010 的内部硬件结构如图 11.8 所示。

从用户角度看,在线擦除与编程主要是通过编程引脚 V_{PP} 和命令寄存器实现的。当 V_{PP} 不加编程电压(通常是接地)时,命令寄存器内容为缺省值(即数据读出命令),存储芯片为只读方式。此时对闪速存储器只能进行读操作而不能进行写操作。若要进行在线擦除和编程操作,则需把 V_{PP} 引脚接上编程高电压(+12 V)。这时,除可以对闪速存储器进行正常的数据读操作外,还可进行擦除与编程操作,包括存储阵列的擦除和编程以及读出编程验证数据等。但对每项操作,还需要向命令寄存器写入相应的命令。

除编程电压引脚 V_{PP} 外,闪速存储器操作还要用到其他信号引脚,对应于不同操作的各引脚状态如表 11.4 所列。

表 11.4 中,V_{PPL} 为低电压,对应只读状态;而 V_{PPH} 为编程电压,不同型号 Flash 芯片的编程电压值不完全相同,一般为 12 V,使用时可查阅相关资料。V_{ID} 为读标识码时所加的标识电压,电压范围为 11.5~13 V。制造商标识码用以指明芯片的制造商,例如,Intel 公司的制造

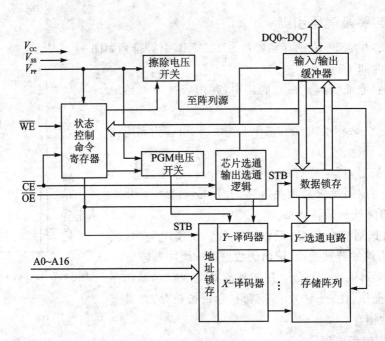

图 11.8 28F010 芯片结构框图

标识码为 89H。器件标识码用以标识芯片系列,例如,28F010 的标识码为 B4H。有了这些标识码,被编程的芯片就可以自动识别其生产商和容量,以便采用相应的算法进行擦除和编程操作。

表 11.4 28F010 的引脚状态

V_{PP}	工作方式	输入引脚					输出引脚
		A0	A9	$\overline{CE}$	$\overline{OE}$	$\overline{WE}$	DQ7~DQ0
V_{PPL} 只读	读数据	A0	A9	0	0	1	数据输出
	禁止输出	×	×	0	1	1	三态
	预备	×	×	1	×	×	三态
	读制造商标识码	0	V_{ID}	0	0	1	89H
	读器件标识码	1	V_{ID}	0	0	1	B×H
V_{PPH} 读/写	读数据	A0	A9	0	0	1	数据输出
	禁止输出	×	×	0	1	1	三态
	预备	×	×	1	×	×	三态
	写数据	×	×	0	1	0	数据输入

11.3.3 闪存单片机芯片

闪存单片机芯片是指内部程序存储器为闪速存储器的单片机芯片,在80C51系列中比较典型的闪存单片机芯片是89C51。

1. 闪存单片机概述

在单片机的闪存化发展过程中,Atmel公司的工作比较突出。该公司生产的89C51,命名时把AT加在前面,称为AT89C51。现在该公司的闪存单片机已经系列化,即AT89系列。AT89系列单片机的部分芯片列于表11.5中。

2. 闪存单片机芯片 AT89C51

AT89C51内含4 KB的闪速存储器,虽然性能有很大提高,但它的指令系统和引脚与80C51完全兼容。AT89C51芯片的引脚如图11.9所示,内部结构如图11.10所示。

表 11.5 AT89系列单片机的部分芯片

芯片型号	闪存容量/KB
AT89C1051	1
AT89C2051	2
AT89C51	4
AT89LV51	4
AT89C52	8
AT89LV52	8
AT89S52	8

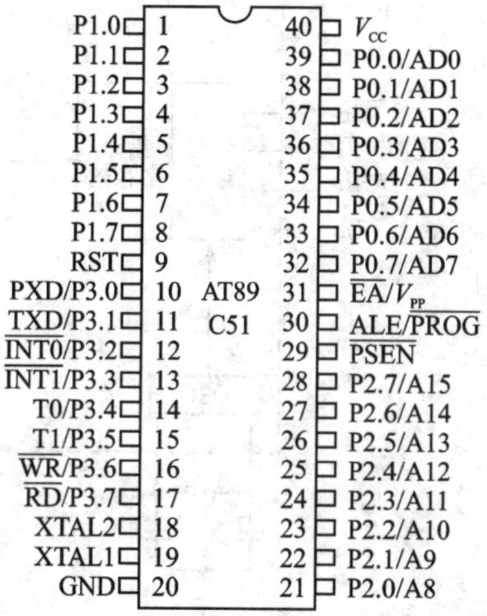

图 11.9 AT89C51 引脚配置

除引脚兼容外,AT89C51的主要性能指标和硬件资源都与80C51系列相同或类似。现将其主要性能说明如下:

- 片内有4 KB闪速存储器。
- 128 B的内部RAM单元。
- 两个16位定时器/计数器。
- 中断系统仍为5个中断源,二级优先结构。
- 4个8位I/O口,即32位可编程口线。
- 可编程全双工串行口。
- 宽范围的工作电压,V_{CC}的允许变化范围为2.7~6.0 V。

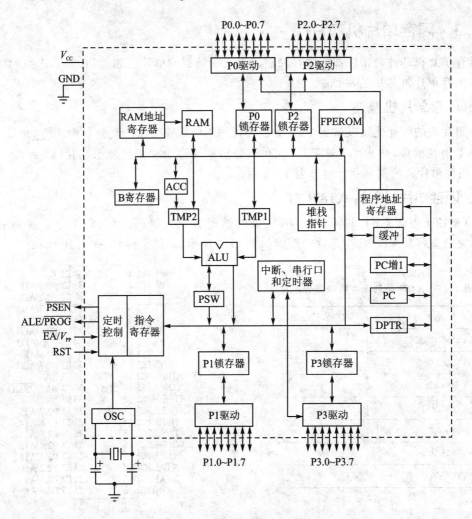

图 11.10　AT89C51 内部结构框图

- 可设置为待机状态和掉电状态。
- 振荡器及时钟电路,全静态工作方式,时钟频率可为 0 Hz～24 MHz。具有全静态工作方式,表明它不一定要求连续的时钟定时,在等待内部事件期间,时钟频率可降至 0。

AT89C51 芯片出厂时闪存处于已擦除状态,各地址单元内容为 FFH,可随时进行编程。编程是按字节进行的。编程电压 V_{PP} 有高压 12 V 的,也有低压 5 V 的。高压编程是使用编程器进行编程,这将使闪速存储器编程与 EPROM 编程趋于一致;而低压编程则为用户在系统中进行在线编程提供了可能。编程时,以 P1 作数据输入口;校验时,以 P1 作数据输出口。

3. AT89C51 的简化芯片

AT89C2051(常简称为 2051)是 AT89C51 的简化芯片,只有 2 KB 闪速存储器,其他硬件资源简化为:128 B 的内部 RAM 单元、15 条 I/O 口线、两个 16 位定时器/计数器、5 个中断源(二级优先结构)、可编程全双工串行口、振荡器以及时钟电路等。AT89C2051 芯片的引脚如图 11.11 所示。

AT89C2051 没有并行扩展功能,所以只保留 P1 和 P3 两个 I/O 口。但在 AT89C2051 芯片中有一个模拟比较器,比较器以口线 P1.1/AIN1 和 P1.0/AIN0 为模拟量的正负输入端。由于 P3.6 已用作比较器输出,所以芯片不再有 P3.6 引脚。如图 11.12 所示。

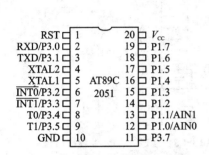

图 11.11 AT89C2051 引脚配置   图 11.12 AT89C2051 的模拟比较器

这样一来,P1 口为 8 位 I/O 口,除进行数据输入/输出外,在闪速存储器编程和校验时它还承担数据代码的传送任务。而 P3 口则只有 7 位口线:P3.5~P3.0 和 P3.7,除进行数据输入/输出外,它的一些口线还具有第 2 功能,如表 11.6 所列。

表 11.6　P3 口线第 2 功能

P3 口线	第 2 功能	P3 口线	第 2 功能
P3.0	RXD(串行接收)	P3.3	$\overline{INT1}$(外部中断 1)
P3.1	TXD(串行发送)	P3.4	T0(外部定时输入 0)
P3.2	$\overline{INT0}$(外部中断 0)	P3.5	T1(外部定时输入 1)

11.3.4　闪速存储器编程

单片机芯片中的闪速存储器,原始状态为擦除状态,地址单元的内容全为 FFH。对它有两种编程方式。一种是使用专用编程设备进行,另一种是利用系统的自身资源进行。

利用芯片自身资源进行编程的方式,也称为系统内部写入法 ISW(In System Writing),即在线编程。ISW 方法虽然比较实用,但速度较慢。而且编程程序使用起来也比较复杂,因为其中要涉及中间变量和堆栈的设置、数据引导、数据传送以及对闪速存储器擦除和编程的算法等内容。

除首次编程外,修改程序时也要先对其进行擦除,然后才能重新编程。所以擦除操作成为闪速存储器编程过程中不可缺少的一项内容。

1. 闪速存储器的编程接口信号

为实现闪速存储器编程,应预先把相关的地址、数据和控制信号准备好。AT89C51 芯片 FPEROM 的编程接口信号如图 11.13 所示。

其中各引脚功能如下:

P0.7～P0.0:编程时代码输入,校验时代码输出。

P1.7～P1.0 和 P2.3～P2.0:存储阵列单元地址,因为 AT89C51 的闪存容量为 4 KB,需用 12 位地址。

P3.7、P3.6、P2.7、P2.6:高、低电平组合设置。

ALE/$\overline{PROG}$:$\overline{PROG}$ 为编程脉冲信号。

$\overline{EA}/V_{PP}$:V_{PP} 为编程电源。

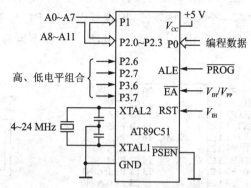

图 11.13 AT89C51 的 FPEROM 编程接口信号

对于 AT89C51 芯片来说,有两种编程电压,一种是 +5 V,使用时可以把 V_{PP} 与本芯片的 V_{CC} 直接相连;另一种是 +12 V,V_{PP} 单独接 +12 V 电源。+5 V 编程电压使用户系统的在线编程成为可能,为用户提供方便;而 +12 V 编程电压则是供与专用编程器配套使用的。

两种编程电压分别对应两个不同的芯片,在芯片的背面有专门的标记加以注明,选择芯片时应注意。标记表示如下:

$V_{PP}=+5$ V 的编程标记

$V_{PP}=+12$ V 的编程标记

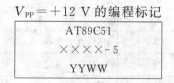

2. 闪速存储器的编程过程

现以 AT89C51 用户系统的在线编程为例,对闪速存储器的编程过程进行说明,其中主要过程包括:

- V_{PP} 接 +5 V 电源。
- 写入编程单元地址。
- 写入编程单元数据。
- 提供需要的编程信号与电平组合。AT89C51 芯片的信号与电平组合列于表 11.7 中。

其中 H 代表高逻辑电平，L 代表低逻辑电平。
- 发出编程脉冲。

表 11.7　AT89C51 的 FPEROM 编程信号与电平组合

	RST	PSEN	PROG	P3.7	P3.6	P2.7	P2.6
写入代码	H	L	负脉冲	H	H	H	L
读出代码	H	L	H	H	H	L	L
擦除	H	L	负脉冲	L	L	L	H
读芯片标记	H	L	H	L	L	L	L

改变单元地址和数据，重复上述过程，就可以完成整个存储阵列的编程操作。表中最下面一行的"读芯片标记"是为防止产品被假冒而设置的。AT89C51 的芯片标记保存在 30H 和 31H 单元中，其内容及含义为：

(30H)＝1EH，表明为 Atmel 公司生产。
(31H)＝51H，表明为 89C51 芯片。

练习题

(一) 填空题

1. 由于 80C51 采用了 MCS-51 单片机的(　　)和(　　)，所以 80C51 具有对 MCS-51 从硬件到软件的完全兼容。
2. 8×C552 芯片的事件捕捉输入/定时输出部件主要由(　　)、(　　)和(　　)组成，用于实现(　　)和(　　)功能。
3. 在微型计算机中，常把监视病毒的程序称为"看门狗"，而在单片机中，"看门狗"也是一个程序的形象化名称，但这个程序却是用于(　　)的。

(二) 单项选择题

1. 下列功能电路中，8×C552 芯片不具有的是(　　)
   (A) I^{2}C 总线接口电路　　　　(B) 高速输入/输出部件 HSIO
   (C) 监视定时器 WDT　　　　(D) A/D 转换器
2. 8×C552 芯片的 PWM 用于(　　)
   (A) 产生宽度可调的方波脉冲　(B) 实现 10 位 A/D 转换
   (C) 监视程序运行　　　　　　(D) 控制 I^{2}C 中断的响应时间
3. 下列特点中不属于闪速存储器的是(　　)
   (A) 读/写速度快　　　　　　(B) 可以在线编程
   (C) 易失性　　　　　　　　(D) 低功耗

第 12 章

单片机应用

12.1 单片机简单控制应用

自动化、数字化和智能化是现代科技发展的潮流,而凡是需要自动化、数字化和智能化的产品和设备等都离不开单片机。这足以说明单片机应用的广泛和深入程度,现举几个单片机应用的简单例子作说明。

12.1.1 时钟计时

所谓时钟计时,就是以秒、分、时为单位进行的计时,广泛应用于日常生活。

1. 时钟计时设置

使用 80C51 的定时器/计数器来实现时钟计时,是一个很好的应用课题。首先对几个相关问题作如下说明。

① 要计算计数初值。时钟计时的关键问题是秒的产生,因为秒是最小时钟单位,但使用 80C51 的定时器/计数器进行定时,即使按工作方式 1,其最大定时时间也只能达到 131 ms,离 1 s 还差很远。因此,把秒计时用硬件定时和软件计数相结合的方法实现,例如把定时器的定时设定为 125 ms,这样计数溢出 8 次就可以得到 1 s,而 8 次计数可用软件方法实现。

为得到 125 ms 定时,可以使用定时器/计数器 0,以工作方式 1 进行,假定单片机为 6 MHz 晶振,设计数初值为 X,则有如下等式:

$$(2^{16} - X) \times 2 = 125\,000$$

计算得计数初值 $X = 3036$,二进制表示为 101111011100,十六进制表示为 0BDCH。

② 采用中断方式,即通过中断服务程序进行计数器溢出次数(每次 125 ms)的累计,计满 8 次即得到秒计时。

③ 通过在程序中的数值累加和数值比较来实现从秒到分和从分到时的计时。例如,秒计数单元每次加 1,都要比较判断是否计满 60。若未计满 60,则继续计数;若计满 60,则转去对分计数单元加 1。

④ 设置时钟显示缓冲区。假定时钟时间在 6 位 LED 显示器上显示(时、分、秒各占两位)。因此,要在内部 RAM 中设置 6 个单元的显示缓冲区,从左向右依次存放时、分、秒的数值。显示单元与 LED 显示位的对应关系如下:

LED5	LED4	LED3	LED2	LED1	LED0
7EH	7DH	7CH	7BH	7AH	79H

⑤ 假定已有 LED 显示程序 SMXS 可供调用。

2. 程序流程

(1) 主程序 MAIN

主程序的主要功能是进行定时器/计数器的初始化编程,然后通过反复调用显示子程序的方法,等待 125 ms 定时中断的出现。其流程如图 12.1 所示。

(2) 中断服务程序 PIT0

中断服务程序的主要功能是进行计时操作。程序开始先判断计数溢出是否满了 8 次,若不满 8 次表明还没有达到最小计时单位秒,则中断返回;若满 8 次表明已达到最小计时单位秒,则程序继续向下执行,进行分和时的计时。中断服务程序流程如图 12.2 所示。

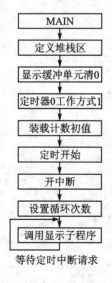

图 12.1 时钟计时主程序流程

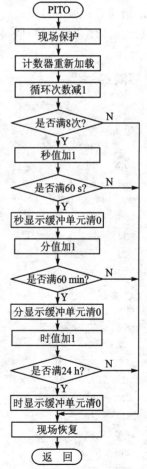

图 12.2 中断服务程序流程

(3) 加 1 子程序 DAAD1

加 1 子程序用于完成对秒、分、时的加 1 操作,中断服务程序中在秒、分、时加 1 时共有 3 处调用此子程序。程序流程如图 12.3 所示。

加 1 操作共包括以下 3 项内容:

① 合数。由于每位 LED 显示器对应一个 8 位缓冲单元,因此,由两位 BCD 码表示的时间值各占用一个缓冲单元,且只占其低 4 位。所以在加 1 运算之前需把两个缓冲单元中存放的数值合并起来,构成一个字节,然后才能进行加 1 运算。所以也称为"合字"。

② 十进制调整。加 1 后须进行十进制调整。

③ 分数。把加 1 后的时间值再拆分成两个字节,送回各自的缓冲单元中。

图 12.3 加 1 子程序流程

3. 程序清单举例

```
            ORG    8000H
    START:  AJMP   MAIN
            ORG    800BH
            AJMP   PIT0
            ORG    8100H
    MAIN:   MOV    SP,#60H        ;设置堆栈区
            MOV    R0,#79H        ;显示缓冲区首地址
            MOV    R7,#06H        ;显示位数
    ML1:    MOV    @R0,#00H       ;显示缓冲单元清 0
            INC    R0
            DJNZ   R7,ML1
            MOV    TMOD,#01H      ;定时器 0,工作方式 1
            MOV    TL0,#0DCH      ;装计数初值
            MOV    TH0,#0BH
            SETB   8CH            ;TR0 置 1,定时开始
            SETB   AFH            ;EA 置 1,中断总允许
            SETB   A9H            ;ET0 置 1,定时器 0 中断允许
            MOV    30H,#08H       ;要求的计数溢出次数,即循环次数
    ML0:    LCALL  SMXS           ;调用显示子程序
            SJMP   ML0
    PIT0:   PUSH   PSW            ;中断服务程序,现场保护
            PUSH   ACC
```

```
         SETB    PSW.3              ;RS1RS0=01,选择1组通用寄存器
         MOV     TL0,#0DCH          ;计数器重新加载
         MOV     TH0,#0BH
         MOV     A,30H              ;循环次数减1
         DEC     A
         MOV     30H,A
         JNZ     RET0               ;不满8次,转RET0返回
         MOV     30H,#08H           ;满8次,开始计时操作
         MOV     R0,#7AH            ;秒显示缓冲单元地址
         ACALL   DAAD1              ;秒加1
         MOV     A,R2               ;加1后秒值在R2中
         XRL     A,#60H             ;判断是否到60 s
         JNZ     RET0               ;不到,则转RET0返回
         ACALL   CLR0               ;到60 s,则显示缓冲单元清0
         MOV     R0,#7CH            ;分显示缓冲单元地址
         ACALL   DAAD1              ;分加1
         MOV     A,R2
         XRL     A,#60H             ;判断是否到60 min
         JNZ     RET0
         ACALL   CLR0               ;到60 min,则分显示缓冲单元清0
         MOV     R0 #7EH            ;时显示缓冲单元地址
         ACALL   DAAD1              ;时加1
         MOV     A,R2
         XRL     A,#24H             ;判断是否到24 h
         JNZ     RET0
         ACALL   CLR0               ;到24 h,则时显示缓冲单元清0
RET0:    POP     ACC                ;现场恢复
         POP     PSW
         RETI                       ;中断返回
DAAD1:   MOV     A,@R0              ;加1子程序,十位数送A
         DEC     R0
         SWAP    A                  ;十位数占高4位
         ORL     A,@R0              ;个位数占低4位
         ADD     A,#01H             ;加1
         DA      A                  ;十进制调整
         MOV     R2,A               ;全值暂存R2中
         ANL     A,#0FH             ;屏蔽十位数,取出个位数
         MOV     @R0,A              ;个位值送显示缓冲单元
         MOV     A,R2
```

```
        INC    R0
        ANL    A,#0F0H        ;屏蔽个位数取出十位数
        SWAP   A              ;使十位数占低4位
        MOV    @R0,A          ;十位数送显示缓冲单元
        RET                   ;返回
CLR0:   CLR    A              ;清缓冲单元子程序
        MOV    @R0,A          ;十位数缓冲单元清0
        DEC    R0
        MOV    @R0,A          ;个位数缓冲单元清0
        RET                   ;返回
```

12.1.2 数字式热敏电阻温度计

热敏电阻是一种新型半导体感温元件。由于它具有灵敏度高、体积小、重量轻、热惯性小、寿命长以及价格便宜等优点,所以应用非常广泛。

1. 热敏电阻温度转换原理

热敏电阻与普通热电阻不同,它具有负电阻温度特性,当温度升高时,电阻值减小。其特性曲线如图12.4所示。

热敏电阻的阻值—温度特性曲线是指数曲线,非线性度较大,在使用时要进行线性化处理。线性化处理虽然能改善热敏电阻的特性曲线,但比较复杂。因此,常在要求不高的一般应用中,作出在一定的温度范围内温度与阻值成线性关系的假定,以简化计算。

热敏电阻的应用是为了感知温度,为此给热敏电阻通以恒定的电流,测量电阻两端得到一个电压,然后就可以通过下列公式求得温度:

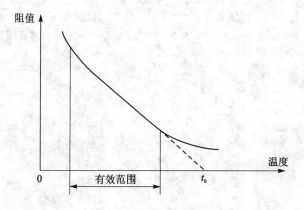

图12.4 热敏电阻特性曲线

$$t = t_0 - KV_T$$

式中:t 为被测温度。

t_0 为与热敏电阻特性有关的温度参数。

K 为与热敏电阻特性有关的系数。

V_T 为热敏电阻两端的电压。

根据这一公式,若能测得热敏电阻两端的电压,再知道参数 t_0 和系数 K,即可计算出热敏电阻的环境温度,也就是被测的温度。这样就把电阻随温度的变化关系转化为电压随温度变化的关系了。数字式电阻温度计设计工作的主要内容,就是把热敏电阻两端的电压值经 A/D 转换变成数字量,然后通过软件方法计算得到温度值,再进行显示处理。

2. 基本电路

假定使用 ADC0809 进行 A/D 转换。其电路连接如图 12.5 所示。

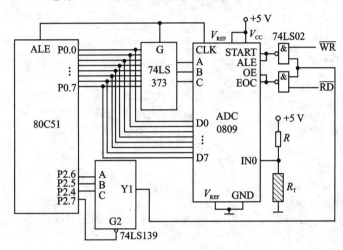

图 12.5 数字式热敏电阻温度计

热敏电阻 R_T 串上一个普通电阻 R 再接 +5 V 电源,取 R_T 两端电压经 IN0 送 ADC0809 转换。转换启动信号 START 和地址锁存信号 ALE 连接在一起,由 $\overline{WR}$ 信号控制地址写入,进行通道的选择。按图中连接情况,通道 IN0 的地址为 4000H。转换后的数据以无条件定时传送方式送 80C51。所以要运行一个 100 μs 的延时子程序,以等待 A/D 转换完成后进行数据的读操作,为此口地址和 $\overline{RD}$ 信号相"与"后送 OE。当 $\overline{RD}$ 有效时,转换数据送到数据总线,由 80C51 接收。

3. 程序设计

(1) 温度计算程序

在温度计算公式中,系数值 K 是一个很小的数,为计算方便,取扩大 256 倍后的 K 值与 V_T 做乘法运算,即 $256 \times K \times V_T$。相乘后如果对乘积只取其高 8 位而舍弃其低 8 位,就可以抵消 K 的 256 倍扩大,得到正确的结果。

另外,从热敏电阻的阻值-温度特性图中可以看出,在 +10~+150℃ 的温度范围内,阻值与温度的关系线性度比较好。通常就把这个温度范围作为有效温度范围。当温度超出此范围时以数码管全部显示 F 作为标志。

假定 6 位数码管显示缓冲区的存储单元为内部 RAM 27H～2CH(对应 LED0～LED5)。输入的 A/D 转换电压 V_T 在累加器 A 中,扩大 256 倍后的 K 值为 0XXH,T0 值为 0YYH。温度计算程序如下:

```
COMP:   MOV   B, #0XXH          ;扩大 256 倍的 K 值送 B
        MUL   AB                ;256 × K × V_T
        MOV   A, #0YYH          ;t_0 值送 A,舍弃乘积低 8 位
        CLR   C                 ;清进位位
        SUBB  A, B              ;t_0 - K × V_T
        CJNE  A, #0AH, COMP1
COMP1:  JNC   COMP4             ;温度低于 10℃,显示 F
        CJNE  A, #97H, COMP2
COMP2:  JC    COMP3             ;温度低于 151℃,则转移
COMP4:  MOV   27H, #0FH         ;超出有效温度范围,则显示 F
        MOV   28H, #0FH
        MOV   29H, #0FH
        MOV   2AH, #0FH
        MOV   2BH, #0FH
        MOV   2CH, #0FH
        ACALL DISP              ;调用显示子程序
COMP3:  RET
```

(2) 温度值转换为十进制数程序

计算得到的温度值在 A 中,但以十六进制数的形式存在,为满足 LED 显示需要应转换为十进制数。由于有效温度不超过 150℃,所以温度显示用 3 位数码管,其显示格式为:

　　　AD　×××　(其中×××为温度值)

参考程序如下:

```
        MOV   R1, #00H
        MOV   R2, #00H
        CLR   C
CHAN:   SUBB  A, #64H           ;减 100
        JC    CHAN1             ;不够减,则转
        INC   R1                ;够减,有效位置 1
        AJMP  CHAN2
CHAN1:  ADD   A, #64H           ;恢复系数
CHAN2:  SUBB  A, #0AH           ;减 10
        JC    CHAN3             ;不够减,则转
        INC   R2                ;够减,十位数加 1
```

```
        AJMP    CHAN2                   ;重复减10
CHAN3:  ADD     A,#0AH                  ;还原个位数
        MOV     27H,#0AH
        MOV     28H,#0DH
        MOV     29H,#10H
        MOV     2AH,R1
        MOV     2BH,R2
        MOV     2CH,A
        RET
```

(3) 显示子程序

假定段控口地址为88H,位控口地址为8CH。

```
DISP:   MOV     R6,#27H                 ;指向显示缓冲区首址
        MOV     R7,#20H                 ;指向显示器最高位
        MOV     R0,#88H                 ;段控口地址
        MOV     R1,#8CH                 ;位控口地址
DISP1:  MOV     A,#00H                  ;各位数码管清0
        MOVX    @R0,A
        MOV     A,R7
        MOV     @R1,A
        RRC     A
        JC      DISP2
        MOV     R7,A
        AJMP    DISP1
DISP2:  MOV     R7,#20H                 ;重新指向显示器最高位
DISP3:  MOV     A,R7
        MOVX    @R1,A                   ;输出位控码
        MOV     A,@R6                   ;取出显示数据
        ADD     A,#0EH
        MOVC    A,@A+PC                 ;查表,字形码送A
        MOVX    @R0,A                   ;输出字形码
        ACALL   DELAY                   ;延时
        INC     R6                      ;指向下一缓冲单元
        MOV     A,R7
        JB      ACC.0,DISP4             ;到最低位,则转
        RR      A
        MOV     R7,A
        AJMP    DISP3
DISP4:  RET
```

```
DSEG: DB 3FH, 06H, 5BH, 4FH, 66H
      DB 6DH, 7DH, 07H, 7FH, 6FH
      DB 77H, 7CH, 39H, 5EH, 79H
      DB 71H,00H
```

目前,以实现自动化、数字化和智能化为目标的单片机应用,向着越来越广泛深入的方向发展。尽管可以在工业过程控制、数据采集、智能化仪器仪表、家用电器、交通工具、玩具、计算机外部设备、网络通信等一系列领域里列举出许多单片机应用的例子,但留给我们的想象空间仍然十分巨大。

12.2　单片机应用的发展

单片机应用的发展主要体现在嵌入式系统和单片机 Internet 技术之中,以此作为单片机应用的总结。

12.2.1　微控制技术与嵌入式系统

单片机的广泛应用促进了设备和产品的微型化、数字化、自控化和智能化,这些直观意义很容易理解。然而,单片机应用更深刻的意义还在于,单片机的应用加深了计算机技术与自动控制技术的结合,从而在自动控制领域里引发了一场对传统控制技术的革命,也就是单片机正从根本上改变着传统的控制系统设计思想和设计方法,使以往必须由模拟或数字电路实现的控制功能,现在可以使用单片机通过软件(编程序)方法实现了。这种以软件取代硬件并能提高系统性能的控制系统"软化"技术,被称为微控制技术。

通过微控制技术实现的单片机控制系统属于嵌入式系统,因为有单片机处于被控系统之中,并作为主控单元成为系统的一个组成部分。然而嵌入式系统的含义却远不只这些,按照国际电气工程师协会的说法,嵌入式系统是计算机硬件和软件的综合体,是一个以应用为目标、以计算机为核心、软硬件可剪裁的监视控制系统,用于在没有人工干预的情况下实时地监视控制其他设备或系统。

作为嵌入式系统,最关键的是把软件和硬件集成在一起,也即把操作系统和应用程序都"烧"在程序存储器中(软件固化)。嵌入式系统一般比较复杂,常需要操作系统进行管理,此即嵌入式操作系统。出于控制的需要,许多嵌入式操作系统具有实时功能,能即时响应外部事件请求,并在极短时间内完成事件处理,控制所有实时任务协调运行。

12.2.2　单片机的 Internet 技术

到目前为止,Internet 的网络终端还仅限于微型计算机,上网只是为了进行人与人之间的信息交流。可是现在人们已开始研究如何把单片机系统接入 Internet,以便通过互联网进行测控信息的传递,从而实现科学技术人员梦寐以求的异地自动检测与控制。所以如何实现单片机上网,就是所谓的单片机 Internet 技术。

通过单片机 Internet 技术建立起家庭网络环境是我们比较熟悉的,因为报刊杂志上对这方面的描述很多。所谓家庭网络环境就是通过单片机把各种家用电器与 Internet 网连接起来,从而实现家用电器的因特网控制。这样,即使身处异地,也可以随时通过上网了解家中设备(例如安全报警系统等)的工作情况;还可以在下班前发出打开空调的命令,预先调好房间温度;通过网络向家中的电视机发出命令,把一些节目录下来,留待回家后欣赏;冰箱可以根据箱内物品的消耗情况,自动发送电子邮件定货,让超市送货上门。有了家庭网络环境后,家用电器的生产厂家也可以通过网络对自家产品进行质量和售后服务跟踪。

此外,单片机 Internet 技术对于那些无人值守的测控工作同样具有重要意义。所以可以毫不夸张地说,单片机 Internet 技术是网络技术发展的未来。虽然微型计算机也能实现上述功能,但我们更有理由相信,廉价的单片机才是最理想的选择。

微型机上网靠的是把网络协议 TCP/IP 嵌入在它的操作系统中,但是单片机的资源有限,特别是它的存储空间小,容纳不下整个 TCP/IP,所以单片机 Internet 技术的关键就是按上网的最基本需要,进行网络协议的简化处理,并嵌入到单片机的操作系统中。这对于单片机来说不是一件轻松的事,但也绝不是不可能实现的,通过开发一种专用的上网接口芯片就是一条行之有效的途径。现在人们正在进行着这方面的工作。已有一些网络接口芯片或称 Web 接口芯片问世。所以我们可以毫不夸张地说,单片机 Internet 技术将会把互联网的发展推向更高阶段。如今已有"信息家电"这一名称,其实信息家电就是处于 Internet 网络环境下的消费类电子产品,或者说是在自动化、数字化和智能化之外再加上网络化。

12.3 单片机开发系统

由于软硬件资源所限,单片机系统本身难以进行自我开发,所以单片机应用系统的开发一直被认为是件难事。早期由于没有专用的开发工具,人们曾使用逻辑分析仪用测试分析方法来对单片机系统进行初级开发。其后又通过微型计算机进行单片机的系统开发,即以交叉汇编的方法在微型计算机上调试单片机的汇编语言源程序。并把这种用于开发单片机的微型计算机称为微型机开发系统 MDS(Microcomput Development System)。

再后来又出现被称为在线仿真器的单片机专用开发工具,曾出现过的在线仿真器包括 DICE、SICE、DP-852、KDC-51、SBC-51、EUDS-51 等,它们都曾得到广泛的应用。

1. 仿真与仿真器

仿真是在一台计算机或程序中去实现另一台计算机或程序的功能的过程或方法,而仿真器就是实现这种功能的硬件设备和软件。通过仿真器,可在一台计算机上运行为另一台计算机设计的程序。仿真器是计算机技术、仿真技术和逻辑分析技术的综合产物,它由一个基本计算机系统加上一些仿真模块和软件所构成。现在的许多单片机仿真器除支持汇编语言开发外，还支持C语言开发，并有标准软件包可供直接调用。

目前，单片机系统开发都是采用在线仿真方式进行的，能实现在线仿真的设备称为在线仿真器ICE(In Circuit Emulator)，而用ICE代替被开发系统的CPU的仿真方式就称为在线仿真。其实，在线仿真器也是一个单片机系统，并且它的单片机芯片与被开发系统的芯片型号相同。使用时，通过仿真插头把仿真器与被开发系统连接起来，就可进行在线仿真。

2. 仿真器的使用

仿真器具有全系列单片机的系统设计、系统测试、故障在线分析以及单片机系统解剖分析等功能。在使用中，它能以与用户单片机相同的时序运行程序，可按需要设置断点，可随时接受命令，对用户系统进行全面测试和完整的数据传送。仿真器还应具有较丰富的开发软件，例如，交叉汇编程序、反汇编程序、子程序库等，并具有程序打印和存盘功能。

衡量仿真器优劣的一个重要标准是它的透明性。所谓透明性就是仿真器占用被开发系统资源的程度。完全透明的仿真器不占用被开发系统的任何资源，使用户可以不受任何限制地对用户系统进行设计和调试，完成后就可以直接定型；而透明性差的仿真器则占用被开发系统的资源(包括口线、内部RAM单元、专用寄存器、中断源或存储器地址空间等)，因此，用户系统设计和调试时不得不避开这些被占用的资源，这样不但增加了设计和调试的难度，而且这部分被占用的资源在系统定型之后因无法归用户使用而白白浪费了。

在仿真器上还能对用户系统进行模拟现场环境的调试。通过一系列的仿真调试，包括硬件调试、软件调试和软硬件联合调试后，逐一解决了用户系统在硬件设计、软件编程等诸方面存在的问题，才算达到设计要求，最后完成系统定型。但为了实现脱机运行，还要把调试好的程序固化到EPROM中。因此，许多仿真器都配备有EPROM写入器(或称编程器、烧写器等)。EPROM编程器除具有程序写入功能外，还应具有程序读出功能，即读取EPROM芯片内的程序代码，再利用仿真器提供的反汇编程序进行反汇编，得到源程序，以便进行程序维修或仿制。

对于设计人员来说，仿真器犹如樵夫手中的柴刀，没有这把"刀"，单片机应用系统的开发就难以进行。但这把"刀"的使用也不是一件轻松的事，因为仿真器往往专用性很强，缺少通用性和兼容性，而且还常常需要与微型机配合使用，这就更增加了使用的难度。所以使用仿真器需要有相当的经验积累，并具备电路和单片机等方面的扎实基础。

参 考 文 献

[1] 李朝青. 单片机原理及接口技术[M]. 北京:北京航空航天大学出版社,1998.
[2] 李勋等. 单片机实用教程[M]. 北京:北京航空航天大学出版社,2000.
[3] 王幸之等. 单片机应用系统抗干扰技术[M]. 北京:北京航空航天大学出版社,1999.
[4] 何为民. 低功耗单片微机系统设计[M]. 北京:北京航空航天大学出版社,1994.
[5] 李杏春等. 8098单片机原理及实用接口技术[M]. 北京:北京航空航天大学出版社,1996.
[6] 李华. MCS-51系列单片机实用接口技术[M]. 北京:北京航空航天大学出版社,1993.
[7] 何立民. 单片机应用技术选编⑤[M]. 北京:北京航空航天大学出版社,1997.
[8] 何立民. I^2C 总线应用系统设计[M]. 北京:北京航空航天大学出版社,1995.
[9] 何立民. 单片机高级教程[M]. 北京:北京航空航天大学出版社,2000.
[10] 张友德. 飞利浦80C51系列单片机原理与应用技术手册[M]. 北京:北京航空航天大学出版社,1992.